U0182939

Excel高效办公
案例视频教程（全彩版）

未来教育◎编著

中国水利水电出版社
www.waterpub.com.cn
·北京·

内 容 提 要

《Excel 高效办公（案例视频教程）》是一本以"职场故事"为背景，讲解 Excel 经典技能的职场办公类图书。书中内容由职场真人真事改编而成，以对话的形式，巧妙地剖析了每一个 Excel 任务及解决方法。全书共 8 章，以"学习 1 个 Excel 技能，少加 1 个小时班"为宗旨进行讲述，内容涵盖了 Excel 制表规则、公式与函数的实用技能、数据统计与分析、图表与透视表的应用，以及一些经典的 Excel 高效办公技巧等。

《Excel 高效办公（案例视频教程）》既适用于被一大堆数据折磨得头昏眼花、经常熬夜加班、被领导批评的职场小白，也适用于即将走向工作岗位的广大毕业生，还可作为广大职业院校、计算机培训机构的教学参考用书。

图书在版编目(CIP)数据

Excel高效办公：案例视频教程 / 未来教育编著.
—北京：中国水利水电出版社，2021.2
　　（高手指引）
　　ISBN 978-7-5170-9051-9

Ⅰ.①E… Ⅱ.①未… Ⅲ.①表处理软件—教材 Ⅳ.
①TP391.13

中国版本图书馆CIP数据核字(2020)第269191号

丛 书 名	高手指引
书 名	Excel 高效办公（案例视频教程） Excel GAOXIAO BANGONG
作 者	未来教育 编著
出版发行	中国水利水电出版社 （北京市海淀区玉渊潭南路 1 号 D 座 100038） 网址：www.waterpub.com.cn E-mail：zhiboshangshu@163.com 电话：（010）62572966-2205/2266/2201（营销中心） 北京科水图书销售中心（零售）
经 售	电话：（010）88383994、63202643、68545874 全国各地新华书店和相关出版物销售网点
排 版	北京智博尚书文化传媒有限公司
印 刷	河北华商印刷有限公司
规 格	180mm×210mm 24 开本 13.25 印张 504 千字 1 插页
版 次	2021 年 2 月第 1 版 2021 年 2 月第 1 次印刷
印 数	0001—5000 册
定 价	79.80 元

又到了毕业季，数百万毕业生涌入职场，对未来有着美好的向往，又有着数不清的担忧。遥想2013年，小刘也是毕业大军中的一员，如今他却成长为公司合伙人。

互联网时代，职场风起云涌。短短几年就会淘汰一批岗位，又新生一批岗位。在这个充满变数的时代，什么技能才不会被淘汰？小刘会推荐Excel。用好Excel，会获得高效办公的三种综合能力（包括统计能力、分析能力、管理能力），而这三种能力放到任何工作领域均适用。

说起Excel的好，小刘感触颇深。他从小小的行政专员做起，每天面对各种头疼的工作难题，最终他通过精进Excel技能，使得工作能力突飞猛进。

有人会认为小刘运气好，在职场中有贵人相助。其实他初入职场的起点并不比大多数人高。不信，请看小刘当时的处境。

我是小刘，毕业于一所普通高等院校，在学历上没有优势。大学时通过了全国计算机等级二级考试，自认为掌握了Excel操作方法。谁知刚入职场，就遇到一位"苛刻"的领导，每天不仅布置各种统计、分析工作，甚至还让我用Excel开发一个自动化管理系统。

还好我有一位好师傅，他是办公高手，用通俗易懂的思路教我如何用Excel提高工作效率，并教会了我用管理的思维解决工作中的难题。

小刘

我是小刘的上司——张经理。我的用人理念是：公司只为有价值的员工埋单。

其实小刘刚入职时，我对他不太满意，他说自己会用Excel，结果制作的表格很不规范。但没想到小刘通过后期学习，利用Excel进行高效办公，并逐步开始数据分析与人员管理。最后公司离不了他，就请他做合作伙伴了。

张经理

我是小刘的前辈——王Sir。我是公司的内训师，以提高员工效率为己任。在多年的培训实践中，我发现Excel用处广泛，很多员工在学习Excel后就打开了新世界大门，不仅提高了工作效率，还拓宽了职业方向。

对于小刘，我想说："师傅领进门，修行靠个人。"我传授给他的是思路，实践和升华在于他自身。

王 Sir

>>> Excel为什么能帮助像小刘这样的普通员工成长为公司合伙人？

因为Excel不仅让小刘学会高效办公，还帮他养成了严谨记录的习惯，用数据分析的思维解决职场项目。Excel本来就是多种职场人士的好帮手，例如财务、行政、会计、销售、库管、项目经理、数据分析专员等，至少有90%左右的职场人士需要使用Excel。

>>> 学习Excel的职场人士也不在少数，为什么小刘能取得如此的成绩呢？

学习Excel没有效果的原因有以下几种。

原因1：没有系统学习。现在网络课程很多，不少人利用碎片化时间学习几个教程，可是这些教程是零散的，不能形成系统知识，无法形成牢固记忆。

原因2：苦学基础操作。Excel的操作技巧至少有上千项，并不需要掌握所有的操作技巧，一是时间不够，二是并不实用。只有结合最真实的职场案例，"理论+实操"双管齐下，才有用！

原因3：不会"偷懒"。"懒"思维会推动人提高工作效率，能用一个步骤解决的问题绝不用两个。只有在学习过程中不断地发现并总结Excel的优化效率点，才能实现高效办公！

王 Sir

哈哈，小刘成长迅速还有我的功劳！

功劳1：我用曾经在世界银行工作时严谨的制表标准来要求小刘制表。我是财务出身，对小刘严格要求，所以他学习到了正确的数据编辑、管理与统计方式，有了严谨的记录习惯。

功劳2：我布置的任务很经典。在职场中摸爬滚打十几年，我也是职场"老司机"了。我给小刘布置的任务都能提高他对Excel的综合运用能力，如用报表展示季度支出、用透视表汇报资金安排、用图表展示客户情况等。

张经理

怎么样？是不是很想知道张经理给小刘布置了哪些任务？王Sir又是如何指导小刘完成这些任务的呢？

那就快进入本书进行学习吧。书中几十个经典案例正是张经理当初布置给小刘的任务，小刘的困惑也是许多Excel学习者的困惑。跟着王Sir的指导思路，打开Excel，边学边做，高效办公就是这么简单！

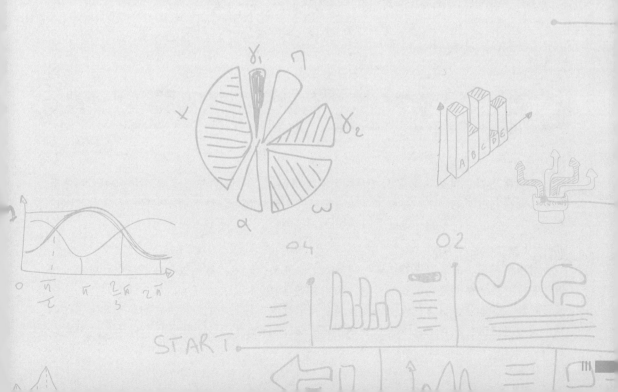

前言

企业在招聘时，至少有70%的岗位要求求职者熟练掌握Excel，而在求职者的简历中，至少有80%的简历上会写明本人"精通Excel"。然而事实是，Excel应用水平能达到精通者不到10%。

职场人士不会使用Excel的后果是轻则加班，重则影响升职加薪。Excel技能永远是职场人士升职之路上披荆斩棘的一把快刀。但是，如今的工作节奏太快，不是每个人都有时间和精力系统地学习Excel。Excel软件版本也在不断地更新，Excel 2016中的一个新功能可以瞬间解决Excel 2007计算很久也无法完成的难题。究竟如何才能花最少的时间学到最有用的Excel技能呢？《Excel 高效办公（案例视频教程）》将带给我们答案。

《Excel 高效办公（案例视频教程）》的宗旨是"掌握Excel 60%的功能解决职场中90%的难题"。以职场真人真事——小刘用Excel打怪升级的事例为切入点，讲解如何在职场中使用Excel提高工作效率，并提升数据管理、数据处理、数据分析的能力。

本书相关特点

1 漫画教学，轻松有趣

书中将小刘及身边的真实人物虚拟为漫画角色，以对话的形式阐述了每一项Excel任务，以及小刘在制表时的困惑，并提供了解决任务的关键思路。让读者朋友在轻松有趣的氛围中跟着小刘的步伐学习，不知不觉就可以掌握Excel技能。

2 真人真事，案例教学

书中每一个小节均以小刘接到张经理的工作任务为起点，然后进行任务难点和思路剖析，最后图文并茂地讲解任务的完成步骤。全书共包含100多项Excel任务，每个任务对应一个经典职场难题。这些任务极具代表性，读者朋友完全可以将任务中的技能方法应用到实际工作中。相信读者攻破这些任务后，Excel应用水平将会突飞猛进。

3 掌握思路，事半功倍

很多人学习Excel，今天学了，明天就忘了，或者不会对操作举一反三。其根本问题就在于没有真正弄明白操作背后的原理及思路。书中每一个案例在讲解操作方法之前，均以人物对话的形式列出解决思路，让读者不再"雾里看花"，学得更扎实。

4 提取精华，学了就用

Excel的功能至少有上千项，例如，用Excel画画、做思维导图等，然而这些技能在职场中并不实用！学习Excel，目的在于提升工作效率，完成工作任务。工作中用不到的功能，学了也很容易忘记。本书内容结合真实职场，精心选取Excel的精华功能，保证读者朋友学的都能用。

5 技巧补充，查漏补缺

Excel中的很多使用技巧是一环扣一环的，为了巩固读者朋友的技能，书中穿插了"温馨提示"和"技能升级"栏目来及时对当前内容进行补充，避免读者朋友在学习时走弯路。

赠送 学习资源

>>> 本书还赠送以下多维度学习套餐，真正超值实用！

➡ 1000个Office商务办公模板文件，包括Word模板、Excel模板、PPT模板，这些模板文件即拿即用，读者不用再去花时间与精力收集整理。

➡ 《电脑入门必备技能手册》电子书，即使读者不懂电脑，也可以通过对本手册的学习，掌握电脑入门技能，更好地学习Excel办公应用技能。

➡ 12集电脑办公综合技能视频教程，即使读者一点电脑基础都没有，也不用担心学不会，学完此视频就能掌握电脑办公的相关入门技能。

➡ 《Office办公应用快捷键速查表》电子书，帮助读者快速提高办公效率。

温馨提示：
请用微信扫描下方二维码关注微信公众账号获得以上资源，输入代码GSTSYY，即可获取下载
地址及密码。

　　本书由IT教育研究工作室策划，由一线办公专家和多位MVP（微软全球最有价值专家）
教师合作编写，他们具有丰富的Office办公实战经验，对于他们的辛苦付出在此表示衷心的感
谢！同时，由于计算机技术发展非常迅速，书中疏漏和不足之处在所难免，敬请广大读者及专
家指正。

读者学习交流QQ群：566454698

CHAPTER 1
严谨，交一份让领导无法挑错的报表

CHAPTER 2
效率，既能"偷懒"又能"炫技"

CHAPTER 3

公式，学会简单运算，告别菜鸟身份

3.1 克服公式恐惧症，从认知开始

CHAPTER 4
函数，用最少的运算解决最多的难题

CHAPTER 5
统计，人人都能学会的数据分析

CHAPTER 6
展现，专业数据统计图表这样做

6.1 面对几十种图表不再犯选择困难症

CHAPTER 7
分析，用透视表挖掘出数据价值

CHAPTER 8
技巧，多备一招应对职场突发情况

CHAPTER 1

严谨，交一份让领导无法挑错的报表

小 刘

上班第一周，虽然备受打击，但收获颇丰。

我的打击来源于我对Excel的错误认知。我以为会录入数据、会排序和筛选、掌握几个简单的函数，就算掌握了Excel。

没想到，张经理看完我的报表，对我厉声批评："Excel报表中的数据多么严谨，你的报表中数值格式、单位、字段等太随意，真可谓漏洞百出。小伙子，你制作报表的标准体现的可是你的工作态度啊！"

原来，我的这些零散"技巧"，根本经不住职场考验。

还好，经过您的指点，再加上我的努力，基本掌握了严谨的制表标准。

觉得Excel"很简单"，这是很多职场新人都会有的错误认识。正所谓学得越多，才越会发现自己的无知与浅薄。

你入职第一周，就受到了打击，但难能可贵的是，你能立刻调整心态，虚心地向我请教。

Excel记录数据，要懂方法，更要讲标准和格式。这其中包含了很多学问和方法，具体包括：不同类型的数据录入方法不同，单元格的高度和宽度要设置恰当，如何制作表头，如何设置对齐方式等。

细节决定成败，学会正确制表，是职场新人的第一课。

王 Sir

1.1　不要让制表标准拉低了工作态度

小 刘

张经理，您要的第3季度商品销售数据统计出来了！

	A	B	C	D	E	F
1	商品编号	销量（件）	售价（元）	销售额（元	销售日期	业务员
2	BU1258	3514	55.9	196432.6	######	王强
3	BU1259	5264	67.9	357425.6	######	张丽
4	BU1260	857	99.5	85271.5	######	赵凯奇
5	BU1261	48569	100	4856900	######	张丽
6	BU1262	6254	126.8	793007.2	######	王强
7	BU1263	1524	564	859536	######	赵凯奇
8	UJY575	6254	563	3521002	######	张丽
9	BU1265	1598	326	520948	######	王强
10	BU1266	8547	524	4478628	######	赵凯奇
11	BU1267	9587	95	910765	######	王强
12	ONP125	4526	85.6	387425.6	######	赵凯奇
13	BU1269	6254	99.5	622273	######	赵凯奇
14	BU1270	1254	78.3	98188.2	######	王强

张经理

小刘，这是对你实习期的第1次警告！你制作的表格太不规范了。

（1）**列宽不合适**，连日期都无法正常显示。

（2）"销售额"这列数据这么大，**连千分位也没有**，让我怎么快速读数？

（3）"销量"这列右对齐，"业务员"这列左对齐，你的**对齐方式就这么随意吗?**

（4）表头字段和数字格式完全没差别。

……

原来Excel制表不仅要求真实地记录数据，还有相应的记录标准。可是这标准是什么呢？

1.1.1　**行高和列宽的设置原则**

小 刘

王Sir，张经理说我制作的表格行高和列宽设置不恰当，不能完整地显示日期。请问，是否只需要增加列宽，让文字完整地显示出来呢？

3

王Sir

Excel的行高和列宽设置，不仅要让内容能完整显示，还要注意整齐性。

Excel默认的行高为14.25，这个高度会让表格的行与行之间看起来没有距离，显得过于拥挤，不方便阅读。正确的做法是设置合适的行高，让文字上下多出一点空间，使数据阅读变得更轻松。

Excel默认的列宽为8.38。列宽的设置原则是：**首先保证单元格中的数据能清晰完整地显示，其次再将相同类型的数据列宽进行统一设置**，以保持表格的整齐性。

1 行高的调整方法

在默认行高的状态下，表格的行与行稍显拥挤，不方便阅读，可以适当调整行高，让数据与单元格上下边框线之间存在一些留白。打开"1.1.1.xlsx"文件，调整第2~14行的行高，具体操作方法如下。

📢 Step01：选中需要调整行高的行，如图1-1所示。首先选中第2行，再按住Shift键选中第14行，便能同时选中第2~14行的单元格。

📢 Step02：打开【行高】对话框。选中行后，右击，选择快捷菜单中的【行高】命令，如图1-2所示。

	A	B	C	D	E	F
1	商品编号	销量（件）	售价（元）	销售额（元）	销售日期	业务员
2	BU1258	3,514.0	55.9	196,432.6	2017年7月5日	王　强
3	BU1259	5,264.0	67.9	357,425.6	2017年7月6日	张　丽
4	BU1260	857.0	99.5	85,271.5	2017年7月7日	赵凯奇
5	BU1261	48,569.0	100.0	4,856,900.0	2017年7月8日	张　丽
6	BU1262	6,254.0	126.8	793,007.2	2017年7月9日	王　强
7	BU1263	1,524.0	564.0	859,536.0	2017年7月10日	赵凯奇
8	UJY575	6,254.0	563.0	3,521,002.0	2017年7月11日	张　丽
9	BU1265	1,598.0	326.0	520,948.0	2017年7月12日	王　强
10	BU1266	8,547.0	524.0	4,478,628.0	2017年7月13日	赵凯奇
11	BU1267	9,587.0	95.0	910,765.0	2017年7月14日	王　强
12	ONP125	4,526.0	85.6	387,425.6	2017年7月15日	赵凯奇
13	BU1269	6,254.0	99.5	622,273.0	2017年7月16日	赵凯奇
14	BU1270	1,254.0	78.3	98,188.2	2017年7月17日	王　强

图1-1 选中需要调整行高的行

图1-2 选择【行高】命令

📢 Step03：设置行高。在打开的【行高】对话框中设置"行高"为18即可，如图1-3所示。

📢 Step04：查看效果。此时完成行高设置的表格效果如图1-4所示，行与行之间有了适当的距离，数据信息不再显得拥挤。

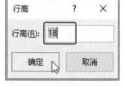

图1-3 设置行高

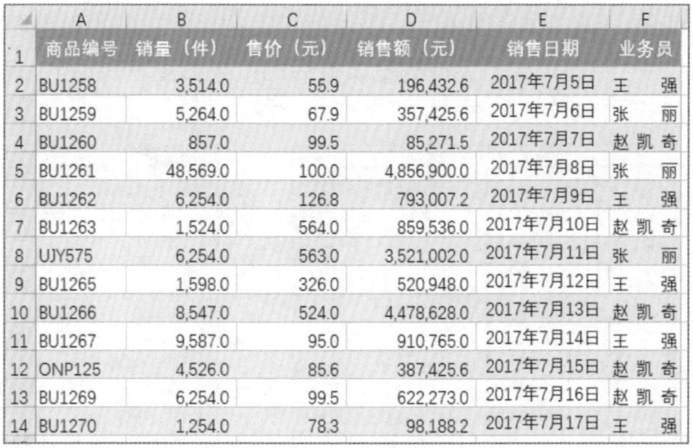

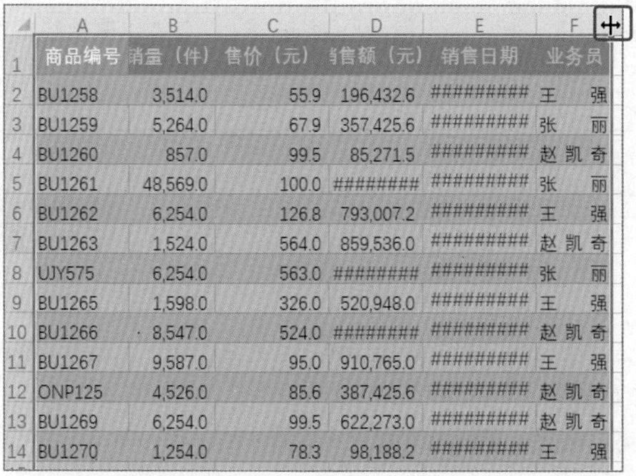

	A	B	C	D	E	F
1	商品编号	销量（件）	售价（元）	销售额（元）	销售日期	业务员
2	BU1258	3,514.0	55.9	196,432.6	2017年7月5日	王 强
3	BU1259	5,264.0	67.9	357,425.6	2017年7月6日	张 丽
4	BU1260	857.0	99.5	85,271.5	2017年7月7日	赵 凯 奇
5	BU1261	48,569.0	100.0	4,856,900.0	2017年7月8日	张 丽
6	BU1262	6,254.0	126.8	793,007.2	2017年7月9日	王 强
7	BU1263	1,524.0	564.0	859,536.0	2017年7月10日	赵 凯 奇
8	UJY575	6,254.0	563.0	3,521,002.0	2017年7月11日	张 丽
9	BU1265	1,598.0	326.0	520,948.0	2017年7月12日	王 强
10	BU1266	8,547.0	524.0	4,478,628.0	2017年7月13日	赵 凯 奇
11	BU1267	9,587.0	95.0	910,765.0	2017年7月14日	王 强
12	ONP125	4,526.0	85.6	387,425.6	2017年7月15日	赵 凯 奇
13	BU1269	6,254.0	99.5	622,273.0	2017年7月16日	赵 凯 奇
14	BU1270	1,254.0	78.3	98,188.2	2017年7月17日	王 强

图1-4 完成行高设置的表格

2 列宽的调整方法

在调整列宽时，容易疏忽同类数据列宽的统一。如“A品销量”和“B品销量”是同类数据，而“A品销量”和“销售业务员”不是同类数据。

单元格中字符长度越长，所需列宽越大。同类数据应以字符最长的单元格列宽为统一标准，如“手机销量”“数码相机销量”“笔记本销量”，应以“数码相机销量”列宽为统一标准。具体的调整方法如下。

Step01：让表格根据字符长度自动调整列宽。首先选中A列，再按住Shift键选中F列，此时便选中了A～F列。将光标放到F列右边的边线上，当光标变成双向箭头时，双击。此时表格就能根据单元格中的字符长度自动调整列宽了，如图1-5所示。

Step02：打开【列宽】对话框。表格中“销量（件）”“售价（元）”“销售额（元）”三列数据均为数值型，是同类数据。而“销售额（元）”列中的字符长度最长。因此选中D列，右击，选择快捷菜单中的【列宽】命令，查看列宽，如图1-6所示。

	A	B	C	D	E	F
1	商品编号	肖量（件）	售价（元）	售额（元）	销售日期	业务员
2	BU1258	3,514.0	55.9	196,432.6	#########	王 强
3	BU1259	5,264.0	67.9	357,425.6	#########	张 丽
4	BU1260	857.0	99.5	85,271.5	#########	赵 凯 奇
5	BU1261	48,569.0	100.0	########	#########	张 丽
6	BU1262	6,254.0	126.8	793,007.2	#########	王 强
7	BU1263	1,524.0	564.0	859,536.0	#########	赵 凯 奇
8	UJY575	6,254.0	563.0	########	#########	张 丽
9	BU1265	1,598.0	326.0	520,948.0	#########	王 强
10	BU1266	8,547.0	524.0	########	#########	赵 凯 奇
11	BU1267	9,587.0	95.0	910,765.0	#########	王 强
12	ONP125	4,526.0	85.6	387,425.6	#########	赵 凯 奇
13	BU1269	6,254.0	99.5	622,273.0	#########	赵 凯 奇
14	BU1270	1,254.0	78.3	98,188.2	#########	王 强

图1-5 选中所有数据列并双击右边列的边线

D	E	F
销售额（元）	销售日期	业务员
196,432.6		
357,425.6		
85,271.5		
4,856,900.0		
793,007.2		
859,536.0	2017年7月10日	赵 凯 奇
3,521,002.0	2017年7月11日	张 丽
520,948.0	2017年7月12日	王 强
4,478,628.0	2017年7月13日	赵 凯 奇
910,765.0	2017年7月14日	王 强
387,425.6	2017年7月15日	赵 凯 奇
622,273.0	2017年7月16日	赵 凯 奇
98,188.2	2017年7月17日	王 强

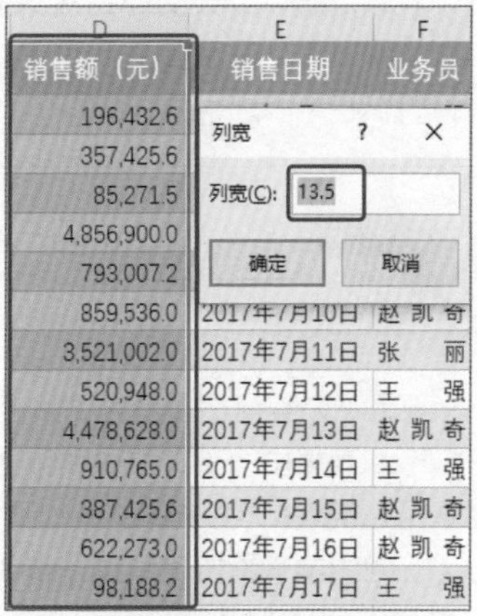

图1-6 查看D列的列宽

Step03：调整其他列的列宽。选中B列和C列，将它们的列宽设置为13.5，与D列同样，如图1-7所示。

Step04：查看效果。完成列宽设置后的效果如图1-8所示，表格不但整齐，而且在细节上又保持了统一标准。

图1-7　为其他列设置相同的列宽

图1-8　完成列宽设置的表格

1.1.2　英文、中文、数字的字体字号如何设置

张经理

小刘，把你今天交的销售数据报表字体再调整一下。注意英文、中文、数字的字体选择。

小刘

Excel又不是PPT，字体也需要讲究美观吗？

王Sir

不是讲究美观，而是为了阅读方便。

Excel表格中，**英文和数字应使用Arial字体**，这种字体粗细一致，且容易阅读；而**中文则选用粗细一致的字体**，如宋体、微软雅黑、黑体等。

Excel的字号设置原则是：**表头字号可以略大，其他内容则统一使用一种字号**；最小字号不小于10号；通常使用默认的11号字。

下面给出字体不统一和字号、字体设置恰当的表格的对比效果，分别如图1-9和图1-10所示。

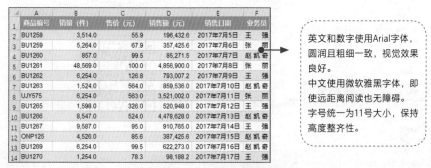

图1-9 字号不统一且不容易辨认的表格

图1-10 字号和字体设置恰当的表格

对Excel表格内容的字体和字号进行设置的方法为：❶选中需要设置字体和字号的单元格区域；❷在【开始】选项卡下的【字体】组中选择字体和字号大小，如图1-11所示。

图1-11 字号和字体的设置方法

温馨提示

需要说明的是，如果有需要强调的重点数据，不要通过增大重点数据的字号来进行强调，因为字号不统一会破坏表格的协调性。这种情况下，可以**通过改变重点数据的颜色，或者是加粗重点数据来实现强调**。如图1-12所示，将重点数据进行加粗显示，不但不会造成阅读压力，而且还保持了表格的整齐性。

商品编号	销量（件）	售价（元）	销售额（元）
BU1258	3,514.0	55.9	196,432.6
BU1259	5,264.0	67.9	357,425.6
BU1260	857.0	99.5	85,271.5
BU1261	48,569.0	100.0	**4,856,900.0**
BU1262	6,254.0	126.8	793,007.2
BU1263	1,524.0	564.0	859,536.0
UJY575	6,254.0	563.0	3,521,002.0
BU1265	1,598.0	326.0	520,948.0
BU1266	8,547.0	524.0	**4,478,628.0**
BU1267	9,587.0	95.0	910,765.0
ONP125	4,526.0	85.6	387,425.6
BU1269	6,254.0	99.5	622,273.0
BU1270	1,254.0	78.3	98,188.2

图1-12 通过加粗显示强调数据

1.1.3 数值显示要清晰易读

王Sir

小刘，教你几招让Excel数值一目了然的秘诀。

（1）**标出千分位**。在用Excel进行数据统计时，为了让数据阅读更加方便，可以用千分位标出数据位数，因为当数值过大时，只用肉眼区分位数非常慢，而用千分位标出数据位数能方便我们快速阅读。

（2）**让数据基于小数点对齐**。数据基于小数点对齐，不容易混淆数据的位数，方便进行数据大小的对比。

（3）**数据较大时，将单位设置为"元""千元""百万元"等**，更容易阅读。需要注意的是，数据单位通常以三个位值为基准，较少使用"万元""亿元"这样非三个位值的基准，这是为了配合Excel的千分位使用。

小刘

按照您教的这招设置数值，张经理肯定能更轻松地阅读我的报表，说不定还会夸我细心认真呢！

如图1-13所示，表格中的数值较大，单位设置为"百万美元"，这是合理的。但是数值没有使用千分位且没有基于小数点对齐，不方便阅读。

	A	B	C	D	E	F	G
1	指标	2016年	2015年	2014年	2013年	2012年	2011年
2	外商投资企业进出口总额(百万美元)	1687536.53	1833480.65	1983557.68	1918314.58	1894120.2	1859898.74
3	外商投资企业出口总额(百万美元)	916766.9	1004614.41	1074619.92	1043724.1	1022620.08	995227.04
4	外商投资企业进口总额(百万美元)	770769.62	828866.24	908937.76	874590.48	871500.12	864671.7

图1-13　阅读困难的数据

Step01：为数据添加千分位。❶选中需要添加千分位的单元格区域；❷单击【开始】选项卡下【数字】组中的 按钮，即可为数据添加千分位，如图1-14所示。

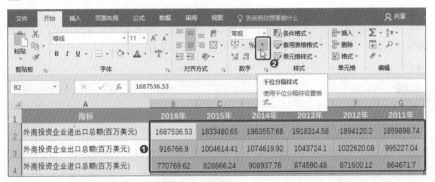

图1-14　为数据添加千分位

Step02：打开【设置单元格格式】对话框。选中表格中的数据，单击【数字】组中的对话框启动器按钮 ，打开【设置单元格格式】对话框。

Step03：设置数据基于小数点对齐。❶在对话框中，选中【自定义】分类；❷在【类型】文本框中输入"0.00?"，表示让数据保留2位小数位数，并基于小数点对齐，如图1-15所示。如果要让数据保留3位小数位数，并基于小数点对齐，则输入"0.000?"。

Step04：查看结果。完成千分位和基于小数点对齐后的数据如图1-16所示，即使数值较大，也不容易读取错误。

图1-15　设置数据基于小数点对齐

	A	B	C	D	E	F	G
1	指标	2016年	2015年	2014年	2013年	2012年	2011年
2	外商投资企业进出口总额(百万美元)	1,687,536.53	1,833,480.65	1,983,557.68	1,918,314.58	1,894,120.20	1,859,898.74
3	外商投资企业出口总额(百万美元)	916,766.90	1,004,614.41	1,074,619.92	1,043,724.10	1,022,620.08	995,227.04
4	外商投资企业进口总额(百万美元)	770,769.62	828,866.24	908,937.76	874,590.48	871,500.12	864,671.70

图1-16　最终效果

1.1.4 细分项目要缩进显示

王Sir，今天张经理让我统计一下各行业从业人员数据。可是我把报表交上去后，张经理却说很难看懂表格框架，还说我的表让他很心累。我完全不知道错在哪里。

王Sir

你制作的表格中，大行业下包含小行业，也就是说有细分项目。这种情况下，如果所有项目都设置为左对齐，则很难辨认出数据的从属关系。

正确的做法是**将细分项目缩进排列。如此一来，就可以清楚地看懂数据框架。通常情况下，一级细分项目缩进2字符，二级细分项目缩进4字符**，以此类推。

如果没有对细分项目进行缩进显示，将造成阅读障碍。没有对细分项目缩进的表格如图1-17所示，A列数据全部左对齐，很难发现行业的从属关系。将一级细分项目缩进2字符后，效果如图1-18所示，数据框架一目了然。

	A	B 企业法人单位（万人）	C 从业人员（万人）
2	批发业	73.7	970.0
3	农、林、牧产品批发	11.0	164.8
4	食品、饮料及烟草制品批发	18.1	296.3
5	纺织、服装及家庭用品批发	22.5	255.2
6	文化、体育用品及器材批发	6.1	59.9
7	医药及医疗器材批发	5.0	94.7
8	其他批发业	11.0	99.1
9	零售业	60.5	878.3
10	综合零售	11.4	378.8
11	食品、饮料及烟草制品专门零售	11.2	113.9
12	纺织、服装及日用品专门零售	12.1	137.0
13	文化、体育用品及器材专门零售	6.8	67.0
14	医药及医疗器材专门零售	9.1	97.3
15	货摊、无店铺及其他零售业	9.9	84.3

图1-17　没有缩进的表格

	A	B 企业法人单位（万人）	C 从业人员（万人）
2	批发业	73.7	970.0
3	农、林、牧产品批发	11.0	164.8
4	食品、饮料及烟草制品批发	18.1	296.3
5	纺织、服装及家庭用品批发	22.5	255.2
6	文化、体育用品及器材批发	6.1	59.9
7	医药及医疗器材批发	5.0	94.7
8	其他批发业	11.0	99.1
9	零售业	60.5	878.3
10	综合零售	11.4	378.8
11	食品、饮料及烟草制品专门零售	11.2	113.9
12	纺织、服装及日用品专门零售	12.1	137.0
13	文化、体育用品及器材专门零售	6.8	67.0
14	医药及医疗器材专门零售	9.1	97.3
15	货摊、无店铺及其他零售业	9.9	84.3

图1-18　有细分项目缩进的表格

打开"1.1.4.xlsx"文件，为细分项目设置缩进，具体操作方法如下。

Step01：打开【设置单元格格式】对话框。❶按住Ctrl键，分别选中"批发业"和"零售业"下面的细分项目；❷单击【开始】选项卡下【数字】组中的对话框启动器按钮，如图1-19所示，即可打开【设置单元格格式】对话框。

Step02：设置缩进值。❶选择【对齐】选项卡；❷在【缩进】数值框中输入2，如图1-20所示。此时细分项目便会缩进显示。

图1-19 打开【设置单元格格式】对话框   图1-20 设置缩进值

 1.1.5 单位和数据要分家

张经理

小刘，看到你的报表，我很生气。你将数据和单位放在同一个单元格中，不但让我无法方便地预览数据计算结果，还让我不能使用透视表分析！

小刘

实在抱歉，这是我的疏忽。我马上请教王Sir，下次不会再犯了。

王Sir

　　小刘，以后你在将表格交给张经理前，最好先让我检查一下。这次你将数据和单位放在同一个单元格中的错是许多职场新人都犯过的错。

　　将Excel的数据和单位放在同一个单元格中是制表大忌，是极不专业的表现。单位与数据的放置方式应视如下情况而定。

　　（1）列的数据单位相同时，可在第一行标注出单位。

　　（2）行的数据单位相同时，可在第一列标注出单位，或者是让单位自成一列。

　　数据和单位放在一个单元格中是不规范的，如图1-21所示。根据不同的情况，可有以下三种标注单位的方法，如图1-22～图1-24所示。

商品编码	销量	售价	销售额
IBY125	251件	215元	53965.0元
IBY126	521件	41元	21361.0元
IBY127	256件	95.6元	24473.6元

> 将数据和单位放在一起，单元格中的数据就不再是纯数值，将影响函数使用和数值计算。

图1-21　将数据和单位放在一起

商品编码	销量（件）	售价（元）	销售额（元）
IBY125	251	215	53965.0
IBY126	521	41	21361.0
IBY127	256	96	24473.6
IBY128	24	89	2133.6
IBY129	15	78	1170.0
IBY130	95	62	5890.0

> 同列数据的单位相同时，可在行字段名称中标注出单位。

图1-22　在第一行标注出单位

商品名称	1月销量	2月销量	3月销量
笔记本（台）	251	87	95
激光笔（支）	415	59	625
投影仪（套）	98	352	412
保温杯（个）	758	126	251
办公桌（张）	458	541	265
保险箱（个）	504	251	325

> 同行数据的单位相同时，可在第一列单元格中标注出单位。

> 这种标注方式只适合名称字符数相同的数据，如"笔记本""激光笔"都是三个字，才能保证后面的单位关于一条竖线对齐。

图1-23　在第一列标注出单位

商品名称	单位	1月销量	2月销量	3月销量
笔记本电脑	台	251	87	95
激光笔	支	415	59	625
投影仪	套	98	352	412
女士保温杯	个	758	126	251
办公桌	张	458	541	265
保险箱	个	504	251	325

让单位自称一列，可以在阅读数据时快速找到数据对应的单位，且不受名称字符长短影响。

图1-24　单位自成一列

1.1.6　表格边框线也别忽视

王Sir，救急啊！

张经理让我交一张简洁的投资数据报表给他，要求边框线要简洁大方。可是Excel的表格边框线如此"不听话"，我调整了好多次，边框线的颜色、粗细等还是不正确。请问表格边框线到底如何设置呢？

为你的细心点赞！表格不能没有边框线，但表格边框线全都一致或是均加粗显示，就会缺乏整洁感。在投资银行中，对表格边框线的要求通常是：**上下粗，其余细**。调整方法是选中单元格，打开【设置单元格格式】对话框，**先选颜色→再选直线样式→后选择要添加边框线的位置**。

对比图1-25和图1-26所示的表格，前者边框线均一致，且加粗显示，十分累赘；而后者去除了多余的边框线，边框线上、下粗而中间细，简洁明了。

Excel高效办公（案例视频教程）

指标	2016年	2015年	2014年	2013年	2012年	2011年
外商投资企业进出口总额(百万美元)	1687536.53	1833480.65	1983557.68	1918314.58	1894120.2	1859898.74
外商投资企业出口总额(百万美元)	916766.9	1004614.41	1074619.92	1043724.1	1022620.08	995227.04
外商投资企业进口总额(百万美元)	770769.62	828866.24	908937.76	874590.48	871500.12	864671.7

图1-25　边框线完全一改的表格

指标	2016年	2015年	2014年	2013年	2012年	2011年
外商投资企业进出口总额(百万美元)	1687536.53	1833480.65	1983557.68	1918314.58	1894120.2	1859898.74
外商投资企业出口总额(百万美元)	916766.9	1004614.41	1074619.92	1043724.1	1022620.08	995227.04
外商投资企业进口总额(百万美元)	770769.62	828866.24	908937.76	874590.48	871500.12	864671.7

图1-26　边框线上、下粗而中间细的表格

在Excel 2016中，设置如图1-26所示的边框线，方法是选中数据，打开【设置单元格格式】对话框，然后在【边框】选项卡中进行边框线设置。具体操作方法如下。

Step01：设置中间细的边框线。❶选择【白色，背景1，深色25%】颜色；❷选择较细的直线样式；❸在【边框】选项组中单击表示中间边框线的按钮。此时在预览窗格中会出现一条较细的中间边框线，如图1-27所示。

Step02：设置上、下粗的边框线。❶选择【黑色，文字1】颜色；❷选择较粗的直线样式；❸在【边框】选项组中单击表示上边框线的按钮；❹在【边框】选项组中单击表示下边框线的按钮。此时在预览窗格中会出现一上一下较粗的边框线，如图1-28所示。

图1-27　设置中间细的边框线

图1-28　设置上、下粗的边框线

14

Step03：设置中间看不见的竖线。❶选择【白色，背景1】颜色；❷选择最细的虚线直线样式；❸在【边框】选项组中分别单击表示竖直边框线的三个按钮，如图1-29所示。此时，在预览窗格中会出现看不见的白色竖线。最后单击【确定】按钮，完成边框线设置，表格就会呈现如图1-26所示的效果。

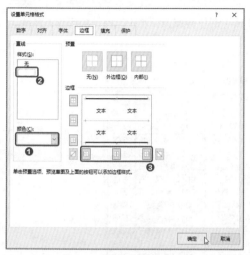

图1-29　设置中间竖直边框线

技能升级

如果觉得在【设置单元格格式】对话框中调整表格的边框线格式比较麻烦，可以用绘制的方式来调整边框线格式。

方法：首先单击【字体】组中的边框线按钮 田▾ ，在弹出的下拉列表中选择线条的颜色和线型，然后选择【绘制边框】选项，待光标变成笔形状 🖉 后，就可以在需要设置边框线格式的地方进行绘制，以达到修改边框线格式的目的。

1.1.7　数据对齐方式，大有文章

王Sir

小刘，最近你制作的表格越来越标准了，但是还有一个小问题，那就是对齐方式不标准。在Excel表格中，数据参差不齐会造成阅读障碍，请记住对齐方式的基本标准：**在所有数据垂直居中对齐的前提下，中文左对齐，数字和日期右对齐，人名要分散对齐。**

小 刘

数据对齐这么小的细节竟然也有这么多的讲究。王Sir，我按照您的方法调整了销售报表，张经理说我的报表看起来更专业了。

Excel表格中的数据应该设置何种对齐方式，取决于阅读时视线的方向。在阅读中文时，人们的视线是从左到右的，因此左对齐更符合阅读习惯。阅读数字时，人们的视线习惯从右到左，按照个、十、百、千……这样的顺序来计算数据位数和对比大小，因此数字要右对齐。同样的道理，日期右对齐可以方便读数。需要特别注意的是人名的对齐方式，因为人的名字长短不一，通常不超过四个字，左对齐又缺乏整齐性，分散对齐是理想选择。此外，还要注意表格中的所有数据在水平方向上都应垂直居中，才能保证数据在单元格中上、下距离均等。

对比图1-30和图1-31，会发现后者更加规范专业。

图1-30　对齐方式错误的表格

图1-31　对齐方式正确的表格

调整表格数据对齐方式的具体操作方法如下。

Step01：让所有数据垂直居中对齐。选中表格中的所有数据，单击【开始】选项卡下【对齐方式】组中的【垂直居中】按钮，可以让所有数据都位于单元格垂直方向上的中间位置，如图1-32所示。

图1-32　设置垂直居中对齐

📢 Step02：让中文左对齐，数字和日期右对齐。选中有中文内容的单元格，单击【对齐方式】组中的【左对齐】按钮，即可实现中文左对齐。使用同样的方法，选中数字和日期内容的单元格，单击【右对齐】按钮，可实现数字和日期的右对齐，如图1-33所示。

图1-33　设置左对齐和右对齐

📢 Step03：让人名分散对齐。选中有人名内容的单元格，打开【设置单元格格式】对话框，在【对齐】选项卡下的【垂直对齐】下拉列表框中选择【分散对齐】选项，如图1-34所示，即可实现人名的分散对齐。

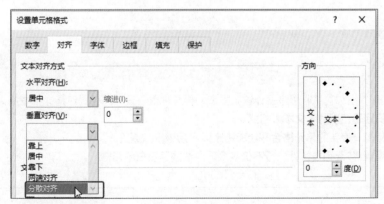

图1-34　设置分散对齐

1.2 格式上的错，你承担不起

张经理

小刘，你去把1月前两周各业务员的商品销量数据统计出来。注意格式，我后期要进行分析汇总。

小 刘

张经理，您要的数据报表来了！格式清晰美观。

2018年1月1日-14日商品销量统计					
商品编码	业务员销量			总销量（件）	日期
	王丽销量（件）	刘明销量（件）	赵奇销量（件）		
UB264	25	125	125	275	2018年1月1日
UB265	85	624	325	1034	2018年1月2日
UB266	95	524	425	1044	2018年1月3日
UB267	152	152	126	430	2018年1月4日
UB268	352	125	524	1001	2018年1月5日
UB269	65	415	512	992	2018-1-6
7天销量统计	774	1965	2037	4776	
UB270	85	265	425	775	2018年1月7日
UB271	126	125	625	876	2018年1月8日
UB272	325	421	415	1161	2018/1/9
UB273	124	125	2654	2903	2018年1月10日
UB274	125	415	958	1498	2018年1月11日
UB275	625	214	742	1581	2018年1月12日
UB276	125	125	245	495	2018年1月13日
UB277	142	95	326	563	2018年1月14日
7天销量统计	1677	1785	6390	8794	

张经理

小刘，看得出你花了心思来设计这张报表，但是你精心设计的格式正是这张表最大的败笔。

（1）日期是错误的【文本】格式。

（2）标题、表头的单元格合并让表格难以灵活进行数据统计。

（3）设置"7天销量统计"行不仅多余，还造成了空白单元格。

自我感觉认真做的表格不错，结果还是有问题！表格格式问题会造成哪些后果呢？又该如何避免出现这些格式问题呢？

1.2.1 防患于未然，避免数字格式错误的措施

小 刘

王Sir，张经理说我的日期数据格式错误，是因为我设置的日期格式写法不统一吗？

王Sir

你的日期数据最大的错误在于格式。在你的表格中，应为日期数据设置【日期】格式，而不是【文本】格式。

在Excel中，**不同类型的数据有不同的数字格式**，如日期型数据对应【日期】格式、数字型数据对应【数值】格式、文字型数据对应【文本】格式等。

对数据定义正确的数字格式，不仅能简化输入流程，还能让表格自动判断数据的类型，方便后期数据计算与处理分析。

因此，在录入不同类型的数据前，就要对数字格式进行定义，避免出现格式错误。

　　在录入Excel数据前，可先为单元格设置数字格式，然后再录入数据。录入的数据会根据设置的数字格式调整显示方式，这样就不会存在日期写法不统一的情况。具体操作方法如下。

Step01：选中"日期"列并打开【设置单元格格式】对话框。❶选中"日期"列；❷单击【开始】选项卡下【数字】组中的对话框启动器按钮 ，打开【设置单元格格式】对话框，如图1-35所示。

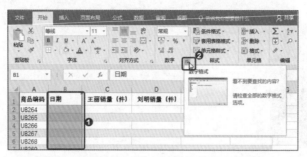

图1-35　选中列，单击【数字】组中的对话框启动器按钮

Step02：选择日期类型。❶在【设置单元格格式】对话框中选择【日期】分类；❷选择一种日期类型，如这里选择【2012年3月14日】的显示方式；❸单击【确定】按钮，如图1-36所示。

图1-36　设置日期格式

Step03：录入日期数据。为"日期"列单元格定义好数据格式后，❶输入第一个日期；❷将鼠标放到单元格右下方，以拖动复制的方式填充其他日期；❸填充完所有日期单元格后，单击【自动填充选项】按钮 ；❹可以选择以天数、工作日、月、年等不同的方式填充日期，如图1-37所示。

图1-37 录入日期数据

Step04：设置数值格式。❶选中表格中录入销量数据的列，设置格式为【数值】型；❷设置【小数位数】为0，勾选【使用千位分隔符】复选框；❸单击【确定】按钮，如图1-38所示。

Step05：录入销量数据。完成格式设置后，输入商品销量数据，结果如图1-39所示。

图1-38 设置数值格式

王丽销量（件）	刘明销量（件）	赵奇销量（件）	总销量（件）
25	125	125	275
85	624	325	1,034
95	524	425	1,044
152	152	126	430
352	125	524	1,001
65	415	512	992
126	125	625	876
325	421	415	1,161
124	125	2,654	2,903
125	415	958	1,498
625	214	742	1,581
125	125	245	495
142	95	326	563

图1-39 录入销量数据

温馨提示

对"日期"列进行格式定义后，即使输入了格式不统一的日期，系统也会自动进行调整。例如选择了【2012年3月14日】日期类型，却输入了"2021-9-7"，最终显示结果仍会是"2021年9月7日"。

1.2.2 亡羊补牢，统一数字格式的措施

小刘

王Sir，您教会了我录入数据前定义数字格式的方法。如果我已经录入好数据又发现格式不对怎么办？难道我要删除现有数据再重新录一遍吗？

王Sir

录入数据后发现数字格式不对，可以**选中数据，重新设置格式**。不过日期数据的格式调整有所不同，当录入方式不统一时，**日期数据需要使用【分列】的方法来统一格式**。

1 重新设置格式

为完成录入的数据重新设置格式，方法如图1-40所示。❶选中需要重新设置格式的单元格区域；❷打开【设置单元格格式】对话框，重新设置即可。

图1-40 重新设置格式

重新设置格式后的表格效果如图1-41所示，丝毫不受之前格式的影响。

商品编码	日期	销量（件）	售价（元）	销售额（元）
UB264	2018年4月14日	25	¥125.90	¥3,147.50
UB265	2018年4月15日	85	¥624.00	¥53,040.00
UB266	2018年4月16日	95	¥524.00	¥49,780.00
UB267	2018年4月17日	152	¥250.60	¥38,091.20
UB268	2018年4月18日	352	¥125.00	¥44,000.00
UB269	2018年4月19日	65	¥415.00	¥26,975.00
UB271	2018年4月20日	126	¥306.70	¥38,644.20
UB272	2018年4月21日	325	¥421.00	¥136,825.00
UB273	2018年4月22日	124	¥125.00	¥15,500.00
UB274	2018年4月23日	125	¥415.00	¥51,875.00
UB275	2018年4月24日	625	¥122.90	¥76,812.50
UB276	2018年4月25日	125	¥125.00	¥15,625.00
UB277	2018年4月26日	142	¥95.00	¥13,490.00

图1-41 重新设置格式后的结果

2 统一日期格式

录入格式不统一的日期数据后，即使选中"日期"列，将格式调整为【日期】，也会发现日期形式依然不统一，如图1-42所示。

这种情况需要用【分列】功能来实现日期格式的统一。【分列】功能十分强大，可以按分隔符和固定宽度两种方式来实现数据格式的转换。

例如，要统一图1-42所示日期的格式，具体操作方法如下。

Step01：通过文本分列向导第1、2步进行设置。❶选中"日期"列数据；❷单击【数据】选项卡下的【分列】按钮；❸在【文本分列向导-第1步，共3步】对话框中，选择【分隔符号】分列方式；❹单击【下一步】按钮，完成分列向导第1步的设置，如图1-43所示。然后保持第2步分列向导设置，单击【下一步】按钮。

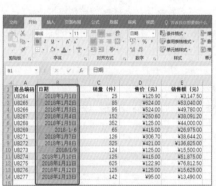

图1-42 形式不统一的日期

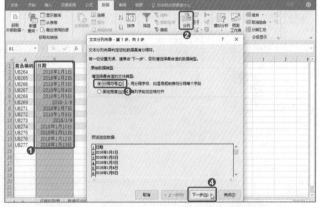

图1-43 分列向导第1步的设置

Step02：完成分列。❶在第3步分列向导中，选择【日期】格式，❷单击【完成】按钮，如图1-44所示。此时，表格中的日期数据不论是格式还是形式都被统一了，如图1-45所示。

图1-44 分列向导第3步的设置

图1-45 统一日期格式的效果

	A	B	C
1	商品编码	日期	销量（件）
2	UB264	2018/1/1	25
3	UB265	2018/1/2	85
4	UB266	2018/1/3	95
5	UB267	2018/1/4	152
6	UB268	2018/1/5	352
7	UB269	2018/1/6	65
8	UB271	2018/1/7	126
9	UB272	2018/1/8	325
10	UB273	2018/1/9	124
11	UB274	2018/1/10	125
12	UB275	2018/1/11	625
13	UB276	2018/1/12	125
14	UB277	2018/1/13	142

1.2.3 单元格合并让表格万劫不复

张经理

小刘，这就是你交给我的地区销量数据表吗？你将城市销量帮我排个序！

所属片区	城市	销量（件）	销量汇总	业务员
东北片区	辽宁	652	1,332	张丽
	吉林	524		
	黑龙江	156		
华东片区	山东	352	994	王宏强
	江苏	157		
	安徽	485		
西南片区	云南	759	1,770	李素丽
	四川	857		
	贵州	154		

小刘

王Sir，快帮帮我。我的表格无法排序了！

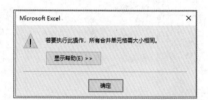

Microsoft Excel

⚠ 若要执行此操作，所有合并单元格需大小相同。

显示帮助(E) >>

确定

王Sir

小刘，张经理让你排序的目的是告诉你：**表格不能随便合并单元格，否则排序、筛选、透视表等功能将无法顺利使用。**

你的表格合并单元格后，确实更美观了，但是Excel制表却不能用这种思维。**面对存在单元格合并的表格，需要取消单元格合并，再结合定位、填充等技能进行调整。**

　　不随便进行单元格合并是制表的好习惯。在进行数据统计时，如果收集到的表格存在单元格合并的情况，应该取消合并单元格，此时会出现许多空值。利用定位法定位空值，再使用Ctrl+Enter组合键在空值单元格中快速填充上对应的数据，即可完成表格调整。打开"1.2.3.xlsx"文件，取消表格中的单元格合并，具体操作方法如下。

📢 **Step01：** 取消单元格合并。❶选中A列合并的单元格区域；❷单击【合并后居中】按钮；❸在下拉列表中选择【取消单元格合并】选项，如图1-46所示。

📢 **Step02**：打开【定位条件】对话框。取消单元格合并后会出现空值单元格。按Ctrl+G组合键，打开【定位】对话框，单击【定位条件】按钮，如图1-47所示。

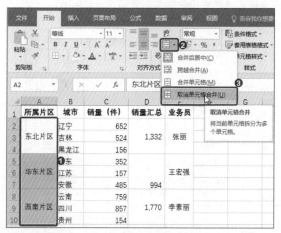

图1-46 取消单元格合并

图1-47 打开【定位条件】对话框

📢 **Step03**：设置定位条件。❶在【定位条件】对话框中选择【空值】定位条件；❷单击【确定】按钮，如图1-48所示。

📢 **Step04**：输入公式。此时表格中A列的空值单元格被选中，直接输入"=a2"公式，如图1-49所示。注意这里不要急着按Enter键。

图1-48 选择【空值】定位条件

图1-49 输入公式

📢 **Step05**：复制公式。输入公式后按Ctrl+Enter组合键，就能让所有选中的空白单元格都填充上相应的内容了，效果如图1-50所示。

Step06：完成表格修改。表格中合并的单元格有的是不必要存在的，如"销量汇总"列。销量汇总可以通过Excel的【分类汇总】或【透视表】功能来实现，因此这列数据可以删除。然后再用同样的方法对"业务员"列数据进行取消单元格合并操作。最终表格的修改结果如图1-51所示。

	A	B	C
1	所属片区	城市	销量（件）
2	东北片区	辽宁	652
3	东北片区	吉林	524
4	东北片区	黑龙江	156
5	华东片区	山东	352
6	华东片区	江苏	157
7	华东片区	安徽	485
8	西南片区	云南	759
9	西南片区	四川	857
10	西南片区	贵州	154

图1-50　复制公式

所属片区	城市	销量（件）	业务员
东北片区	辽　宁	652	张　丽
东北片区	吉　林	524	张　丽
东北片区	黑龙江	156	张　丽
华东片区	山　东	352	王宏强
华东片区	江　苏	157	王宏强
华东片区	安　徽	485	王宏强
西南片区	云　南	759	李素丽
西南片区	四　川	857	李素丽
西南片区	贵　州	154	李素丽

图1-51　完成表格修改

1.2.4 你以为完美的表格标题却是一个"坑"

王Sir

小刘，你之前做的商品销量数据表中，在表头输入了表格标题，看起来信息全面，其实是一个"大坑"。知道原因吗？

在表头输入标题，一是造成了单元格合并；二是破坏了表格结构。修改工作表名称才是为表格命名的正确做法。

小刘

原来是这样啊！经过单元格合并知识的学习，我知道了将标题写在表头的错误之处，却一直不知道表格标题应该写在哪里，这下我懂了。

打开"1.2.4.xlsx"文件，将单元格中的表格标题移动到工作表名称中，具体操作方法如下。

Step01：删除表格标题。❶选中表格第一行；❷右击，选择快捷菜单中的【删除】命令，将第一行全部删除，如图1-52所示。

Step02：重命名工作表。❶右击工作表名称；❷选择【重命名】命令，如图1-53所示。

图1-52 删除表格标题 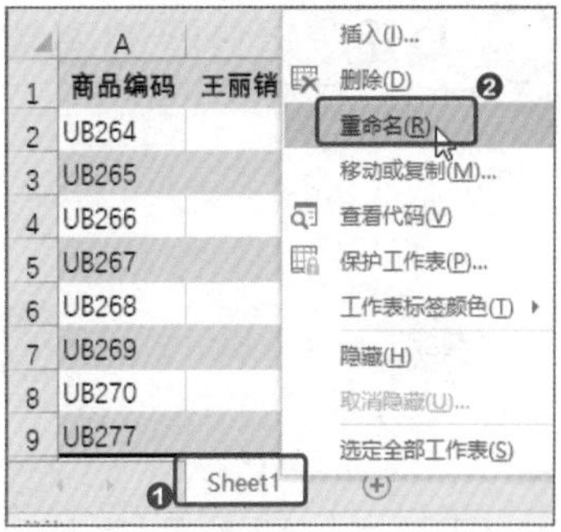　　　　　　　　　　　　图1-53 重命名工作表

Step03：输入工作表名称。将删除的表格标题再输入到工作表名称处，结果如图1-54所示，完成了工作表名称的修改。

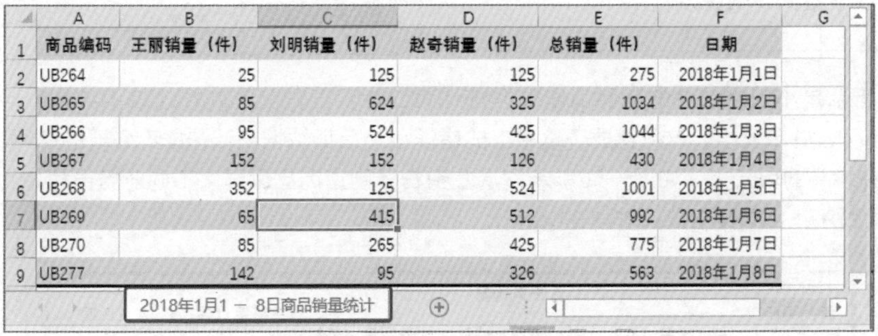

	A	B	C	D	E	F	G
1	商品编码	王丽销量（件）	刘明销量（件）	赵奇销量（件）	总销量（件）	日期	
2	UB264	25	125	125	275	2018年1月1日	
3	UB265	85	624	325	1034	2018年1月2日	
4	UB266	95	524	425	1044	2018年1月3日	
5	UB267	152	152	126	430	2018年1月4日	
6	UB268	352	125	524	1001	2018年1月5日	
7	UB269	65	415	512	992	2018年1月6日	
8	UB270	85	265	425	775	2018年1月7日	
9	UB277	142	95	326	563	2018年1月8日	

2018年1月1 — 8日商品销量统计

图1-54 重命名工作表后的效果

温馨提示

　　一个Excel文件称之为一个工作簿，一个工作簿中可以创建多张工作表，不同的工作表有不同的名称。工作表不仅可以修改名称，还可以修改标签颜色。对于需要引起重视的工作表，可以将其标签颜色设置得更加醒目，以引起关注。

1.2.5 真正逻辑分明的表头是这样的

小刘

王Sir，上次向您学习了表格标题的正确做法，深有感触，即使是再小的细节也需要学习才不会出错。那么表头的字段应该如何设置呢？不能合并单元格，又该如何体现表头字段的逻辑关系呢？

王Sir

小刘，你主动思考并提出问题，值得鼓励。要想字段有逻辑性，不是靠合并单元格来体现，而是注意字段的排列顺序。

表格中，**字段的排列应符合人们"从左到右"的阅读习惯**，如先放商品名称再放商品销量。此外，还要**注意将同类数据的字段排列到一起**。

图1-55所示是小刘之前做的商品销量数据统计表的表头部分。小刘想让表头结构分明，更有逻辑性，所以使用了合并单元格。这就造成了格式上的错误，给后期数据统计造成不必要的麻烦。

取消合并表头的单元格，如图1-56所示，从左到右分别是商品编码、不同业务员销量、总销量和日期，符合阅读顺序，且同类型数据排列在一起。

商品编码	业务员销量			总销量（件）	日期
	王丽销量（件）	刘明销量（件）	赵奇销量（件）		
UB264	25	125	125	275	2018年1月1日
UB265	85	624	325	1034	2018年1月2日
UB266	95	524	425	1044	2018年1月3日
UB267	152	152	126	430	2018年1月4日
UB268	352	125	524	1001	2018年1月5日

图1-55 错误的表头设置

商品编码	王丽销量（件）	刘明销量（件）	赵奇销量（件）	总销量（件）	日期
UB264	25	125	125	275	2018年1月1日
UB265	85	624	325	1034	2018年1月2日
UB266	95	524	425	1044	2018年1月3日
UB267	152	152	126	430	2018年1月4日
UB268	352	125	524	1001	2018年1月5日

图1-56 正确的表头设置

为了加深对表头设置的理解，下面来看两个典型例子。

 按顺序从左到右排列字段

人们在阅读时的视线一般是从左到右，那么字段从左到右排列时，要符合一定的逻辑规律。图1-57所示是一张商品销售数据表，人们从左到右阅读时，先了解商品的编码，然后了解销售日期，再了解销量和售价，最后了解销售额。

如果将"商品编码"放到最右边，人们在阅读数据时容易一头雾水，不知道当下看到的数据是哪种商品的数据。同样的道理，有了销量和售价，才会有销售额，所以将"销售额（元）"列放在"销量（件）"列和"售价（元）"列的右边。

商品编码	销售日期	销量（件）	售价（元）	销售额（元）
UB264	2018/3/1	125	¥125.00	¥43,410.00
UB265	2018/3/2	624	¥325.00	¥44,110.00
UB266	2018/3/3	524	¥425.00	¥44,111.00
UB267	2018/3/4	152	¥126.00	¥43,441.00
UB268	2018/3/5	125	¥524.00	¥43,813.00
UB269	2018/3/6	125	¥65.90	¥43,355.90
UB270	2018/3/7	624	¥54.50	¥43,844.50
UB271	2018/3/8	152	¥52.60	¥43,371.60
UB272	2018/3/9	425	¥26.90	¥43,619.90
UB273	2018/3/10	625	¥12.00	¥43,806.00

从左到右，字段排列符合认知逻辑。

图1-57　从左到右排列符合逻辑规律的字段

 将同类字段排列到一起

在排列字段时，描述同类数据的字段要排列到一起。如图1-58所示，A、B车间的产量属于同类数据，因此将它们排列到一起，如果在两个车间中间放上"质检员"字段，表格就会显得分散。

同类字段排列到一起。

商品编码	生产日期	A车间产量（件）	B车间产量（件）	质检员
UB264	2018/3/1	251	245	王　丽
UB265	2018/3/2	625	265	张宏强
UB266	2018/3/3	425	425	刘华韦
UB267	2018/3/4	1,256	1,265	王　丽
UB268	2018/3/5	265	1,254	王　丽
UB269	2018/3/6	425	265	刘华韦
UB270	2018/3/7	1,256	458	张宏强
UB271	2018/3/8	1,236	1,268	王　丽
UB272	2018/3/9	1,245	2,365	王　丽
UB273	2018/3/10	1,256	159	刘华韦

图1-58　同类字段排列到一起

1.2.6 懒一点，别进行数据合计

 小刘

王Sir，帮我看看我做的数据表是否还有问题？标题字段都按您讲的进行了合理设置，也没有合并单元格。

	A	B	C	D	E
1	商品编码	四川销量（件）	贵州销量（件）	云南销量（件）	重庆销量（件）
2	A1254	124	125	125	1255
3	A1255	526	158	658	958
4	A1256	957	957	957	125
5	A1257	845	854	126	958
6	A类商品销量统计	2452	2094	1866	3296
7	B1254	125	598	425	545
8	B1255	425	754	625	125
9	B1256	625	758	415	154
10	B1257	451	1356	2654	256
11	B1258	154	2164	958	525
12	B1259	418	425	742	857
13	B类商品销量统计	2198	6055	5819	2462

 王Sir

要是张经理看到你的表，又该骂你了。你为什么那么"勤劳"，要进行A、B类商品的销量统计呢？这种统计方式虽然没有合并单元格，也没有造成空白单元格，但是引起了与**表头字段不符**的问题。A列字段是"商品编码"，就不应该出现"A类商品销量统计"这样的数据。

小刘，听我一句劝，**制作数据表，不要随意进行数据合计**。

取消表格中的不同分类的数据合计后，需要新加一列"所属分类"列，这样才能在后期使用透视表对不同类别的商品进行统计。

	A	B	C	D	E	F
1	商品编码	所属分类	四川销量（件）	贵州销量（件）	云南销量（件）	重庆销量（件）
2	A1254	A类	124	125	125	1255
3	A1255	A类	526	158	658	958
4	A1256	A类	957	957	957	125
5	A1257	A类	845	854	126	958
6	B1254	B类	125	598	425	545
7	B1255	B类	425	754	625	125
8	B1256	B类	625	758	415	154
9	B1257	B类	451	1356	2654	256
10	B1258	B类	154	2164	958	525
11	B1259	B类	418	425	742	857

图1-59 取消数据合计的表格

温馨提示

当需要对表格中不同类别的数据进行统计时，需要有一列数据专门标注数据类别，使用透视表才可以自由选择需要统计数据的时间段。

1.2.7 空白单元格处理有妙招

王Sir

小刘，这下你应该彻底明白为什么表格中最好不要有多余数据合计了吧？那么考考你，当你删除不必要的合计时，有空白单元格怎么办？

小刘

有空白单元格？选中空白单元格，一个一个删除可以吗？

王Sir

你的方法效率太低了。如果表格中有几十、上百个空白单元格，你也一个一个选中再删除吗？**用Ctrl+G组合键打开【定位】对话框，定位空值，再一次性删除所有空白单元格**，这才是高效做法。

通过【定位】功能快速定位空值，并进行统一操作处理的具体方法如下。

Step01：观察表格。删除表格中的空白单元格，需要对表格进行事先观察，分析以哪种方式删除单元格才不会误删数据。如图1-60所示，第7行是多余的空白行，删除整行即可。从商品编号来看，第10行和第12行数据是连贯的，因此第11行虽然有部分数据，但是同样属于多余数据，需要整行删除。

Step02：打开【定位条件】对话框。按Ctrl+G组合键打开【定位】对话框，单击【定位条件】按钮，如图1-61所示。

Step03：选择定位条件。❶选择【空值】定位条件；❷单击【确定】按钮，如图1-62所示。

	A	B	C	D	E	F	G
1	编号	产品名称	单位	类别	订购数量	订购单价	订购日期
2	0021	U8钢笔	支	办公用品	1,254	¥1.9	2018/7/6
3	0022	U8钢笔	支	办公用品	5,215	¥2.5	2018/7/7
4	0023	M7水笔	支	办公用品	857	¥1.9	2018/7/8
5	0024	M5笔芯	支	办公用品	456	¥1.9	2018/7/9
6	0025	U8钢笔	支	办公用品	958	¥3.6	2018/7/10
7							
8	0026	U8钢笔	支	办公用品	758	¥1.9	2018/7/11
9	0027	M7水笔	支	办公用品	125	¥2.5	2018/7/12
10	0028	M5笔芯	支	办公用品	2,654	¥3.8	2018/7/13
11		M5笔芯	支	办公用品			
12	0029	U8钢笔	支	办公用品	254	¥2.9	2018/7/14
13	0030	U8钢笔	支	办公用品	1,256	¥2.5	2018/7/15

图1-60 观察表格

图1-61　打开【定位条件】对话框

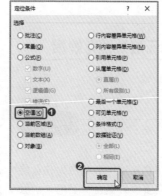

图1-62　选择【空值】定位条件

Step04：删除空值。此时表格中的空白单元格被全部选中，右击，选择快捷菜单中的【删除】命令，如图1-63所示。

Step05：选择删除方式。❶按照之前的分析，表格中的空白单元格应该整行删除，因此在【删除】对话框中选中【整行】单选按钮；❷单击【确定】按钮，如图1-64所示。

图1-63　删除空值

图1-64　选择删除方式

技能升级

　　单元格的删除方式一共有4种。一张表格中，如果不同区域的空白单元格有不同的删除方式，那么需要分步操作。例如选中A单元格区域空值，以【下方单元格上移】的方式删除空白单元格，再选中B单元格区域空值，以【右侧单元格左移】的方式删除空白单元格。

1.2.8 一个单元格只录入一种类别

 张经理

小刘，帮我把6月1日到6月7日的网店购物客户数据统计出来。

 小刘

王Sir，快帮我看看张经理要的网店客户数据表对不对？

客户	年龄（岁）	城市	购买商品	消费金额（元）	消费日期
王华露女士	25	重庆	洗发水	¥125.0	2018/6/1
赵奇先生	62	洛阳	洗面奶	¥216.5	2018/6/2
刘璐女士	42	长治	面霜	¥369.7	2018/6/3
王宏先生	52	成都	洗面奶	¥98.0	2018/6/4
周小泽先生	51	昆明	精华乳	¥225.0	2018/6/5
郝薇女士	42	重庆	眼霜	¥290.8	2018/6/6
刘丽女士	53	昆明	眼霜	¥290.8	2018/6/7

 王Sir

小刘，这次我要批评你了，你犯了一个格式上的低级错误——同一个单元格中录入两种信息。

在"客户"列中的单元格中，既有客户姓名，又有客户性别，这两种信息应该分两列录入，否则当客户信息量大时，不方便统计不同性别的客户数量。

要想快速将一列单元格中的信息分成两列，有规律的间隔或字符宽度的数据可以使用【分列】功能。像人名与性别这种信息，不方便使用【分列】功能，但是可以使用【快速填充】功能来实现。注意，该功能仅适用于Excel 2013以上的版本。下面是具体的操作方法。

Step01：输入姓名并拖动填充。❶在表格中新建"姓名"列和"性别"列，在"姓名"列中，输入前两位客户的姓名；❷选中这两个单元格，将光标放到第二个单元格右下方，按住鼠标往下拖动复制，如图1-65所示。

Step02：选择填充方式。❶完成复制填充后，单击【自动填充选项】按钮；❷选择【快速填充】的填充方式，如图1-66所示。

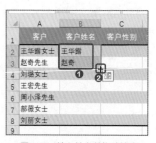

图1-65　输入姓名并拖动填充

图1-66　选择填充方式

📢 **Step03：** 输入性别并拖动填充。❶使用同样的方法在"客户性别"列输入前两位客户的性别；❷选中这两个单元格，将光标放到第二个单元格的右下方，按住鼠标左键不放，往下拖动填充，如图1-67所示。

📢 **Step04：** 完成表格修改。此时只需要删除"客户"列即可完成表格修改，如图1-68所示。

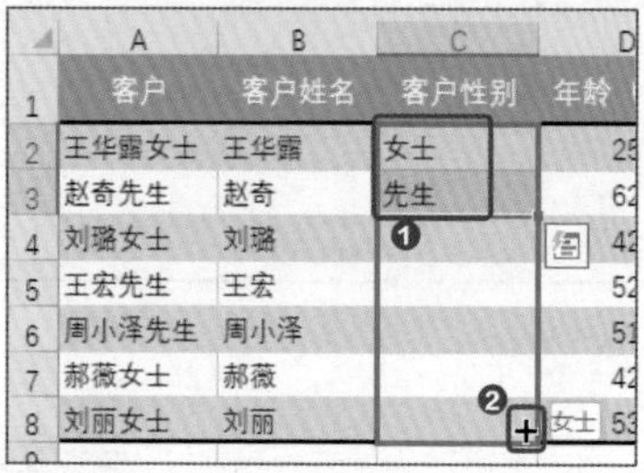

图1-67　输入性别并拖动填充

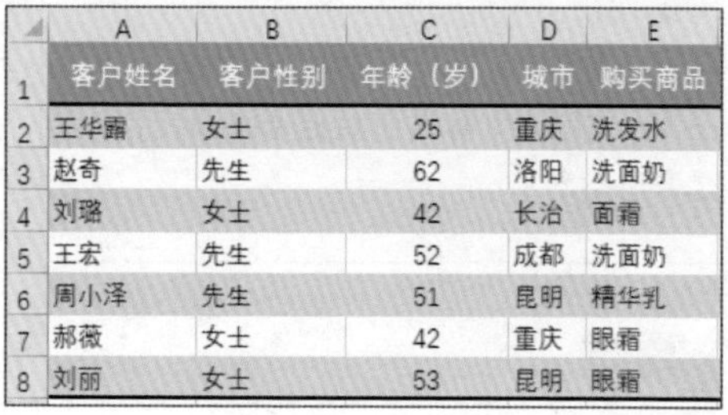

图1-68　完成表格修改

温 馨 提 示

　　【快速填充】功能可以从一列数据中快速提取符合某种规律的字符。在本例中，客户姓名和性别被混合录入。姓名有两个汉字的，也有三个汉字的，为了让Excel更加明白填充的规律，所以一开始输入了两位客户的姓名，分别是三个汉字和两个汉字。如果只输入一位两个汉字的客户姓名就使用【快速填充】功能，会让系统认为需要提取的是"客户"列的左边两个汉字。

CHAPTER 2

—

效率，既能"偷懒"
又能"炫技"

上班第二周，我已经能制作出严谨又符合格式标准的表格了。于是张经理给我安排了更多的任务。

我在加班完成任务的同时，也在思考：制表，一定要"脚踏实地"吗？面对不同的任务，是否有"投机取巧"的方法？

所以我在接到任务时，都会思考如何才能做得更快更好。想不到妙招，我就会请教王Sir。

不学不知道，一学吓一跳。Excel这个软件藏着太多的玄机，看似复杂的操作，只要肯动脑筋，都能找到更高效的操作方法。

小 刘

观察职场中效率高和效率低的人士，其实他们的差别在于想不想"偷懒"，愿不愿意进一步思考。

就拿录入数据这种最简单的操作来说，普通人打开Excel表格就开始敲键盘录入数据，而高效人士会分析：这是什么类型的数据？有什么规律特点？用什么方法录入最便捷？

用Excel制表，学会一个技巧至少可以提高5%的效率。将数据批处理、粘贴替换、错误检查、美化、分列、条件格式等技巧都学会，提前两个小时完成工作太容易了。

王 Sir

2.1 批处理，不加班不是梦

张经理

小刘，这周要你处理的数据量比较大。

（1）你需要将上千位客户的资料进行整理并提取出重要信息。

（2）需要统计、录入所有子公司的员工信息。

（3）统计几百项商品的订单信息。

张经理布置的任务真难，动不动就是几百项、上千项数据，随便一项任务都可以让我加班一个星期，这可怎么办呢？我还是先请教王Sir吧！

 王Sir

小刘，遇到**海量数据需要处理时，一定要考虑Excel的【批处理】功能。**Excel是非常智能的，可以同时对上千项数据进行统一操作。无论是数据录入、数据提取，还是数据重组、数据添加，均有巧妙的方法。

2.1.1 使用快速填充法整理三类数据

 张经理

小刘，为了及时给客户发送生日祝福短信，你把这份951位客户的资料表整理一下交给客服。

要求：①列出客户的生日；②列出客户的姓氏+职位；③将客户的电话号码用"–"符号分开。

客户姓名	身份证号码	电话号码	职位
张　强	511124197610257000	13880588978	经理
王　丽	342531199601209000	18325465129	教授
赵　奇	522229197605280000	18126583274	经理
刘萌露	110221199711292000	13884516484	科长
赵黎明	130434198803129000	15942654845	局长
王福东	152105197808226000	18326524875	老师
罗　田	441423198207113000	13882624529	科长
周　琦	210000197809200000	17659158475	经理
沈　路	654126199402228000	15962645587	经理

小刘

啊！951位客户的信息要整理，看来我这周都要加班了！

王Sir

不用加班，观察这份客户资料表，其实就是利用现有数据生成新的数据，使用快速填充法，半个小时就做完了。

【快速填充】功能有以下三大作用。

（1）从现有数据列中提取部分信息，例如从身份证号码中提取出生日期。

（2）为现有数据列添加信息，例如为电话号码添加"-"符号。

（3）从多列数据中提取信息并进行重组，例如提取客户的姓氏+职位组合成客户的尊称。

Excel的某些【快速填充】功能只适合Excel 2013及以上版本，该功能可以根据输入信息的规律进行填充。【快速填充】功能可以提高数据整理效率，例如将一份杂乱的市场调查表快速整理成规范的数据表格或利用现成表格整理出符合实际需求的表格。

1 数据提取

利用【快速填充】功能从客户的身份证号码中可以提取出生日期，提取出来的信息是纯数字。此时再对纯数字进行一次快速填充操作，将数字转换成方便阅读的日期数据。具体操作方法如下。

Step01：新增列并设置数据格式。打开"2.1.1.xlsx"文件，❶新增"辅助列"和"生日"列，选中"生日"列单元格；❷设置单元格格式为【日期】；❸类型为【3月14日】，如图2-1所示。

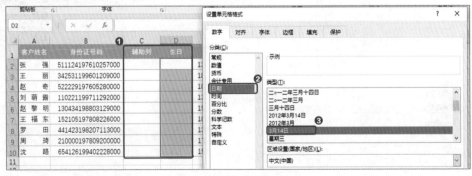

图2-1 新增列并设置数据格式

Step02：提取出生日期。❶在"辅助列"的C2单元格中输入第一位客户的生日数据1025，然后将光标放到该单元格右下方，按住鼠标左键不放，向下拖动；❷单击【自动填充选项】按钮；❸选择【快速填充】方式，如图2-2所示。

Step03：输入生日并进行填充。❶在"生日"列的前两个单元格中分别输入前两位客户的生日；❷选中这两个单元格，按住鼠标左键往下拖动，如图2-3所示。

客户姓名	身份证号码	辅助列	生日	电话号码
张　强	511124197610257000	1025		1388058897
王　丽	342531199601209000	120		1832546512
赵　奇	522229197605280000	528		1812658327
刘萌露	110221199711292000	1129		1388451648
赵黎明	130434198803129000	312		1594265484
王福东	152105197808226000	822		1832652487
罗　田	441423198207113000	711		1388262452
周　琦	210000197809200000	920		176591584
沈　路	654126199402228000	222		1596264558

复制单元格(C)　填充序列(S)　仅填充格式(F)　不带格式填充(O)　快速填充(F)

图2-2　提取出生日期

身份证号码	辅助列	生日	
511124197610257000	1025	10月25日	13
342531199601209000	120	1月20日	18
522229197605280000	528		
110221199711292000	1129		13
130434198803129000	312		15
152105197808226000	822		18
441423198207113000	711		13
210000197809200000	920		17
654126199402228000	222		15

图2-3　输入生日并进行填充

Step04：选择填充方式。选择生日的填充方式为【快速填充】方式，如图2-4所示。

Step05：完成客户生日的提取。删除"辅助列"数据，完成客户生日的提取，如图2-5所示。

客户姓名	身份证号码	辅助列	生日	电话号码	职位
张　强	511124197610257000	1025	10月25日	13880588978	经理
王　丽	342531199601209000	120	1月20日	18325465129	教授
赵　奇	522229197605280000	528	5月28日	18126583274	经理
刘萌露	110221199711292000	1129	11月29日	13884516484	科长
赵黎明	130434198803129000	312	3月22日	15942654845	局长
王福东	152105197808226000	822	8月22日	18326524875	老师
罗　田	441423198207113000	711	7月21日	13882624529	科长
周　琦	210000197809200000	920	9月20日	17659158475	经理
沈　路	654126199402228000	222	2月22日	15962645587	经理

复制单元格(C)　填充序列(S)　仅填充格式(F)　不带格式填充(O)　以天数填充(D)　填充工作日(W)　以月填充(M)　以年填充(Y)　快速填充(F)

图2-4　选择【快速填充】方式

客户姓名	身份证号码	生日
张　强	511124197610257000	10月25日
王　丽	342531199601209000	1月20日
赵　奇	522229197605280000	5月28日
刘萌露	110221199711292000	11月29日
赵黎明	130434198803129000	3月22日
王福东	152105197808226000	8月22日
罗　田	441423198207113000	7月21日
周　琦	210000197809200000	9月20日
沈　路	654126199402228000	2月22日

图2-5　完成客户生日的提取

② 数据添加

　　利用【快速填充】功能还可以为数据统一添加相同的内容，如为电话号码添加分隔符，方便读取电话号码，具体操作方法如下。

Step01：输入第一个有分隔符号的电话号码。新建"电话"列，输入第一个有分隔符号的电话号码，再按住鼠标左键向下拖动，如图2-6所示。

Step02：选择填充方式。完成复制后，选择【快速填充】方式，就可以为所有电话号码统一添加分隔符号了，如图2-7所示。

C	D	E	F
生日	电话	电话	职位
10月25日	13880588978	1388-0588-978	经理
1月20日	18325465129		教授
5月28日	18126583274		经理
11月29日	13884516484		科长
3月22日	15942654845		局长
8月22日	18326524875		老师
7月21日	13882624529		科长
9月20日	17659158475		经理
2月22日	15962645587		经理

图2-6 输入有分隔符号的电话号码

图2-7 选择【快速填充】方式

3 数据重组

利用【快速填充】功能还可以将多列单元格数据组合成一列数据，如要将"客户姓名"列和"职位"列数据重新组合成"尊称"列数据，具体操作方法如下。

Step01：输入第一位客户的尊称。新建一列"尊称"列，在该列F2单元格中输入"张经理"三个字，表示从A列提取客户姓氏，再从E列提取职位，然后将提取信息进行组合。完成输入后，按住鼠标左键往下拖动，如图2-8所示。

Step02：选择填充方式。完成复制后，选择【快速填充】方式，此时便完成了客户"尊称"信息的提取，如图2-9所示。

	A	B	C	D	E	F
1	客户姓名	身份证号码	生日	电话	职位	尊称
2	张 强	511124197610257000	10月25日	1388-0588-978	经理	张经理
3	王 丽	342531199601209000	1月20日	1832-5465-129	教授	
4	赵 奇	522229197605280000	5月28日	1812-6583-274	经理	
5	刘 萌 霜	110221199711292000	11月29日	1388-4516-484	科长	
6	赵 黎 明	130434198803129000	3月22日	1594-2654-845	局长	
7	王 福 东	152105197808226000	8月22日	1832-6524-875	老师	
8	罗 田	441423198207113000	7月21日	1388-2624-529	科长	
9	周 琦	210000197809200000	9月20日	1765-9158-475	经理	
10	沈 路	654126199402228000	2月22日	1596-2645-587	经理	

图2-8 输入第一位客户的尊称

图2-9 选择【快速填充】方式

温馨提示

使用快速填充功能需要"告诉"Excel足够的数据的规律信息，当数据有两种填充规律时，最好输入2个数据再进行填充。例如将表示出生日期的数字转换成日期格式时，1025和120对Excel来说是两种规律的信息，如果只输入"10月25日"，那么填充时，120就会填充为"12月0日"。

2.1.2 使用序列填充法填充规律数据序列

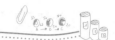

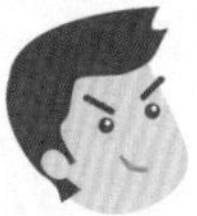

小 刘

王Sir，您上次教我的快速填充法实在是太神奇了。如果我需要录入“1、2、3……”或“2、4、6……”这类有规律的数据序列，是不是也有对应的高效方法？

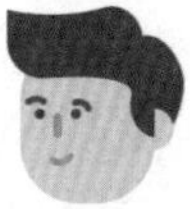

王Sir

当然有！录入具有某种规律的数据序列，就用序列填充法。

使用Excel的**序列填充法可以快速录入等差、等比数据序列**，或是其他具有特定规律的数据，**例如有规律的文字**，甲、乙、丙、丁……

1 录入规律数据序列

利用序列填充法可以录入“1、2、3……”这种等差数据序列，例如某一组员工编号是等差数据序列，快速录入的具体操作方法如下。

Step01：输入第一个编号并下拉填充。输入第一个员工编号，将光标放到单元格右下方按住鼠标左键下拉填充，如图2-10所示。

Step02：选择填充方式。选择【填充序列】方式可生成序列，如图2-11所示。

	A	B	C	D
1	员工编号	员工姓名	入职日期	岗位级别
2	MYS001	王丽	2014/5/6	助理
3		赵奇	2013/6/8	经理
4		柳梦露	2015/9/9	组长
5		罗肖夫	2015/3/15	组长
6		赵武边	2014/3/18	组员
7		周文含	2014/10/2	组员
8		李露霞	2015/6/9	组长
9		张天宏	2016/7/9	组员
10		王朝阳	2011/6/7	组员

图2-10 输入第一个编号

	A	B	C	D
1	员工编号	员工姓名	入职日期	岗位级别
2	MYS001	王丽	2014/5/6	助理
3	MYS002	赵奇	2013/6/8	经理
4	MYS003	柳梦露	2015/9/9	组长
5	MYS004	罗肖夫	2015/3/15	组长
6	MYS005	赵武边	2014/3/18	组员
7	MYS006	周文含	2014/10/2	组员
8	MYS007	李露霞	2015/6/9	组长
9	MYS008	张天宏	2016/7/9	组员
10	MYS009	王朝阳	2011/6/7	组员
11				
12		复制单元格(C)		
13		填充序列(S)		
14				

图2-11 选择【填充序列】方式

2 录入规律文字序列

Excel序列填充法还可以用来快速录入常见的文字序列，并且适用于中文和英文。常见的中文序列有“甲、乙、丙……”“一、二、三……”“星期一、星期二、星期三……”“一月、二月、三月……”

"子、丑、寅……"等，常见的英文序列有"Sun、Mon、Tue……""Jan、Feb、Mar……"等。例如，要录入"甲、乙、丙……"序列，具体操作方法如下。

Step01：输入第一个文字并下拉填充。输入第一个符合某种序列的文字，这里输入"甲"，将光标放到单元格右下方往下拖动，如图2-12所示。

Step02：选择填充方式。选择【填充序列】方式，即可完成文字序列的录入，如图2-13所示。

兼职代号	兼职日期	兼职工资（元/天）	兼职天数
甲	8/9	100	5
	8/10	150	1
	8/11	100	2
	8/16	150	4
	8/16	100	2
	9/1	150	6
	9/3	100	2
	9/6	150	4
	10/6	150	5

图2-12　输入第一个文字

兼职代号	兼职日期	兼职工资（元/天）	兼职天数
甲	8/9	100	5
乙	8/10	150	1
丙	8/11	100	2
丁	8/16	150	4
戊	8/16	100	2
己	9/1	150	6
庚	9/3	100	2
辛	9/6	150	4
壬	10/6	150	5

○ 复制单元格(C)
◉ 填充序列(S)

图2-13　选择【填充序列】方式

技能升级

使用序列填充法，可以**打开【序列】对话框，自由设置需要填充的类型和数据规律。**

方法：单击【开始】选项卡下【编辑】组中的【填充】按钮，在弹出的下拉列表中选择【序列】选项，打开【序列】对话框。输入如图2-14所示的数值，表示以5为差值进行序列填充，且数据序列的最大值不大于50。

图2-14　设置填充规律

2.1.3 快速录入记事本中的数据

张经理

小刘，这周市场部的3位同事进行了客户访问，共收集到了800多位客户资料。你将这3份客户资料整理到一张表中汇总给我。

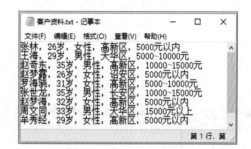
客户资料.txt - 记事本

文件(F) 编辑(E) 格式(O) 查看(V) 帮助(H)

张林，26岁，女性，高新区，5000元以内
王海，29岁，男性，天华区，5000~10000元
赵奇东，35岁，男性，高新区，10000~15000元
赵梦露，26岁，女性，诏安区，5000元以内
罗海骁，31岁，女性，高新区，5000~10000元
张世龙，35岁，男性，长安区，10000~15000元
赵梦海，32岁，女性，高新区，5000元以内
周文同，33岁，男性，天华区，15000元以上
牟秀经，29岁，女性，高新区，5000元以内

第1行，第

小 刘

可累坏我了！我整理了1天，才整理完一份记事本文件中的客户资料。明天的休假泡汤了。

王Sir

小刘，你应该事先想一下，有没有什么方法可以快速将记事本文件中的数据导入到Excel表中啊。

记事本文件中的数据导入到Excel表中，可以根据数据的特点，在导入的同时对数据进行分列，这样不仅可以完成数据的导入，还可以让数据按要求填入每一列单元格中。别说800位客户了，就是有8000位客户，也可以在半天内就完成资料统计。

将"客户资料.txt"记事本文件中的数据快速导入Excel表格中的具体操作方法如下。

Step01：执行【自文本】命令。单击【数据】选项卡下【获取外部数据】组中的【自文本】按钮，如图2-15所示。

Step02：选择数据文件。❶此时会打开【导入文本文件】对话框，选择需要导入的数据文件；❷单击【导入】按钮，如图2-16所示。

图2-15 执行【自文本】命令

图2-16 选择数据文件

📢 Step03：选择分列方式。此时需要根据记事本文件中的数据规律选择分列方式。❶在本例中，记事本中的数据用中文逗号相隔，且无固定宽度，因此选择【分隔符号】的分列方式；❷单击【下一步】按钮，如图2-17所示。

📢 Step04：输入分隔符号。导入向导提供的分隔符号种类有限，且导入向导中的【逗号】指的是英文逗号，因此需要输入与记事本中完全一样的分隔符号，才能实现分列效果。❶在【分隔符号】中勾选择【其他】复选框，输入中文逗号；❷单击【下一步】按钮，按照提示操作完成文本导入向导的第3步，如图2-18所示。

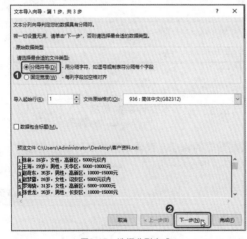

图2-17 选择分列方式

图2-18 输入分隔符号

📢 Step05：选择数据放置位置。❶导入数据的最后一步是选择导入数据的放置位置，这里选中"现有工作表"单选按钮，并设置A1单元格为导入数据的起始位置；❷单击【确定】按钮，如图2-19所示。

📢 Step06：完成数据导入。此时可以将记事本中的数据按分隔符号分列放入Excel表中，如图2-20所示。为数据添加上表头字段，进行格式调整即可完成客户资料统计。

图2-19　选择数据放置位置

	A	B	C	D	E
1	张林	26岁	女性	高新区	5000元以内
2	王海	29岁	男性	天华区	5000~10000元
3	赵奇东	35岁	男性	高新区	10000~15000元
4	赵梦霸	26岁	女性	诏安区	5000元以内
5	罗海骁	31岁	女性	高新区	5000~10000元
6	张世龙	35岁	男性	长安区	10000~15000元
7	赵梦海	32岁	女性	高新区	5000元以内
8	周文同	33岁	男性	天华区	15000元以上
9	牟秀经	29岁	女性	高新区	5000元以内

图2-20　查看导入效果

 技能升级

　　导入记事本中的数据，还可以使用Ctrl+C和Ctrl+V组合键复制并粘贴记事本数据到Excel表中，再执行【分列】命令为数据分列，效果是相同的。

2.1.4 使用三种方法完成文字的快速录入

张经理

　　小刘，为了防止你再出现类似于上次导入记事本数据的错误，我现在教教你如何快速录入文本数据。一共有以下三种方法。

　　（1）使用【数据验证】的方法限制输入的文本序列，然后就可以通过选择的方式快速录入文本了。这种方法适合于数量较少的文本序列，如女和男或满意和不满意等。

　　（2）用数字代码来代替文本，例如用数字"1"代表"北京科技大学"。该方法适合于文字较长的文本。

　　（3）将固定的文本序列变成Excel可识别的序列，再通过【填充序列】方法批量录入文本。该方法适合于数量较多的文本序列，如制衣车间、制鞋车间、制裤车间、制帽车间……

小刘

我以为Excel只是针对数字录入有很多技巧，没想到录入文本同样也有技巧，如果不是您的指点，我可真想不到这些招数啊！

 通过数据验证录入不同文本

通过数据验证的方法可以规定单元格中只能录入特定的文本数据，这不仅可以提高文本录入的速度，还可以保证文本录入的正确性。例如，要通过数据验证在"2.1.4.xlsx"文件的Sheet4工作表中快速录入各列文本数据，具体操作方法如下。

Step01：打开【数据验证】对话框。❶选中"性别"列中需要填充性别文本的单元格区域；❷单击【数据】选项卡下【数据工具】组中的【数据验证】按钮，如图2-21所示。

Step02：设置文本序列。❶在打开的【数据验证】对话框中，选择【序列】为验证条件；❷在【来源】文本框中输入可选择的文本序列，注意文本之间用英文逗号相隔；❸单击【确定】按钮，如图2-22所示。

图2-21 打开【数据验证】对话框

图2-22 设置文本序列

Step03：选择"性别"列的文本。完成数据验证的序列设置后，如图2-23所示，单元格右上方会出现下拉按钮，通过选择下拉菜单中的性别可实现性别数据的快速录入。

Step04：设置"购物类型"列的文本序列。使用同样的方法设置"购物类型"列的验证序列，效果如图2-24所示。

Step05：设置"满意程度"列的文本序列。客户的满意程度文本录入也可以用同样的方法进行，效果如图2-25所示。

图2-23 选择"性别"列的文本 　图2-24 选择"购物类型"列的文本 　图2-25 选择"满意程度"列的文本

② 通过数字代码录入长文本

如果需要录入的文本比较长，可以通过输入数字替代这个文本，只需要在【自动更正选项】功能中添加更正选项，就可以自动将输入的数字替换为文本。例如，要用1代表"北京科技大学"，用2代表"昆明理工大学"具体方法如下。

Step01：打开【Excel选项】对话框。要录入员工的毕业院校信息，可单击【文件】菜单项，然后选择【选项】命令，如图2-26所示。

Step02：单击【自动更正选项】按钮。打开【Excel选项】对话框后，❶切换到【校对】选项卡下；❷单击【自动更正选项】按钮，如图2-27所示。

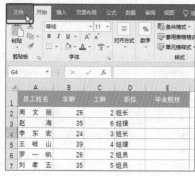

图2-26 单击【文件】菜单项

图2-27 设置【Excel选项】对话框

Step03：添加自动更正选项。❶在【自动更正】对话框中，输入数字以及对应的替换文本；❷单击【添加】按钮，如图2-28所示。

Step04：完成自动更正设置。❶输入其他数字及对应的替换文本；❷单击【添加】按钮；❸单击【确定】按钮。此时就完成了两个数字对应的文本替换设置，如图2-29所示。

图2-28 添加自动更正选项

图2-29 完成自动更正设置

Step05：确定更正设置。完成自动更正设置后，需要进行确定。如图2-30所示，单击【Excel选项】对话框中的【确定】按钮。

Step06：输入数字1。在"毕业院校"栏中相应单元格内输入数字1，如图2-31所示。

图2-30 确定更正设置

员工姓名	年龄	工龄	职位	毕业院校
周　文　丽	26	2	组长	1
赵　　海	35	6	经理	
李　东　宏	24	3	组长	
王　岐　山	39	4	经理	
罗　一　帆	26	2	组员	
刘　孝　五	35	5	组员	
赵　晶　果	26	1	组员	
李　莎　莎	24	5	组员	

图2-31 输入数字1

Step07：输入数字2。❶上一步中输入的数字1按Enter键后替换为相应的文本；❷在其他单元格内输入数字2，如图2-32所示。

Step08：查看自动更正效果。输入数字2并按Enter键后替换为相应的文本，效果如图2-33所示。

员工姓名	年龄	工龄	职位	毕业院校
周 文 丽	26	2	组长	北京科技大学
赵 海	35	6	经理	2
李 东 宏	24	3	组长	
王 岐 山	39	4	经理	
罗 一 帆	26	2	组员	
刘 孝 五	35	5	组员	
赵 晶 果	26	1	组员	
李 莎 莎	24	5	组员	

图2-32 输入数字2

员工姓名	年龄	工龄	职位	毕业院校
周 文 丽	26	2	组长	北京科技大学
赵 海	35	6	经理	昆明理工大学
李 东 宏	24	3	组长	
王 岐 山	39	4	经理	
罗 一 帆	26	2	组员	
刘 孝 五	35	5	组员	
赵 晶 果	26	1	组员	
李 莎 莎	24	5	组员	

图2-33 查看自动更正效果

温馨提示

使用【自动更正】设置的方法快速录入文本后，要记得删除事先设置的更正选项，如图2-34所示，否则在Excel中制作其他工作表时，同样会应用该自动更正设置。

图2-34 删除自动更正

3 批量录入大量文本

当需要重复输入固定的文本序列时，可以自定义文本序列，再通过Excel的【填充序列】功能来实现文本的重复录入。例如需要重复录入不同的车间名称，具体操作方法如下。

Step01：打开【自定义序列】对话框。
❶选择【文件】菜单中的【选项】命令，打开如图2-35所示的【Excel选项】对话框，切换到【高级】选项卡；❷单击【编辑自定义列表】按钮即可打开【自定义序列】对话框。

Step02：编辑自定义序列。❶在【输入序列】文本框中输入新的序列，注意文本之间用英文逗号相隔；❷单击【确定】按钮，如图2-36所示。

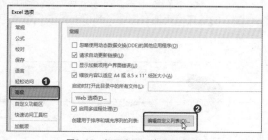

图2-35 打开【Excel选项】对话框

Step03：批量录入文本序列。❶完成文本序列自定义后，回到工作表中，输入第一个文本"制衣车间"，然后将光标放到单元格右下方，按住鼠标左键不放，往下进行拖动；❷选择【填充序列】的填充方式。此时就快速完成了文本序列的录入，如图2-37所示。

图2-36 编辑自定义序列

图2-37 填充自定义序列

2.1.5 闪电添加相同数据

张经理

小刘，我刚看了一下你交给我的订单统计表，录入数据时不要偷懒，信息要录入完整啊。你录入的所有销售地数据中，都没有行政区域信息，例如四川和贵阳应该改成四川省和贵阳市才是完整信息。

小刘

好的，张经理，我马上修改。我一时大意竟然增加了这么多工作量！

王Sir

　　小刘，别垂头丧气啊。为订单统计表中的销售地统一添加行政区域很简单，方法是：**以现有数据为基础，生成自定义数据格式**。

　　说到这儿，我又想起一招，在不同工作表的相同位置添加相同数据的方法是：**按住Ctrl键选中不同的工作表，在其中一张工作表中录入数据，选中的其他工作表也会在相同位置出现录入的数据**。

① 在同一张表中批量添加相同数据

　　要在同一张工作表中为某些单元格添加相同的数据，可以通过自定义单元格格式来完成，具体操作方法如下。

Step01：批量添加"省"字。❶选中"销售省份"字段下方的单元格，打开【设置单元格格式】对话框；❷在【数字】选项卡下选择【自定义】格式；❸在【类型】文本框中输入"@"省""。其中"@"代表所有文本，表示要在选中的单元格中为所有文本的后面添加一个"省"字。注意引号要在英文状态下输入，如图2-38所示。

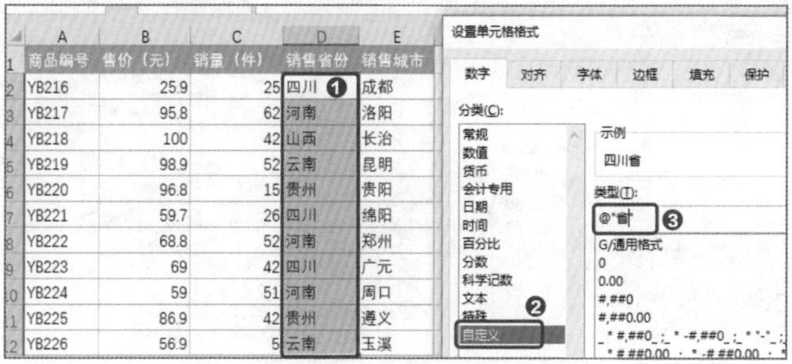

图2-38　批量添加"省"字

Step02：批量添加"市"字。❶选中"销售城市"列单元格；❷在【设置单元格格式】对话框中选择【自定义】类型；❸输入"@"市""，表示要在选中的单元格文本后面添加"市"字，如图2-39所示。

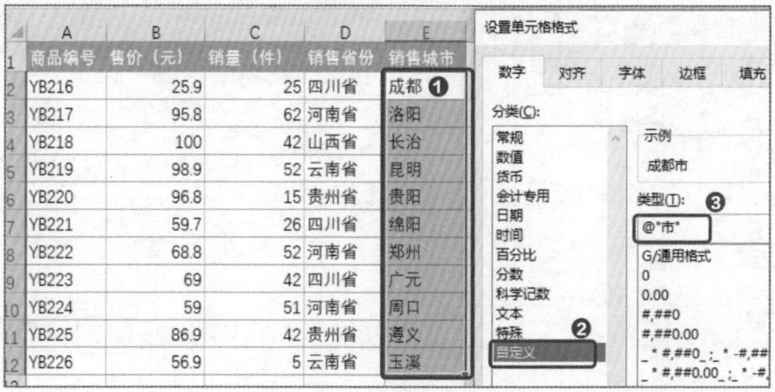

图2-39　批量添加"市"字

技 能 升 级

如果要批量删除相同数据，可以按Ctrl+H组合键，打开【查找和替换】对话框，在【查找内容】文本框中输入要删除的数据，在【替换为】文本框中不输入任何内容，再单击【确定】按钮，即可批量删除工作表中的相同数据。

2 在不同工作表的相同位置添加相同数据

要为不同工作表的相同位置添加相同的数据，具体操作方法如下。

Step01：选中不同的工作表。打开"2.1.5（不同表添加数据）.xlsx"文件，可以看到有三张不同月份下的销售报表，需要为每张表都添加不同商品对应的销售员姓名。如图2-40所示，按住Ctrl键，选中名为"1月""2月""3月"的3张工作表。

Step02：录入数据。❶单击"1月"工作表标签；❷在该工作表的E列录入销售员的姓名，如图2-41所示。

	A	B	C	D
1	商品编号	售价（元）	销量（件）	销售额（元）
2	YB125	25.9	256	6630.4
3	YB126	95.8	265	25387
4	YB127	98	425	41650
5	YB128	68	152	10336
6	YB129	69	265	18285
7	YB130	59	245	14455
8	YB131	86	125	10750
9	YB132	59	126	7434
10	YB133	85	254	21590

1月　2月　3月

图2-40　选中不同的工作表

	A	B	C	D	F
1	商品编号	售价（元）	销量（件）	销售额（元）	销售员
2	YB125	25.9	256	6630.4	王丽
3	YB126	95.8	265	25387	赵奇
4	YB127	98	425	41650	柳梦露
5	YB128	68	152	10336	李莎 ❷
6	YB129	69	265	18285	张蕾
7	YB130	59	245	14455	周文相
8	YB131	86	125	10750	李东兆
9	YB132	59	126	7434	张美欢
10	YB133	85	254	21590	罗子其

❶ 1月　2月　3月

图2-41　录入数据

Step03：查看效果。切换到不同的工作表下，可以看到不同工作表的相同位置都录入了相同的销售员数据，分别如图2-42和图2-43所示。

	A	B	C	D	E
1	商品编号	售价（元）	销量（件）	销售额（元）	销售员
2	YB125	25.9	256	6630.4	王丽
3	YB126	95.8	265	25387	赵奇
4	YB127	98	425	41650	柳梦露
5	YB128	68	152	10336	李莎
6	YB129	69	265	18285	张蕾
7	YB130	59	245	14455	周文相
8	YB131	86	125	10750	李东兆
9	YB132	59	126	7434	张美欢
10	YB133	85	254	21590	罗子其

1月　2月　3月

图2-42　查看第二张表的效果

	A	B	C	D	E
1	商品编号	售价（元）	销量（件）	销售额（元）	销售员
2	YB125	25.9	256	6630.4	王丽
3	YB126	95.8	265	25387	赵奇
4	YB127	98	425	41650	柳梦露
5	YB128	68	152	10336	李莎
6	YB129	69	265	18285	张蕾
7	YB130	59	245	14455	周文相
8	YB131	86	125	10750	李东兆
9	YB132	59	126	7434	张美欢
10	YB133	85	254	21590	罗子其

1月　2月　3月

图2-43　查看第三张表的效果

2.2 替换与粘贴，小功能大用处

张经理

小刘，今天销售部和人事部交来了一些表。这些表需要你按要求进行信息查询。需要注意的是，很多表的信息不完善，或者是需要重新整合。你去处理一下吧。

小刘

有了王Sir的指点，我做的表效率提升了很多。做这个任务之前我先去问问王Sir，看看完成这项任务需要学习哪些模块的知识！

王Sir

小刘，有进步，知道早做准备了。
为了完成这次张经理布置的任务，你需要学习Excel的查询技巧、复制和粘贴技巧。

2.2.1 从海量数据中快速查找目标值

张经理

小刘，给你个简单的任务。打开库存清单表，将成本价为5元的商品找出来；将编号以"uy"开头的商品找出来；顺便检查一下"现有库存"数据，看是否有公式漏写的地方。

小刘

这次的任务太简单啦！按Ctrl+F组合键，打开【查找和替换】对话框，输入5能快速找出成本价为5元的商品，输入uy能找出编号中包含这两个字母的商品。至于公式是否漏写，选中单元格，看看有没有公式就行了。

王Sir

　　小刘，你把Excel的【查找和替换】功能想得太简单了。我得给你讲讲如何使用这个功能，否则等会儿又哭丧着脸来找我帮忙。

　　在【查找和替换】对话框中，输入5会查找出所有包含数字5的数据，包括15、105，**需要勾选【单元格匹配】复选框才能精确查找。**

　　同样的道理，输入uy会查找出包括字母UY和uy的数据，**需要勾选【区分大小写】复选框才能精确查找。**

　　查看单元格是否漏写公式，要结合【定位】功能来查找，方法是**定位数据列中为【常量】的数据**，不需要依次查看单元格中是否输入公式。

 单元格匹配查找

　　使用Excel的【查找和替换】功能，在【查找内容】文本框中输入查找内容，默认情况下查找的是包含此内容的单元格，并不是精确查找。此时需要利用【选项】按钮进行设置。具体操作方法如下。

📢 Step01：观察数据表。打开需要查找内容的数据表，如图2-44所示，表中有多个单元格包含数字5，因此需要使用【单元格匹配】查找功能，表示查找只有数字5的单元格。

	A	B	C	D	E	F	G	H
1	编号	商品名称	单位	初期库存（件）	成本价（元）	本期进购（件）	进购价（元）	现有库存
2	UY152	手机壳	个	1254	5	159	5.5	1413
3	uy153	安卓数据线	条	958	6.3	857	6.3	957
4	UY154	充电宝	个	759	56.9	100	44.7	859
5	UY155	手机支架	个	100	15.8	125	5	225
6	UY156	运动手表	个	485	56.7	759	56.7	1244

图2-44　观察数据表

📢 Step02：单元格匹配查找。按Ctrl+F组合键，打开【查找和替换】对话框，如图2-45所示。❶输入5为查找内容；❷单击【选项】按钮；❸勾选【单元格匹配】复选框；❹单击【查找全部】按钮。

📢 Step03：选中所有查找结果。在查找结果中，单击不同的结果，会自动定位到表格中相应的位置。为了方便查看，可以选中所有查找结果。❶选中第一条查找结果；❷按住Shift键，选中最后一条查找结果，此时就能选中所有查找结果，如图2-46所示。

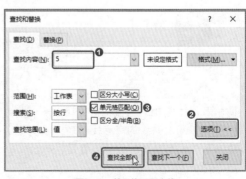

图2-45　单元格匹配查找

Step04：为查找结果填充颜色。关闭【查找和替换】对话框，在【填充颜色】下拉列表中选择一种颜色，如图2-47所示，这样一来就可以清晰方便地分析查找结果了。

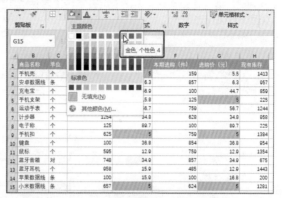

图2-46 选中所有查找结果　　　　　图2-47 为查找结果填充颜色

② 区分大小写查找

在查找英文时，默认情况下是不区分大小写进行查找的，想要区分大小写进行精确查找，也需要利用【选项】按钮进行设置，具体操作方法如下。

Step01：打开【查找和替换】对话框。❶输入uy为查找内容；❷单击【选项】按钮；❸勾选【区分大小写】复选框；❹单击【查找全部】按钮，如图2-48所示。

Step02：查看查找结果。选中所有查找结果，就可以在表格中查看只包含小写字母uy的数据了，如图2-49所示。

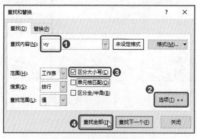

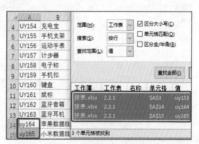

图2-48 区分大小写查找　　　　　图2-49 查看查找结果

③ 查找没有公式的单元格

表格中用公式计算数据可以避免出错，且能及时更新数据。如果单元格中漏掉了公式，可以使用【定位】功能快速找出没有使用公式计算的单元格。例如，需要在本节的库存清单表的H列中查找没有公式的单元格，具体操作方法如下。

Step01：选中列并打开【定位】对话框。❶选中H列；❷按Ctrl+G组合键，打开【定位】对话框，单击【定位条件】按钮，即可打开【定位条件】对话框，如图2-50所示。

Step02：选择定位条件。❶在【定位条件】对话框中选择【常量】作为定位条件；❷单击【确定】按钮，如图2-51所示。

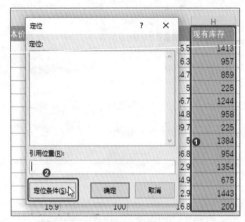

图2-50　选中列并打开【定位】对话框

图2-51　选择【常量】定位条件

Step03：查看查找结果。此时，H列中属于常量而非公式计算的数据已被查找出来，如图2-52所示，为这些单元格填充上公式即可修改错误。

编号	商品名称	单位	初期库存（件）	成本价（元）	本期进购（件）	进购价（元）	现有库存
UY152	手机壳	个	1254	5	159	5.5	1413
uy153	安卓数据线	条	958	6.3	857	6.3	957
UY154	充电宝	个	759	56.9	100	44.7	859
UY155	手机支架	个	100	15.8	125	5	225
UY156	运动手表	个	485	56.7	759	56.7	1244
UY157	计步器	个	1254	34.8	628	34.8	958

图2-52　查看查找结果

技能升级

Excel的查找功能常常与替换功能结合使用，按Ctrl+H组合键，打开【查找和替换】对话框，在【查找内容】文本框中输入查找数据，然后在【替换为】文本框中输入替换数据，并设置好选项，单击【全部替换】按钮即可实现数据替换。如将表格中所有的【数据线】内容替换为【手机数据线】内容。

2.2.2 如何在粘贴数据时不引用公式

 小刘

王Sir，我好苦恼。张经理让我将每个月的销售额统计表进行合并。我将每个月的销售额粘贴到新表中时，由于销售额数据是通过公式计算出来的，总是出现变化。

 王Sir

其实职场中很多人都不能正确地使用复制粘贴功能。所以在复制Excel数据时，问题百出。

复制Excel数据后，**选择以【值】或【值或数字格式】的方式进行粘贴，就不会引用公式啦**。

Excel表中用公式计算数据时，如果包含公式的单元格位置发生改变，计算结果也会跟着发生改变。为了避免这种改变，在进行汇总统计时，常常将数据粘贴为纯数字，具体操作方法如下。

Step01：复制数据。"进购金额"列的数据是由"D列*E列"数据计算而来。选中表格数据，按Ctrl+C组合键进行复制，如图2-53所示。

编号	商品名称	单位	进价（元）	进购数量	进购金额
UY152	手机壳	个	5.0	159	795.00
UY153	安卓数据线	条	6.3	857	5399.10
UY154	充电宝	个	56.9	100	5690.00
UY155	手机支架	个	15.8	125	1975.00
UY156	运动手表	个	56.7	759	43035.30
UY157	计步器	个	34.8	628	21854.40
UY158	电子称	个	89.7	100	8970.00
UY159	手机扣	个	5.0	759	3795.00

F2 =D2*E2

此时的数据是公式计算的结果。

图2-53 复制引用公式的数据

Step02：粘贴数据。❶选择需要粘贴到的单元格，单击【开始】选项卡下的【粘贴】下拉按钮；❷在弹出的下拉列表中选择【值】的粘贴方式，如图2-54所示。最后粘贴结果如图2-55所示，此时"进购金额"列已经转换为纯数值，不再包含公式了。

如果复制的数据带有格式，例如设置了填充颜色和文字格式，可以选择【值和数字格式】的粘贴方式，既能不带公式粘贴数据，又能保留格式，如图2-56所示。

图2-54　选择【值】的粘贴方式

D	E	F
进价（元）	进购数量	进购金额
5	159	795
6.3	857	5399.1
56.9	100	5690
15.8	125	1975
56.7	759	43035.3
34.8	628	21854.4
89.7	100	8970
5	759	3795

5690

图2-55　粘贴结果

图2-56　选择另外的粘贴方式

 2.2.3 横向数据如何粘贴成竖向数据

 张经理

小刘，我这里有9个子公司的人事表，你帮我汇总一下，数据要竖向排列，否则不方便查看和分析。

	A	B	C	D	E
1	姓名	李莎莎	张杰	张华山	徐晓璐
2	编号	101265	101266	101267	101268
3	年龄	25	26	35	29
4	职位	员工	员工	经理	组长
5	入职时间	2013/6/4	2014/5/6	2016/4/5	2018/4/6
6	工资（元）	5000	5500	9000	7000

 小刘

真不明白子公司为什么要将表做成横向排列的，这不增加我的工作量吗？

 王Sir

小刘，别着急。虽然子公司的人事表不够规范，但是你可以**使用Excel的【转置】粘贴功能**，快速将横向数据粘贴成竖向数据啊！

打开"2.2.3.xlsx"文件，将横向的表格转换成竖向的表格，具体操作方法如下。

Step01: 复制数据。复制表格中的所有数据，如图2-57所示。

	A	B	C	D	E	F	G	H	I	J
1	姓名	李莎莎	张杰	张华山	徐晓璐	王雪桦	李学田	赵小溪	柳梦露	赵晓华
2	编号	101265	101266	101267	101268	101269	101270	101271	101271	101271
3	年龄	25	26	35	29	24	25	26	25	24
4	职位	员工	员工	经理	组长	员工	员工	员工	员工	员工
5	入职时间	2013/6/4	2014/5/6	2016/4/5	2018/4/6	2017/5/6	2016/5/9	2014/12/9	2015/3/6	2014/7/9
6	工资（元）	5000	5500	9000	7000	6000	6000	5000	5500	5000

图2-57 复制数据

Step02: 选择【转置】粘贴方式。选择需要粘贴到的单元格，选择【粘贴】下拉菜单中的【转置】粘贴方式，如图2-58所示。

Step03: 查看粘贴结果。此时，横向数据就被粘贴为竖向数据了，如图2-59所示。

	A	B	C	D	E	F
1	姓名	编号	年龄	职位	入职时间	工资（元）
2	李莎莎	101265	25	员工	2013/6/4	5000
3	张杰	101266	26	员工	2014/5/6	5500
4	张华山	101267	35	经理	2016/4/5	9000
5	徐晓璐	101268	29	组长	2018/4/6	7000
6	王雪桦	101269	24	员工	2017/5/6	6000
7	李学田	101270	25	员工	2016/5/9	6000
8	赵小溪	101271	26	员工	2014/12/9	5000
9	柳梦露	101271	25	员工	2015/3/6	5500
10	赵晓华	101271	24	员工	2014/7/9	5000

图2-58 选择【转置】粘贴方式　　图2-59 查看粘贴结果

2.2.4 将数据粘贴为能自动更新的图片

小刘

王Sir，我需要将上海、北京、深圳三地的业绩数据统计给张经理看。可是这三张表的数据后面可能还有变动。有没有什么方法能将这三张表的数据粘贴到一张表中，且原始数据变化，汇总表中的数据也跟着变化？

王Sir

可以将这三张表中的数据粘贴成图片呀，使用【链接的图片】功能，原始数据变化，图片中的数据也会跟着变化。

将Excel中的数据粘贴成图片有两种选择。一种是粘贴为普通图片，原始数据改变后，图片中的数据不会发生改变；另一种是粘贴为带链接的图片，可以实现数据更新。下面来看第二种粘贴方式的操作。

📢 Step01：复制数据。打开"2.2.4.xlsx"文件，复制"上海"工作表中上海地区的相关数据，如图2-60所示。

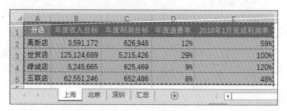

图2-60　复制数据

📢 Step02：粘贴为链接的图片。❶切换到"汇总"工作表；❷选择【粘贴】下拉菜单中的【链接的图片】粘贴方式。此时复制的数据就会以图片的方式粘贴在表格中，如图2-61所示。

📢 Step03：完成粘贴。用同样的方法将"北京"和"深圳"工作表中的地区数据以图片的形式粘贴到"汇总"表中，如图2-62所示。

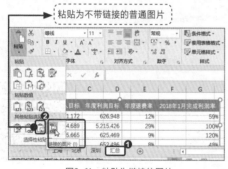

图2-61　粘贴为链接的图片

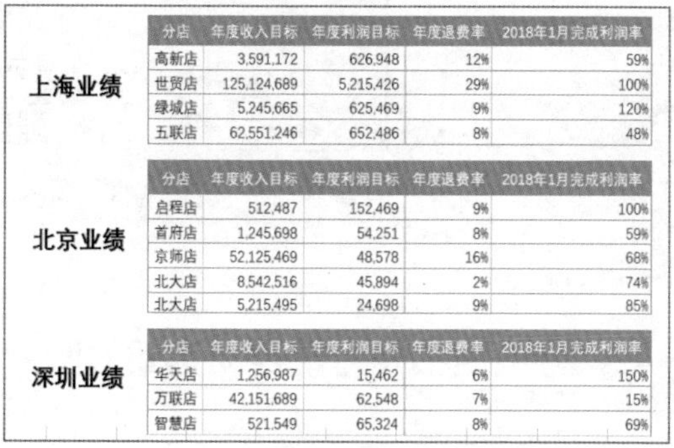

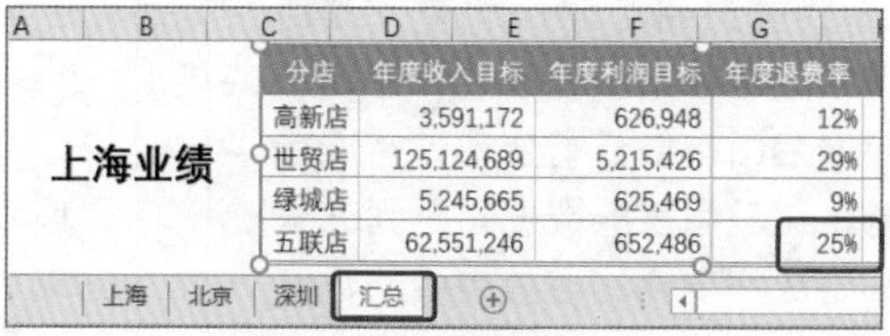

上海业绩	分店	年度收入目标	年度利润目标	年度退费率	2018年1月完成利润率
	高新店	3,591,172	626,948	12%	59%
	世贸店	125,124,689	5,215,426	29%	100%
	绿城店	5,245,665	625,469	9%	120%
	五联店	62,551,246	652,486	8%	48%
北京业绩	分店	年度收入目标	年度利润目标	年度退费率	2018年1月完成利润率
	启程店	512,487	152,469	9%	100%
	首府店	1,245,698	54,251	8%	59%
	京师店	52,125,469	48,578	16%	68%
	北大店	8,542,516	45,894	2%	74%
	北大店	5,215,495	24,698	9%	85%
深圳业绩	分店	年度收入目标	年度利润目标	年度退费率	2018年1月完成利润率
	华天店	1,256,987	15,462	6%	150%
	万联店	42,151,689	62,548	7%	15%
	智慧店	521,549	65,324	8%	69%

图2-62　粘贴效果

📢 Step04：修改数据。回到原始数据表中，修改其中的数据，如图2-63所示。

📢 Step05：查看图片数据是否改变。结果如图2-64所示，图片中的数据根据修改操作发生了改变，与原始数据保持一致。

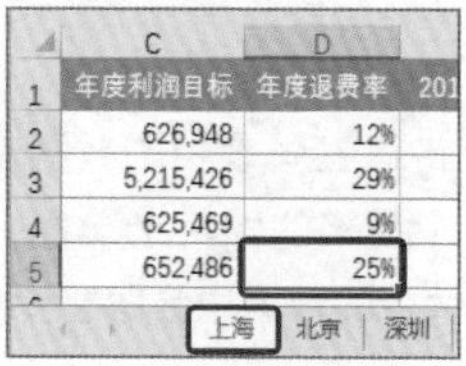

图2-63　修改数据

图2-64　图片中的数据发生改变

2.2.5 将多份空缺数据粘贴合并为一份

张经理

　　小刘，公司的业务部门根据业务模板填写了自己那部分的业绩，这张表是A部门的业务员业绩表。

　　你把所有业务员的业绩汇总到一张表上。

业务员	销量（件）	单价（元）	销售额（元）	日期
李 高 雷				
陈 文 强				
张 茹	754.0	26.0	19604.0	6月7日
赵 庆 刚				
陈 莹	264.0	56.0	14784.0	6月15日
侯 岳				
王 吉 楠				
白 栋	95.0	56.9	5405.5	5月26日
马 志 家	85.0	58.6	4981.0	9月10日
刘 思 文				
张 德 羊				

小刘

　　看来只能将各部门的业绩表打开，将各业务员的业绩一条一条地复制到汇总表了。

王Sir

　　小刘，别急着动手。我教你一招。这种表的模板是固定的，各部门只是按照模板中的业务员名称填进了数据而已。你**可以在粘贴时使用【跳过空单元】功能，就可以快速完成不同部门的业务员业绩汇总了。**

　　使用【跳过空单元】粘贴功能，将多份空缺数据粘贴合并为一份的具体操作方法如下。

📢 Step01：分析粘贴思路。打开"2.2.5.xlsx"文件，有A、B、C三个部门的业绩表，每个部门只填写了属于自己部门的业务员业绩，因此每张表中都有空格，如图2-65所示。现在以A部门的表为汇总表，将B部门和C部门的数据粘贴过来。

Step02： 复制B部门数据。❶切换到"B部门"工作表；❷选中B部门中的数据，即B2:E12单元格区域，按Ctrl+C组合键进行复制，如图2-66所示。

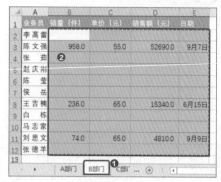

图2-65　分析粘贴思路　　　　　　　　　　图2-66　复制B部门数据

Step03： 选择【选择性粘贴】选项。❶回到"A部门"工作表中；❷选中B2:E12单元格区域，表示要在这个区域内粘贴数据；❸选择【粘贴】下拉列表中的【选择性粘贴】选项，如图2-67所示。

Step04： 勾选【跳过空单元】复选框。❶在打开的【选择性粘贴】对话框中勾选【跳过空单元】复选框；❷单击【确定】按钮，如图2-68所示。

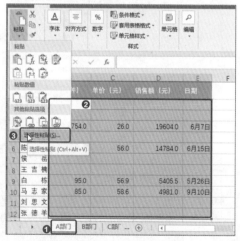

图2-67　选择【选择性粘贴】选项　　　　　图2-68　勾选【跳过空单元】复选框

Step05： 查看粘贴结果。结果如图2-69所示，成功将B部门的数据粘贴到表格中对应的位置，且没有改变A部门的数据。

📢 Step06：完成所有数据粘贴。用同样的方法将C部门的数据也粘贴过来，此时就完成了三张空缺数据的表格汇总，效果如图2-70所示。

	A	B	C	D	E
1	业务员	销量（件）	单价（元）	销售额（元）	日期
2	李 高 雷				
3	陈 文 强	958.0	55.0	52690.0	9月7日
4	张 茹	754.0	26.0	19604.0	6月7日
5	赵 庆 刚				
6	陈 莹	264.0	56.0	14784.0	6月15日
7	侯 岳				
8	王 吉 楠	236.0	65.0	15340.0	6月15日
9	白 栋	95.0	56.9	5405.5	5月26日
10	马 志 家	85.0	58.6	4981.0	9月10日
11	刘 思 文	74.0	65.0	4810.0	9月9日
12	张 德 羊				

图2-69 查看粘贴结果

	A	B	C	D	E
1	业务员	销量（件）	单价（元）	销售额（元）	日期
2	李 高 雷	256.0	54.8	14028.8	8月26日
3	陈 文 强	958.0	55.0	52690.0	9月7日
4	张 茹	754.0	26.0	19604.0	6月7日
5	赵 庆 刚	125.0	38.9	4862.5	8月12日
6	陈 莹	264.0	56.0	14784.0	6月15日
7	侯 岳	125.0	25.0	3125.0	9月10日
8	王 吉 楠	236.0	65.0	15340.0	6月15日
9	白 栋	95.0	56.9	5405.5	5月26日
10	马 志 家	85.0	58.6	4981.0	9月10日
11	刘 思 文	74.0	65.0	4810.0	9月9日
12	(Ctrl) ▾	85.0	84.0	7140.0	9月1日

图2-70 完成所有数据粘贴

温馨提示

使用【跳过空单元】的粘贴方式也可以**将多列有空缺的数据粘贴合并为一列**，使用的方法与上面案例中的方法相同。

2.2.6 粘贴的同时进行批量运算

张经理

小刘，你给我改几张商品销售计划表。

由于商品的成本增加了15元，所以目标销量要调整一下，降低10%，相应的售价也要增加15元。

	A	B	C	D
1	商品编码	成本价（元）	目标销量（件）	售价（元）
2	YS126	59.8	652.0	98.5
3	YS127	57.8	658.0	88.7
4	YS128	69.8	748.0	120.0
5	YS129	55.0	958.0	87.9
6	YS130	68.0	758.0	100.0
7	YS131	63.4	485.0	120.0
8	YS132	56.9	748.0	80.0
9	YS133	52.1	859.0	90.0
10	YS134	36.4	584.0	80.0
11	YS135	53.7	758.0	70.0

小刘

这个简单。我只需要将成本数据+15，目标销量数据×90%，售价数据+15，就可以完成计算了。

王Sir

小刘，其实你可以**使用复制粘贴中【加】运算功能，瞬间就能完成数据修改**。如果按你的方法，要修改的数据量少还容易，如果数据量多，工作量可不小。

打开"2.2.6.xlsx"文件，通过粘贴功能中的运算方式，让数据在粘贴的同时完成简单的加、减、乘、除运算，具体操作方法如下。

Step01：选择【选择性粘贴】选项。❶在每列数据下方写上运算时需要用到的数据，依次为15.0、90%、15.0，然后选中第一个数据15.0，按Ctrl+C组合键复制数据；❷选中与该数据进行运算的对应"成本价（元）"列数据；❸在【开始】选项卡下单击【粘贴】下拉按钮，在弹出的下拉列表中选择【选择性粘贴】选项，如图2-71所示。

Step02：设置粘贴选项。❶在打开的【选择性粘贴】对话框中选择【数值】粘贴方式，可以保证粘贴的数据为值的格式；❷选中【加】的运算规则；❸单击【确定】按钮，如图2-72所示。

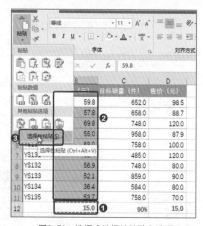

图2-71 选择【选择性粘贴】选项

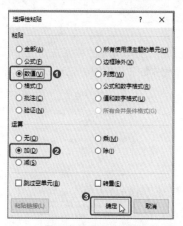

图2-72 设置粘贴选项

Step03：查看粘贴结果。结果如图2-73所示，"成本价（元）"列中，新粘贴的数据在源数据的基础上加了15，成功完成了这列数据的修改。

Step04：进行乘法运算粘贴。使用同样的方法可以为"目标销量（件）"列降低10%的销量。❶复制单元格中输入的90%；❷选中"目标销量（件）"列中的销量数据；❸打开【选择性粘贴】对话框，在【粘贴】选项组中选中【数值】单选按钮；❹在【运算】选项组中选中【乘】单选按钮；❺单击【确定】按钮，如图2-74所示。

	A	B	C
1	商品编码	成本价（元）	目标销量
2	YS126	74.8	
3	YS127	72.8	
4	YS128	84.8	
5	YS129	70.0	
6	YS130	83.0	
7	YS131	78.4	
8	YS132	71.9	
9	YS133	67.1	
10	YS134	51.4	
11	YS135	68.7	
12		15.0	

图2-73 查看粘贴结果

Step05：完成数据修改。使用同样的方法为"售价（元）"列数据加15。最终完成数据修改的表格如图2-75所示。

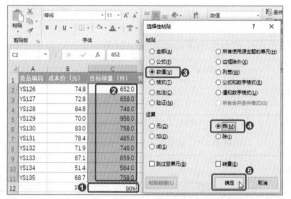

图2-74　进行乘法运算粘贴

图2-75　完成数据修改

2.3　错误预防，让严厉的领导挑不出错

张经理

　　小刘，后天上级领导要来视察工作。这两天你给我好好核对处理一下公司的报表。我只有一个要求：绝对不能出错！

王Sir

　　小刘，这次任务十分重要，我提前教你几招Excel数据核对的技巧。你要好好学习一下**如何通过【数据验证】的方法规避可能发生的错误，如何使用【记录单】功能逻辑分明地检查各组数据，如何使用【选择性粘贴】功能快速检查数据是否一致，如何使用【空值】法定位缺漏数据，以及如何使用【删除重复值】功能删除重复数据。**

张经理

王Sir说得对，这些杜绝错误出现的措施和处理办法一定要学会，以后无论是什么表格，都可以用这些方法让错误消失。

曾经我一直认为避免表格错误很难。现在看来，是有方法可循的。

2.3.1 用数据验证彻底预防三大错误

张经理

小刘，看看你交给我的媒体效果统计表！

"是否为合作媒体"列数据不统一；"新增来访量"列居然有负数；"访客购物意向"列中竟然出现了4，这究竟是什么原因？

媒体分类	是否为合作媒体	投放金额（元）	新增来访量	访客购物意向（1意向高；2一般；3无意向）
网络	是	12,566	265	3
电视	否	32,654	958	2
户外广告	是	12,546	748	3
短信	是	62,542	958	1
杂志	是	32,654	759	4
道奇传媒	不是	12,546	1245	1
公交广告	否	25,462	2654	3
网络	是	12,566	-265	3
杂志	是	32,654	759	3

小 刘

张经理，对不起，我太大意了，以为这种统计表很好做，就没有仔细核对数据。下次我一定好好检查。

王Sir

小刘，有检查的习惯是好事，但如果能事先进行设置，有效避免数据录入时出错，也是一种值得提倡的高效工作方法。

使用Excel的【数据验证】功能可以规定整数、小数、序列、日期、时间、文本长度及其他自定义数据的录入规范。使用【数据验证】功能，就算来不及检查也能有效防止出错。

Excel【数据验证】功能可以有效避免整数、小数等七大类数据录入时出错。下面来介绍数据验证常用的三种设置，其他数据类型的设置方法与之类似。

1 规定录入数据的范围

如果某些单元格中需要录入的数据具有一定范围，可以在录入前设置好允许录入的最大值和最小值，避免录入范围外的数据。例如，要在"2.3.1.xlsx"文件中设置"投放金额（元）"和"新增来访量"列的数据大于0，设置"访客购物意向"列的数据为1~3，具体操作方法如下。

 Step01：选择【整数】类型。❶选中C列和D列数据；❷单击【数据验证】按钮；❸在打开的【数据验证】对话框中选择【整数】类型，如图2-76所示。

图2-76 选择【整数】类型

Step02: 设置数据大于0。❶选择【大于】选项；❷输入0作为最小值；❸单击【确定】按钮，如图2-77所示。

Step03: 查看效果。此时便完成了录入数据大于0的验证设置。❶在C列输入负数；❷将出现错误提示，说明设置生效，如图2-78所示。

图2-77　设置数据大于0

图2-78　查看效果

Step04: 设置录入数据范围。❶选中E列数据；❷在【数据验证】对话框中选择【整数】和【介于】选项；❸分别设置最大值和最小值为3和1；❹单击【确定】按钮，如图2-79所示。

图2-79　设置允许录入数据的最小值和最大值

2　规定录入文本的长度

通过【数据验证】功能还可以限制单元格中可以录入文本的长度，即包含多少个字符。例如，要让"是否为合作媒体"列只允许输入"是"或"否"，即一个文本长度，具体操作方法如下。

Step01: 设置录入文本的长度。❶选中B列；❷在【数据验证】对话框中选择【文本长度】和【等于】选项；❸输入1作为固定文本长度；❹单击【确定】按钮，如图2-80所示。

📢 Step02：查看效果。❶在B列中输入2个长度的文本"不是"；❷此时出现错误提示，说明设置生效，如图2-81所示。

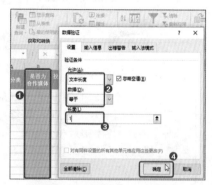

图2-80 设置允许录入的文本长度

图2-81 查看效果

3 避免录入重复数据

【数据验证】功能还可以结合公式进行条件的自定义，实现更多数据验证方式。例如，要让"媒体分类"列不出现重复的媒体名称，可以通过自定义公式避免录入重复数据，具体操作方法如下。

📢 Step01：自定义公式避免录入重复值。❶选中A列单元格；❷在【数据验证】对话框中选择【自定义】类型；❸输入自定义的公式，该公式表示A列中的相同值应该小于2，即不能出现2个相同值；❹单击【确定】按钮，如图2-82所示。

📢 Step02：查看效果。❶在A列输入两个相同的媒体名称；❷将出现错误提示，说明设置生效，如图2-83所示。

图2-82 自定义公式避免录入重复值

图2-83 查看效果

2.3.2 大型数据检查，就用记录单

小刘

王Sir，我眼睛都要瞎了。张经理让我核对商品进货表，里面有几千项数据，看得我眼花缭乱。有没有什么好方法让我能轻松地检查大型数据呢？

王Sir

商品进货表的特点是，数据项目较多，有产品编号、名称、供货商、进货量……在表格中核对十分困难。你可以使用【记录单】功能，直观地对每种商品数据进行查看、添加、删除、筛选。【记录单】功能是大型数据列表的查看神器，它能以组的形式列出数据，十分有条理。

1 添加【记录单】功能

如果在Excel的选项卡面板中找不到【记录单】功能，就需要通过自定义功能区的方法添加此功能，具体操作方法如下。

❶选择Excel【文件】菜单中的【选项】命令，打开如图2-84所示的【Excel选项】对话框，切换到【自定义功能区】选项卡；❷在【所有命令】中找到【记录单】功能；❸单击【新建选项卡】按钮新建一个名为【记录单】的选项卡；❹单击【添加】按钮；❺单击【确定】按钮。此时就能成功地将【记录单】功能添加到选项卡中了。

图2-84 添加【记录单】功能

2 在记录单中检查数据

通过【记录单】功能可以依次显示每条数据的具体信息，查看起来不容易出错。例如，要通过记录单检查"2.3.2.xlsx"文件中的数据，具体操作方法如下。

Step01：查看数据。❶单击【记录单】按钮，打开记录单窗口，其中显示了各产品的详细数据；❷单击【下一条】按钮可以查看下一条数据，如图2-85所示。

Step02：查看下一条数据。继续单击【下一条】按钮，可查看表格中的其他数据组，如图2-86所示。

图2-85　查看数据

图2-86　查看下一条数据

 利用记录单增减数据

在记录单中也可以方便地增加或删除数据，具体操作方法如下。

Step01：删除数据。当查看到某条数据有误时，可以单击【删除】按钮，将这条数据删除，如图2-87所示。

Step02：新建数据。当需要新建一条数据时，单击【新建】按钮，进入数据编辑模式，如图2-88所示。

Step03：录入新数据。❶在记录单中录入新的数据；❷单击【新建】按钮，此时新录入的数据就会自动添加到表格中，如图2-89所示。

图2-87　删除数据

图2-88　新建数据

图2-89　录入新数据

Excel高效办公（案例视频教程）

Step04：查看新数据。图2-90所示的是新建的数据，与表格中其他数据的格式相同。使用这种方法录入数据更有条理，不容易混淆数据项目。

产品ID	产品名称	供应商	类别	单位	进货量	单价（元）	总金额（元）
007	酱油	苗林食品	调味品	20瓶/箱	459.0	66.0	30,294.0
008	耗油	苗林食品	调味品	12瓶/箱	658.0	51.0	33,558.0
009	蒜汁	苗林食品	调味品	12瓶/箱	748.0	42.0	31,416.0
010	粉条	佳佳乐	食品	8袋/箱	152.0	62.0	9,424.0
011	面条	佳佳乐	食品	10包/箱	426.0	85.0	36,210.0
012	通心粉	佳佳乐	食品	10袋/箱	514	95.8	49241.2
013	鲜虾仁	苗林食品	食品	10千克/箱	264	780	205920

图2-90　查看新建的数据

4　利用记录单筛选数据

【记录单】功能可以方便地筛选数据。最简单的方法是输入数据进行查询，例如输入产品编号进行查询。也可以通过设置条件进行查询，例如查询供应商为"佳佳乐"的所有产品数据，查询进货量">500"的所有产品数据，具体操作方法如下。

Step01：单击【条件】按钮。单击【条件】按钮，进入条件查询状态，如图2-91所示。

Step02：输入产品ID。在记录单中输入产品ID，然后按Enter键，如图2-92所示。

Step03：查看查询结果。图2-93所示的是产品ID为011的数据查询结果。

图2-91　单击【条件】按钮　　　图2-92　输入产品ID　　　图2-93　查看查询结果

Step04：输入新的查询条件。单击【条件】按钮进入新的查询界面，在"进货量"文本框中输入查询条件">500"，然后按Enter键，如图2-94所示。

Step05：查看查询结果。记录单中显示了所有进货量大于500的产品数据，单击【下一条】按钮，可以查看所有符合查询条件的数据，如图2-95所示。

图2-94　输入新的查询条件

图2-95　查看查询结果

2.3.3　核对数据是否一致，只用三秒

张经理

小刘，新产品的质量检测报告出来了。我这里有10位检测员的测量报告，以王强的报告为基准，你核对一下其他检测员的最大值和最小值结果是否一致。

王强检测员					
货号	分度值（mm）	测力（N）	测针（mm）	最大值（mm）	最小值（mm）
IB1950	0.005	1.7	0.1	0.7	0.6
IB1951	0.005	1.7	0.6	2.3	1.0
IB1952	0.01	1.5	0.1	2.3	1.9
IB1953	0.01	1.6	0.1	4.5	1.2
IB1954	0.02	1.4	1.0	5.0	2.3
IB1955	0.15	1.3	1.0	6.0	2.4
IB1956	0.05	1.4	1.2	5.4	2.5
IB1957	0.06	1.5	1.5	6.4	4.0
IB1958	0.1	1.6	1.3	7.8	1.6
IB1959	0.03	1.4	3.4	8.6	1.3
IB1960	0.02	1.6	2.5	5.6	2.5
IB1961	0.15	1.2	2.6	4.5	2.5
IB1962	0.156	1.3	2.5	5.6	4.6
IB1963	0.13	1.5	1.2	5.4	3.5

小 刘

好的，明天就能将检查结果交给您。

王Sir

不用明天，你半个小时后就可以交付检查结果。核对表格中的数据是否一致有一个取巧的方法。还记得前面教过你的【选择性粘贴】吗？**与前面讲过的【加】运算的方法类似，让报告的数值进行【减】运算，结果不为0，就说明数据不一致。**

利用粘贴功能中的【减】运算快速核对数据的具体操作方法如下。

Step01：复制数据。选择李宏丽检测员的最大值和最小值数据区域，按Ctrl+C组合键复制数据，如图2-96所示。

Step02：选择【选择性粘贴】选项。❶选中王强检测员的最大值和最小值数据区域，表示要对该区域数据进行粘贴运算；❷在【粘贴】下拉列表中选择【选择性粘贴】选项，如图2-97所示。

李宏丽检测员					
货号	分度值（mm）	测力（N）	测针（mm）	最大值（mm）	最小值（mm）
IB1950	0.005	1.7	0.1	0.7	2.1
IB1951	0.005	1.7	0.6	2.3	1.0
IB1952	0.01	1.5	0.1	2.3	1.9
IB1953	0.01	1.6	0.1	6.5	1.2
IB1954	0.02	1.4	1.0	5.0	3.4
IB1955	0.15	1.3	1.0	6.0	2.4
IB1956	0.05	1.4	1.2	5.4	2.5
IB1957	0.06	1.5	1.5	6.4	4.0
IB1958	0.1	1.6	1.3	3.3	1.6
IB1959	0.03	1.4	3.4	8.6	1.3
IB1960	0.02	1.6	2.5	5.6	2.5
IB1961	0.15	1.2	2.6	4.4	2.5
IB1962	0.156	1.3	2.5	5.6	6.6
IB1963	0.13	1.5	1.2	5.4	3.5

图2-96 复制数据

图2-97 选择【选择性粘贴】命令

温馨提示

使用【选择性粘贴】中的【减】运算方式核对表格数据是否一致，要求数据是纯数据，不能是文字，也不能带单位，否则无法进行【减】运算。

Step03：设置粘贴选项。❶在打开的【选择性粘贴】对话框中选择【减】运算方式；❷单击【确定】按钮，如图2-98所示。

Step04：查看结果。此时两位检测员的最大值和最小值相减的结果就出来了，值不为0的项就表示两位检测员的检测结果不一致，如图2-99所示。

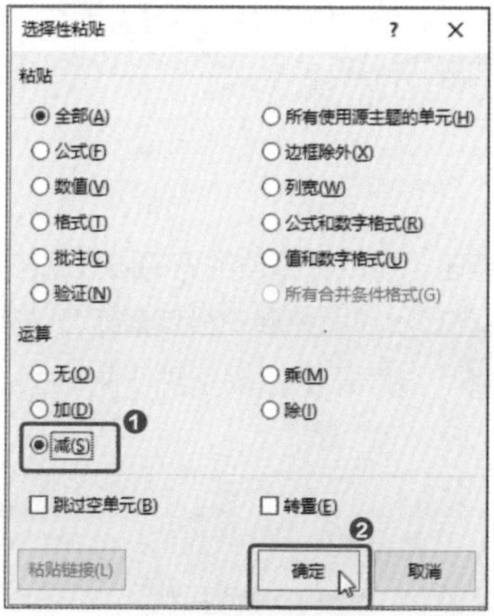

图2-98　设置粘贴选项

王强检测员

分度值（mm）	测力（N）	测针（mm）	最大值（mm）	最小值（mm）
0.005	1.7	0.1	0.0	-1.5
0.005	1.7	0.6	0.0	0.0
0.01	1.5	0.1	0.0	0.0
0.01	1.6	0.1	-2.0	0.0
0.02	1.4	1.0	0.0	-11
0.15	1.3	1.0	0.0	0.0
0.05	1.4	1.2	0.0	0.0
0.06	1.5	1.5	0.0	0.0
0.1	1.6	1.3	4.5	0.0
0.03	1.4	3.4	0.0	0.0
0.02	1.6	2.5	0.0	0.0
0.15	1.2	2.6	0.1	0.0
0.156	1.3	2.5	0.0	-2.0
0.13	1.5	1.2	0.0	0.0

图2-99　查看核对数据

2.3.4　处理缺漏数据和重复数据，很简单

张经理

小刘，销售部的小李太不负责任了，交接工作时递交的发货清单含有重复数据和缺漏数据。这份清单共有2000件商品的发货信息，你检查处理一下再给我。

订单号	发货仓库	收货地	发货时间	发货员	承运公司
BQ1524957	胜利仓	成都	2018/1/9	张丽	圆通
BQ2541659	罗马仓	上海	2018/1/10	赵宏	圆通
BQ1524957		昆明		李明钟	申通
BQ9654782	胜利仓	北京	2018/1/12	张丽	韵达
BQ6245199	好礼仓	成都	2018/1/9	李明钟	圆通
JU9534817	罗马仓	重庆	2018/1/14	李明钟	圆通
BQ2541659	罗马仓	上海	2018/1/10	赵宏	
MW845165	罗马仓	绵阳	2018/1/10	张丽	申通
BQ1524957	好礼仓		2018/1/10	李明钟	申通
NU5142629	胜利仓	玉溪	2018/1/10	赵宏	圆通

小刘

王Sir，缺漏数据的检查我知道可以用【空值】定位法，但是重复数据要怎么处理呢？

王Sir

你学得很快，知道用定位法快速找出缺漏数据。重复数据可以使用【删除重复值】功能进行处理。

① 找出缺漏数据

表格中的数据如果有缺漏，在后期进行数据分析时就容易出现偏差。所以在整理数据的阶段就应该补齐数据或删除数据。下面对"2.3.4.xlsx"文件中的数据进行检查，并高亮显示缺漏数据，具体操作方法如下。

 Step01：定位空值。❶选中表格中需要寻找空值的数据区域；❷打开【定位条件】对话框，选择【空值】作为定位条件；❸单击【确定】按钮，如图2-100所示。

图2-100　定位空值

 Step02：为空值填充颜色。此时空值被定位出来了，为了让空值更明显，可以为空值单元格填充上显眼的颜色，如图2-101所示。

② 处理重复数据

如果表格中的数据是从多个途径收集得到的，或是进行了误操作，就容易出现重复数据。重复的数据也会影响数据分析的结果，必须要删除，具体操作方法如下。

图2-101　为空值填充颜色

Step01：单击【删除重复值】按钮。打开需要处理重复值的表格，单击【数据】选项卡下【数据工具】组中的【删除重复值】按钮，如图2-102所示。

图2-102　单击【删除重复值】按钮

Step02：设置删除选项。在打开的【删除重复值】对话框中选择包含重复值的列。在本例中，应该以"订单号"为重复值删除列，因为订单号是唯一的，而"发货仓库""收货地""发货时间""发货员""承运公司"有重复值都属于正常现象。❶勾选【订单号】复选框；❷单击【确定】按钮，如图2-103所示。

Step03：查看重复值删除结果。此时会弹出提示对话框，显示删除了多少个重复值，保留了多少个唯一值，如图2-104所示。

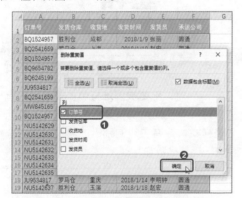

图2-103　设置删除选项

图2-104　查看重复值删除结果

2.4　善用样式，交给领导一张赏心悦目的报表

张经理

　　小刘，你现在的报表做得越来越好了，值得表扬。但是你需要注意样式的美观。这两天给你的任务是，学会美化表格。

表格美化？可是我不是美术生，我可不懂审美啊！

小 刘

谢谢张经理的肯定，这都是在您的任务安排以及王Sir的指点下逐渐学习提高的。

王Sir

小刘，不要被困难打倒！表格美化有三招，即使用系统预置的表格格式、单元格样式，或者去复制别人的表格格式。总有一招能拯救你！

 2.4.1 强烈推荐套用表格格式

张经理

小刘，这里有一份财务经理提供的资产负债结构表，你整理一下，千万注意格式美化，这张表最后要交给张总审阅。

小刘

张经理要求都很高。格式美化，对我这种没有美术基础的人太难了，我完全不知道如何填充颜色、如何设置边框颜色才能使表格更加美观。

王Sir

小刘，别着急。设置表格的格式，没有美术基础的人往往越设置越棘手。我强烈推荐你使用【套用表格格式】功能，这里面有系统预置的33种样式，无论是颜色搭配还是边框设置，都很讲究，而且可以一键生成，十分高效。

套用表格格式可以快速美化表格，具体操作方法如下。

Step01：选择样式。❶打开"2.4.1.xlsx"文件，单击【开始】选项卡下的【套用表格格式】下拉按钮；❷从弹出的下拉列表中选择一种样式，如这里选择【白色，表样式中等深浅1】样式，如图2-105所示。

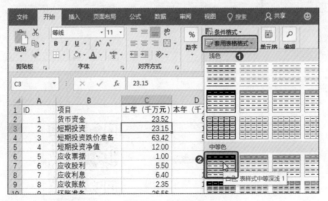

图2-105 选择样式

Step02：确定套用格式的数据区域。在弹出的【套用表格式】对话框中确定需要套用格式的数据区域，单击【确定】按钮，如图2-106所示。

Step03：转换为区域。套用格式后，为了不影响后面的公式运算等操作，这里需要将套用样式的区域转换为普通区域。❶保持选中套用区域，单击【设计】选项卡下的【转换为区域】按钮；❷单击提示对话框中的【是】按钮，如图2-107所示。

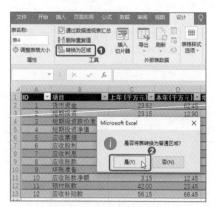

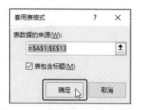

图2-106　确定套用格式的数据区域

图2-107　转换为区域

Step04：调整列宽、行高、对齐方式。为表格套用格式后，需要自行调整表格的列宽、行高、对齐方式。如图2-108所示，是列宽的调整方法。列宽调整的方法在1.1.1小节已经讲解过，这里不再赘述。图2-109所示的是表格调整后的最终效果。

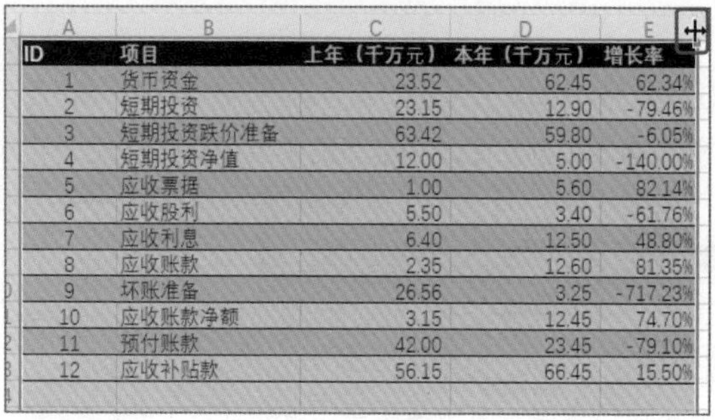

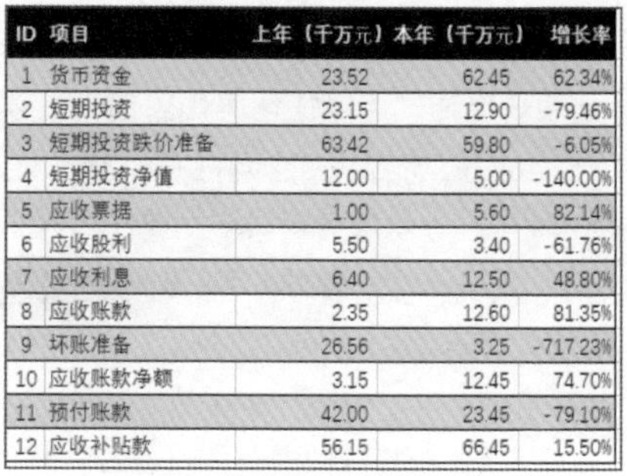

ID	项目	上年（千万元）	本年（千万元）	增长率
1	货币资金	23.52	62.45	62.34%
2	短期投资	23.15	12.90	-79.46%
3	短期投资跌价准备	63.42	59.80	-6.05%
4	短期投资净值	12.00	5.00	-140.00%
5	应收票据	1.00	5.60	82.14%
6	应收股利	5.50	3.40	-61.76%
7	应收利息	6.40	12.50	48.80%
8	应收账款	2.35	12.60	81.35%
9	坏账准备	26.56	3.25	-717.23%
10	应收账款净额	3.15	12.45	74.70%
11	预付账款	42.00	23.45	-79.10%
12	应收补贴款	56.15	66.45	15.50%

图2-108　调整列宽

ID	项目	上年（千万元）	本年（千万元）	增长率
1	货币资金	23.52	62.45	62.34%
2	短期投资	23.15	12.90	-79.46%
3	短期投资跌价准备	63.42	59.80	-6.05%
4	短期投资净值	12.00	5.00	-140.00%
5	应收票据	1.00	5.60	82.14%
6	应收股利	5.50	3.40	-61.76%
7	应收利息	6.40	12.50	48.80%
8	应收账款	2.35	12.60	81.35%
9	坏账准备	26.56	3.25	-717.23%
10	应收账款净额	3.15	12.45	74.70%
11	预付账款	42.00	23.45	-79.10%
12	应收补贴款	56.15	66.45	15.50%

图2-109　最终效果

2.4.2 何不试试单元格样式

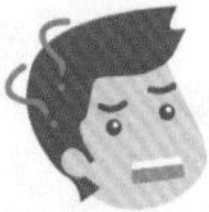

小刘

王Sir，您教我的【套用表格格式】功能十分好用，我一键就可以完成表格样式设置。如果那些格式我都不满意，有没有什么方法既能让我自由设计表格样式，又能保证表格美观呢？

王Sir

如果你想自由设计表格样式，又担心表格不够美观，可以试试【单元格样式】功能。在这个功能中，**提供了表格标题、单元格、数字等不同内容的样式，可以自由选择搭配。**

单元格样式是针对单元格设计的，如果需要为部分单元格设置样式，可以直接套用单元格样式，具体操作方法如下。

Step01：选择标题样式。❶打开"2.4.2.xlsx"文件，选中表格的第一行；❷单击【开始】选项卡下的【单元格样式】下拉按钮；❸在下拉列表中选择一种标题样式。此时选中的单元格就会应用这种标题样式，如图2-110所示。

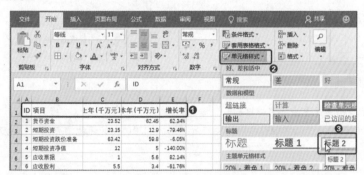

图2-110　选择标题样式

Step02：选择单元格样式。❶选中表格中表头下方的单元格；❷单击【单元格样式】下拉按钮；❸在下拉列表中选择一种单元格样式，如图2-111所示。

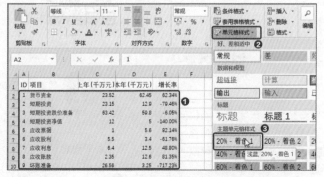

图2-111　选择单元格样式

📢 Step03：调整边框样式。使用【单元格样式】功能后，表格在细节上还需要美化，例如添加边框线。❶选中表头下方的单元格，打开【设置单元格格式】对话框进行边框设置，选择比单元格填充色略深又属于同一色系的颜色；❷再选择单元格上、下框线；❸单击【确定】按钮，如图2-112所示。

📢 Step04：完成表格样式设置。最终的表格样式如图2-113所示。

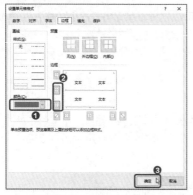

图2-112　调整边框样式

ID	项目	上年（千万元）	本年（千万元）	增长率
1	货币资金	23.52	62.45	62.34%
2	短期投资	23.15	12.9	-79.46%
3	短期投资跌价准备	63.42	59.8	-6.05%
4	短期投资净值	12	5	-140.00%
5	应收票据	1	5.6	82.14%
6	应收股利	5.5	3.4	-61.76%
7	应收利息	6.4	12.5	48.80%
8	应收账款	2.35	12.6	81.35%
9	坏账准备	26.56	3.25	-717.23%
10	应收账款净额	3.15	12.45	74.70%
11	预付账款	42	23.45	-79.10%
12	应收补贴款	56.15	66.45	15.50%

图2-113　最终的表格样式

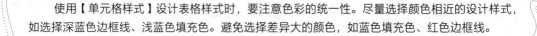

温馨提示

　　使用【单元格样式】设计表格样式时，要注意色彩的统一性。尽量选择颜色相近的设计样式，如选择深蓝色边框线、浅蓝色填充色。避免选择差异大的颜色，如蓝色填充色、红色边框线。

 快速复制单元格样式

 王Sir

　　小刘，我这里还有一招快速设计表格样式的方法。找一张样式设计美观的表格作为模仿对象，**复制表格，粘贴样式，就可以将别人的样式运用到自己的表格中了。**

 小刘

　　太感谢您了，王Sir。我以后看到漂亮的表格就可以收集起来，以备不时之需。

例如，要将其他表格中的样式复制粘贴到"2.1.3.xlsx"文件中的表格，具体操作方法如下。

Step01：复制单元格。打开样式美观的表格，选中单元格区域，按Ctrl+C组合键进行复制，如图2-114所示。

Step02：粘贴样式。❶切换到需要套用样式的表格，选中数据区域；❷单击【粘贴】下拉列表中【其他粘贴选项】中的【样式】粘贴方式，如图2-115所示。

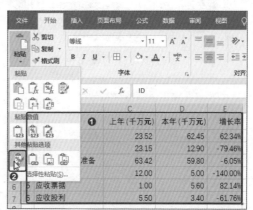

图2-114　复制单元格　　　　　　　　　　　　　图2-115　粘贴样式

Step03：查看样式应用效果。图2-116所示是样式粘贴效果，表格中的数据没有改变，但是样式却与之前复制的单元格区域一模一样。

	A	B	C	D	E
1	ID	项目	上年（千万元）	本年（千万元）	增长率
2	1	货币资金	23.52	62.45	0.623379
3	2	短期投资	23.15	12.9	-0.79457
4	3	短期投资跌价准备	63.42	59.8	-0.06054
5	4	短期投资净值	12	5	-1.4
6	5	应收票据	1	5.6	0.821429
7	6	应收股利	5.5	3.4	-0.61765

图2-116　样式粘贴效果

温馨提示

使用粘贴样式功能需要注意两个事项：其一，**粘贴样式的表格行数需要小于等于复制样式的表格行数**，否则会出现多个表头样式；其二，**粘贴的样式不仅包括填充色和边框线样式，还包括数据格式**，例如复制表格中的数据是小数格式，那么粘贴表格中的百分数也会变成小数。所以，复制格式后需要对数据格式进行检查。

2.5　条件格式，关键时刻能救急

张经理

小刘，现在我对你的要求提高了。不仅要求你快速且正确地整理出各种数据报表，还需要你按我的要求快速从报表中进行数据标注。更重要的是，在这个信息化时代，数据标注要直观化。

张经理的要求越来越高，如何达到他的要求，我完全摸不透。

2.5.1　贴心地为领导标出重点数据

小刘

张经理，我将本周483位客户的订单整理出来了，请您看看。

订单号	客户	收货地	货物名称	数量（件）	重量（千克）	要求多少天内送达
A1246215	张强丽	天华区	办公桌	50.0	22.0	1
A1246216	刘宏东	成华区	投影仪	120.0	3.6	1.5
A1246217	王福海	高新区	书柜	156.0	34.0	3
A1246218	赵奇	长胜区	会议桌	100.0	60.0	5
A1246219	刘洪海	长胜区	空调	250.0	50.0	3
A1246220	张强丽	天华区	书柜	25.0	34.0	3
A1246221	李宁	天华区	碎纸机	50.0	20.0	4
A1246222	周文华	长胜区	沙发	19.0	110.0	6

张经理

小刘，整体不错，但以后做事要多想一步。这份订单中，有部分客户要求3天内将货物送到，这属于紧急订单，要重点标出来，引起我的重视。此外，有的客户是重复购物的老客户，也要标注出来，这样有助于维护客户关系。

王Sir

要想快速标注出订单中某个数值范围的数据、重复数据、包含某文本的数据，推荐**使用【条件格式】中的【突出显示单元格规则】功能**。该功能十分强大，可以**根据设置的条件快速找出符合要求的数据并填充显眼的底色**。

打开"2.5.1.xlsx"文件，为G列中小于4的数据设置【浅红填充色深红色文本】格式，为B列中的重复数据设置【黄填充色深黄色文本】格式，具体操作方法如下。

Step01：选择【小于】条件。❶选择G列数据；❷单击【开始】选项卡下的【条件格式】按钮；❸选择下拉列表中的【突出显示单元格规则】选项，在级联列表中选择【小于】选项，如图2-117所示。

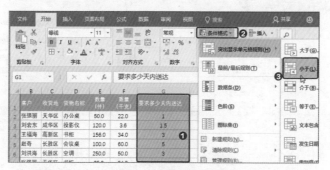

图2-117 选择【小于】条件

Step02：设置条件格式。❶如图2-118所示，在【小于】对话框中输入4，表示要为小于4天的单元格设置格式此时在【设置为】下拉列表中已默认选择【浅红填充深红色文本】格式；❷单击【确定】按钮。

图2-118 设置条件格式

Step03：查看效果。如图2-119所示，G列中，要求在3天内送达的数据就设置了"浅红填充色深红色文本"格式，起到了标注效果。

	A	B	C	D	E	F	G
1	订单号	客户	收货地	货物名称	数量(件)	重量(千克)	要求多少天内送达
2	A1246215	张强丽	天华区	办公桌	50.0	22.0	1
3	A1246216	刘宏东	成华区	投影仪	120.0	3.6	1.5
4	A1246217	王福海	高新区	书柜	156.0	34.0	3
5	A1246218	赵奇	长胜区	会议桌	100.0	60.0	5
6	A1246219	刘洪海	长胜区	空调	250.0	50.0	3
7	A1246220	张强丽	天华区	书柜	25.0	34.0	3
8	A1246221	李宁	天华区	碎纸机	50.0	20.0	4

图2-119　查看效果

Step04：选择【重复值】条件。❶选中B列数据；❷在【条件格式】下拉列表中选择【突出显示单元格规则】选项，在级联列表中选择【重复值】选项，如图2-120所示。

Step05：设置条件格式。❶如图2-121所示，选择【黄填充色深黄色文本】的格式；❷单击【确定】按钮。

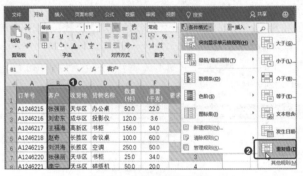

图2-120　选择【重复值】条件

图2-121　设置条件格式

Step06：查看效果。如图2-122所示，通过【条件格式】功能标注出了重复购物的客户及要求3天内送达的订单。

	A	B	C	D	E	F	G
1	订单号	客户	收货地	货物名称	数量(件)	重量(千克)	要求多少天内送达
2	A1246215	张强丽	天华区	办公桌	50.0	22.0	1
3	A1246216	刘宏东	成华区	投影仪	120.0	3.6	1.5
4	A1246217	王福海	高新区	书柜	156.0	34.0	3
5	A1246218	赵奇	长胜区	会议桌	100.0	60.0	5
6	A1246219	刘洪海	长胜区	空调	250.0	50.0	3
7	A1246220	张强丽	天华区	书柜	25.0	34.0	3
8	A1246221	李宁	天华区	碎纸机	50.0	20.0	4

图2-122　查看效果

2.5.2 数据条和色阶让表格形象直观

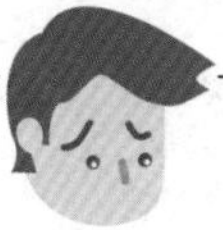

小刘

王Sir，我统计了这个月的商品销量表。张经理却说不够直观，不能快速对比各种商品销量。让数据看起来更直观，不是只能用图表吗？可是我这里有200项数据，也不可能都用图表展现啊！

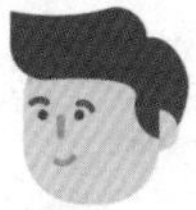

王Sir

小刘，你的问题有解决办法。张经理要看商品销量表，是为了详细了解每种商品的销售数据，当然不能做成图表。但是你可以**根据表格数据的大小，使用【数据条】或【色阶】功能，为数据添加长短不一的数据条或颜色深浅不一的底色，实现表格数据的形象化展示。**

1 添加数据条

使用【数据条】功能可以根据单元格中数据的大小添加长短不一的数据条。例如，要为“2.5.2.xlsx”文件中的销量、销售额和剩余库存数据添加数据条，具体操作方法如下。

Step01：选择数据条样式。❶选中B列数据；❷在【条件格式】下拉列表中选择【数据条】选项；❸选择一种数据条样式，如图2-123所示。

Step02：查看数据条添加效果。如图2-124所示，B列数据设置数据条格式后，根据该列数据的大小添加上了长短不一的数据条，根据数据条的长短可直观对比数据大小。

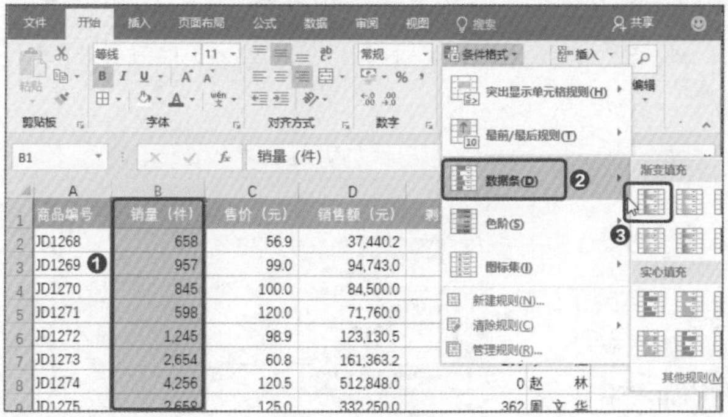

图2-123 选择数据条样式

商品编号	销量（件）
JD1268	658
JD1269	957
JD1270	845
JD1271	598
JD1272	1,245
JD1273	2,654
JD1274	4,256
JD1275	2,658
JD1276	452
JD1277	4,256
JD1278	6,598
JD1279	425

图2-124 查看数据条添加效果

Step03：完成数据条填充。使用同样的方式分别对D列和E列数据设置不同的数据条填充样式，效果如图2-125所示。注意不能同时选中B、D、E列再选择数据条样式，因为三列数据属于不同的数据项目。

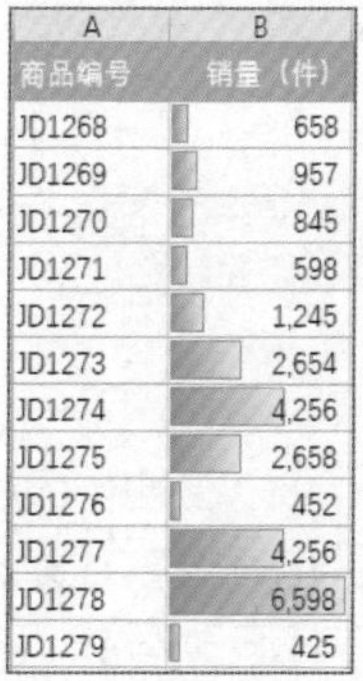

图2-125　完成数据条添加的表格效果

② 添加色阶

使用【色阶】功能可以根据单元格中数据的大小为单元格填充深浅不一的底色。例如，要为销量、销售额和剩余库存数据添加绿-白色色阶，具体操作方法如下。

Step01：选择色阶样式。❶选中B列数据；❷选择【色阶】样式，如图2-126所示。

Step02：查看色阶填充效果。使用同样的方法完成其他列数据的色阶填充，效果如图2-127所示。通过对比填充色的深浅，可快速对比数据的大小。

图2-126　选择色阶样式

图2-127　完成色阶填充效果

技 能 升 级

在使用【数据条】和【色阶】功能时，可以选择【其他规则】选项，打开图2-128所示的【新建格式规则】对话框，自行设置颜色规则。

图2-128　设置颜色规则

2.5.3　图标让数据类型一目了然

张经理

小刘，去把6月编号为YB125的重点产品网店销售数据统计出来。记得区分数据类型，我需要了解这款产品不同日期下的销售状态。这款产品5月的平均销量是50件/天，小于这个数就属于销量下降的情况，还有平均流量是2000个/天，平均转化率每天是2.0%，平均销售额是3500元/天，这些数据状态我也需要了解。

小刘

统计数据倒是很简单，但是标注出每天的数据是上升、平均还是下降，是用文字进行标注吗？

王Sir

小刘，你可以使用【图标集】功能。**通过给不同大小的数据添加图标，从而区分数据类型。** 很多人不会使用【图标集】功能，因为不懂得如何进行规则设置，你快好好学习研究一下吧。

使用【图标集】功能可以根据单元格中数据的大小划分为若干类，并为每一类数据添加一种图标。例如，要为"2.5.3.xlsx"文件中的流量、销量、转化率和销售额数据添加箭头图标，具体操作方法如下。

📢 Step01：选择【其他规则】选项。❶选中B列数据；❷在【条件格式】下拉列表中选择【图标集】选项；❸在级联列表中选择【其他规则】选项，如图2-129所示。

📢 Step02：新建图标规则。❶在弹出的【新建格式规则】对话框的【图标】选项组中选择表示上升、稳定、下降的图标；❷选择【类型】为【数字】；❸进行值设置，这里设置大于2000的数据为上升图标，大于等于2000的数据为稳定图标，其他数据则是下降图标，如图2-130所示。

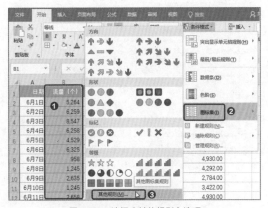

图2-129　选择【其他规则】选项

Step03：查看效果。图2-131所示是为B列数据添加图标集后的效果。

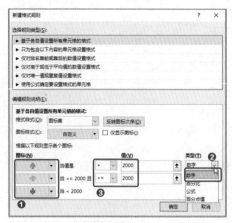

图2-130　新建图标规则　　　　　　　　图2-131　图标效果

Step04：为百分比数据设置图标规则。用同样的方法为表格中其他数据列设置图标，需要注意的是"转化率"列数据的图标设置，该列数据为百分比数据格式。❶为百分比数据设置图标规则；❷单击【确定】按钮，如图2-132所示。

Step05：查看最终效果。图2-133所示是完成所有图标设置的表格，通过查看图标，可以快速分析出数据的升降情况。

图2-132　为百分比数据设置图标规则

日期	流量（个）	销量（件）	转化率	售价（元）	销售额（元）
6月1日	5,264	265	5.03%	58.0	15,370.00
6月2日	6,259	95	1.52%	58.0	5,510.00
6月3日	8,547	74	0.87%	58.0	4,292.00
6月4日	6,258	100	1.60%	58.0	5,800.00
6月5日	4,529	15	0.33%	58.0	870.00
6月6日	6,325	62	0.98%	58.0	3,596.00
6月7日	958	85	8.87%	58.0	4,930.00
6月8日	1,245	74	5.94%	58.0	4,292.00
6月9日	2,635	48	1.82%	58.0	2,784.00
6月10日	1,245	59	4.74%	58.0	3,422.00
6月11日	2,658	85	3.20%	58.0	4,930.00
6月12日	4,598	62	1.35%	58.0	3,596.00
6月13日	2,564	42	1.64%	58.0	2,436.00
6月14日	2,000	85	4.25%	58.0	4,930.00
6月15日	3,256	74	2.27%	58.0	4,292.00
6月16日	2,000	81	4.05%	58.0	4,698.00

图2-133　完成图标设置的表格

CHAPTER 3

—

公式，学会简单运算，告别菜鸟身份

上班第三周，我不仅能制作出标准报表，还会使用简单的数据工具处理表格。

正当我洋洋得意之时，张经理给我的任务又增加难度了。张经理说，Excel在处理与分析报表数据的过程中，很多时候还需要用公式来灵活解决问题。

公式就像挡在我面前的一座大山，让我望而却步，还好王Sir帮我从公式最简单的运用原理开始讲解，再结合张经理布置的任务。仅几天时间，我竟然翻过了这座山。

小 刘

许多人一看到Excel公式中各种"奇怪"的符号、英文字母就头疼。其实这种恐惧来源于对公式的不了解。

如果静下心来，从公式最基本的原理开始学习，认识公式的基本写法、引用方式、使用规则……会发现公式不过是纸老虎，你强它就弱。

王 Sir

3.1　克服公式恐惧症，从认知开始

张经理

小刘，使用公式处理报表数据是你必须学会的事。考虑到你之前并不会运用公式，这两天就不给你布置太难的任务了，但是你需要解决两个问题：什么是公式？什么是单元格引用？

谢谢张经理体谅。接下来我会认真学习 Excel公式的应用知识！

3.1.1 原来公式是这么回事

张经理

小刘，我这里有一份兼职人员的费用结算表，里面运用了简单的公式。你学习一下，了解一下什么是公式。

兼职项目	兼职人员	兼职工资（元/天）	兼职天数（天）	总费用
促销	王宏韦	150	5	750
宣传	李 宁	200	2	400
设计	刘小丽	350	1	350
促销	罗芙蓉	150	6	900
促销	王小知	150	1	150
宣传	周文相	200	2	400
设计	罗 欢	350	4	1,400

小 刘

表中都是数据啊，哪里有公式？

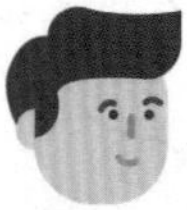

小刘，看来你完全是公式的门外汉啊！

你选中单元格，**可以在Excel的编辑栏中看到数据背后的计算公式。** 观察公式，你会发现**简单的公式就是对单元格的数据进行加、减、乘、除运算。**

Excel公式是对工作表数据进行计算的等式，简单的公式包括加、减、乘、除等计算。如图3-1所示，选中E2单元格，就可以在编辑栏中看到该单元格所应用的公式。观察这个公式，会发现以下特征。

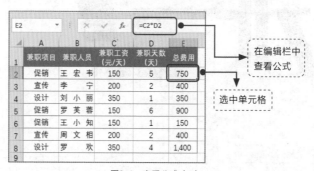

图3-1　查看公式（1）

公式的输入以"="号开始，后面通过单元格地址和运算符相结合的方式进行公式运算。例如，C2代表的是C2单元格中的数据，即兼职人员"王宏韦"的兼职工资；而D2代表的是D2单元格中的数据，即兼职人员"王宏韦"的兼职天数。C2和D2两个单元格数据相乘，就得到了该兼职人员的兼职总费用。

通过对图3-1所示公式进行观察，可以了解公式的基本概念。那么为了加深理解，在考虑兼职人员用餐补助的情况下，再次计算兼职总费用。结果如图3-2所示，原理完全一致，只是增加了单元格运算而已。

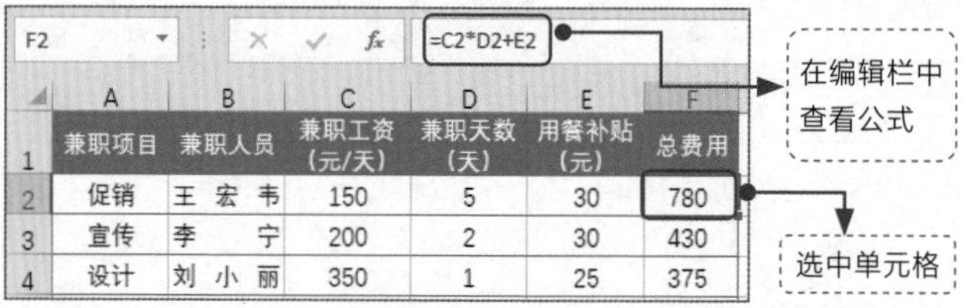

图3-2　查看公式（2）

3.1.2 公式运算符原来是这么回事

王Sir，经过前面的学习，我发现公式原来并不难，我现在已经能理解公式的基本概念了。

我注意到公式中含有运算符，那么除了算术运算符，还有哪些运算符是我需要学习的呢？运算符之间是否也有优先级？

你的学习能力很强！Excel公式中，运算符的运用确实是重中之重。

Excel中一共有四种运算符，从"="号右边开始，按照特定的运算符顺序进行计算，其优先级次序为：**引用运算符→算术运算符→文本运算符→比较运算符。**

 **四种运算符**

（1）引用运算符

例如，在简单的公式"=A1+B2"中，引用了A1和B2两个单元格。当需要引用的单元格是一个区域，或者是两个不相邻的区域，以及两个区域的交集区域时，就需要用到引用运算符。

也就是说，通过引用运算符可以对单元格区域进行公式计算。Excel中包含三种引用运算符，它们的含义及用法如表3-1所示。

表3-1　引用运算符的含义及用法

引用运算符	含　义	示　例	示　例　解　释
：（冒号）	区域运算符，对两个单元格之间的所有区域生成引用（包括这两个单元格）	A1:A13	对A1单元格到A13单元格区域生成引用
，（逗号）	联合运算符，将多个引用合并为一个引用	A1:A13,C1:C13	对A1单元格到A13单元格区域，以及C1单元格到C13单元格区域生成引用
（空格）	交集运算符，生成对两个引用中共有单元格的引用	A1:A13 A2:B19	对A1单元格到A13单元格区域，以及A2单元格到B19单元格区域这两个区域的共有区域生成引用

（2）算术运算符

算术运算符是重要的一种运算符，其作用是产生数学运算结果。算术运算符的含义及用法如表3-2所示。

表3-2　算术运算符的含义及用法

算术运算符	含　义	示　例	示 例 解 释
+（加号）	加法	A1+B3	A1单元格数据加上B3单元格数据
−（减号）	减法	A1−B3	A1单元格数据减去B3单元格数据
*（星号）	乘法	A1*B3	A1单元格数据乘以B3单元格数据
/（斜杠）	除法	A1/B3	A1单元格数据除以B3单元格数据
%（百分号）	百分比	B3%	计算B3100单元格数据除以100的值
^（乘方号）	乘方	3^2	计算3的2次方

（3）文本运算符

文本运算符是&符号，称之为"与"号，其作用是将多个文本连接成一个字符串，生成一串文本。图3-3所示是使用文本运算符的运算结果。

图3-3　文本运算符的运算效果

（4）比较运算符

当需要进行数据比较时，就需要使用比较运算符。其结果为逻辑值，TRUE或FALSE。比较运算符在函数中运用较多，这里可以先做简单了解。

比较运算符主要有：=（等号）、>（大于号）、<（小于号）、>=（大于等于号）、<=（小于等于号）、<>（不等于号）。

例如A1>B3，表示判断A1单元格的值是否大于B3单元格的值，如果大于，那么结果为真，返回TRUE；反之，则返回FALSE。

 **运算符的优先级**

Excel的公式从"="号后面开始，按照运算符的特定次序从左到右进行运算，运算符的特定次序如下。

如果公式中有若干个运算符，则按照"引用运算符→算术运算符→文本运算符→比较运算符"的次序进行运算。

在算术运算符中，从左到右先进行乘法和除法运算，再进行加法和减法运算。如图3-4所示，要计算出7月1日和7月2日的总销售额，需要计算7月1日销售额+7月2日销量*7月2日售价。虽然"+"运算符在"*"运算符的左边，但是依然先进行乘法运算，再进行加法运算。

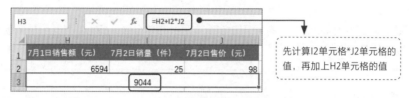

先计算I2单元格*J2单元格的值，再加上H2单元格的值

图3-4 算术运算符优先级

如果想改变运算的顺序，可以使用括号强制改变运算的先后顺序。例如，公式"=(A1+B2)*C6"，就会先进行加法运算，再进行乘法运算。

温馨提示

Excel公式中，无论是"="号还是单元格地址，以及各种运算符，均需要在英文状态下输入，否则公式会出现错误。例如，公式中应该使用英文逗号","而不是中文逗号"，"。公式中的单元格地址不用区分大小写，例如A1和a1都指代的是A1单元格。

3.1.3 三种引用方式，不再傻傻分不清

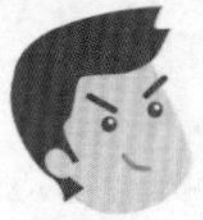

小刘

王Sir，今天张经理让我学习业绩统计表的公式，我发现了一个看不懂的符号$，这像货币的符号，是什么意思呢？

业务员	本月签约套数	本月签约金额(百万元)	签约金额占比
张天水	5	5.6	20.22%
刘晓宇	2	3.4	12.27%
程辛婷	6	8.9	32.13%
吴小欢	2	3.3	11.91%
侯良勇	4	6.5	23.47%
本月签约总金额(百万元)		27.7	

嘿嘿，这可不是货币符号。这是**表示"绝对引用"的符号，它能保证公式中引用的单元格地址不变。在使用公式计算数据时**，常常会使用拖动的方法复制公式，而公式中的单元格地址会自动变化。

你观察这张表中D列的公式：本月签约金额/本月签约总金额。因为本月签约总金额不变，也就是说，每个公式中的C7单元格保持不变，所以在公式中使用$C$7来对C7单元格进行绝对引用。

1 相对引用

相对引用是指引用单元格的相对位置，如C2。如果多行或多列地复制公式，则引用的单元格的行列位置也会随之发生变化。如图3-5和图3-6所示，为避免重复输入公式，在第一个需要计算销售额的单元格中输入公式进行计算，然后复制公式到下面的单元格得到计算结果。公式中单元格的引用位置随之发生了变化。

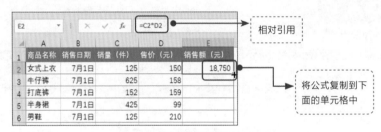

图3-5 相对引用

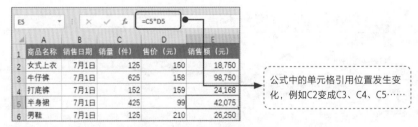

图3-6 单元格的位置发生变化

2 绝对引用

绝对引用是指引用固定的单元格位置，如$C$2。即使多行或多列地复制公式，引用的单元格也不会发生变化。绝对引用需要在单元格的行列位置前添加绝对引用符号"$"。如图3-7和图3-8所示，D2公式中对C7单元格的引用是绝对引用。往下复制公式，$C$7单元格的位置始终保持不变。

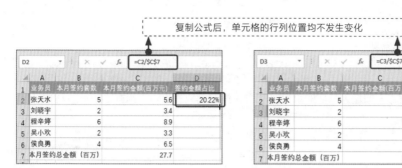

	A	B	C	D
1	业务员	本月签约套数	本月签约金额(百万元)	签约金额占比
2	张天水	5	5.6	20.22%
3	刘晓宇	2	3.4	
4	程辛婷	6	8.9	
5	吴小欢	2	3.3	
6	侯良勇	4	6.5	
7	本月签约总金额（百万）		27.7	

图3-7 绝对引用

	A	B	C	D
1	业务员	本月签约套数	本月签约金额(百万元)	签约金额占比
2	张天水	5	5.6	20.22%
3	刘晓宇	2	3.4	12.27%
4	程辛婷	6	8.9	32.13%
5	吴小欢	2	3.3	11.91%
6	侯良勇	4	6.5	23.47%
7	本月签约总金额（百万）		27.7	

图3-8 单元格位置保持不变

3 混合引用

混合引用是指相对引用与绝对引用同时存在于对同一个单元格的地址引用中。混合引用具有两种形式，即绝对列相对行、绝对行相对列。绝对列相对行采用$A1、$B1等形式，绝对行相对列采用A$1、B$1等形式。

多行或多列复制公式时，则单元格引用中绝对引用的部分保持绝对引用的性质，地址保持不变，而相对引用的部分保留相对引用的性质，随着单元格的变化而变化。例如对绝对列相对行进行多行或多列复制公式时，改变位置后的公式行部分会调整，但是列不会改变；而绝对行相对列中，改变位置后的公式列部分会调整，但是行不会改变。

例如，现在需要计算不同商品在1月和2月的税额，计算方式如图3-9～图3-11所示。C5单元格中的公式使用了混合引用，进行多列复制公式时，A$2保证了公式的行不发生变化。进行多行复制公式时，$B7保证了公式的列不发生变化。使用了混合引用公式，才能完成图3-12所示的数据运算。

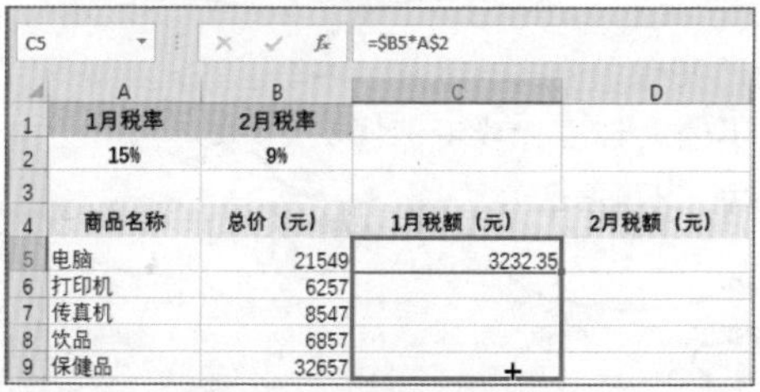

	A	B	C	D
1	1月税率	2月税率		
2	15%	9%		
3				
4	商品名称	总价（元）	1月税额（元）	2月税额（元）
5	电脑	21549	3232.35	
6	打印机	6257		
7	传真机	8547		
8	饮品	6857		
9	保健品	32657		

图3-9 往下复制公式（1）

	A	B	C	D
1	1月税率	2月税率		
2	15%	9%		
3				
4	商品名称	总价（元）	1月税额（元）	2月税额（元）
5	电脑	21549	3232.35	
6	打印机	6257	938.55	
7	传真机	8547	1282.05	
8	饮品	6857	1028.55	
9	保健品	32657	4898.55	

图3-10 往右复制公式

	A	B	C	D
1	1月税率	2月税率		
2	15%	9%		
3				
4	商品名称	总价（元）	1月税额（元）	2月税额（元）
5	电脑	21549	3232.35	1939.41
6	打印机	6257	938.55	
7	传真机	8547	1282.05	
8	饮品	6857	1028.55	
9	保健品	32657	4898.55	

图3-11 往下复制公式（2）

	A	B	C	D
1	1月税率	2月税率		
2	15%	9%		
3				
4	商品名称	总价（元）	1月税额（元）	2月税额（元）
5	电脑	21549	3232.35	1939.41
6	打印机	6257	938.55	563.13
7	传真机	8547	1282.05	769.23
8	饮品	6857	1028.55	617.13
9	保健品	32657	4898.55	2939.13

图3-12 混合引用的运算结果

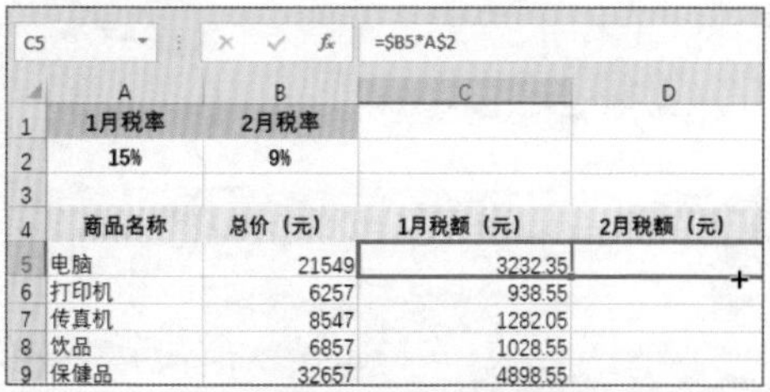

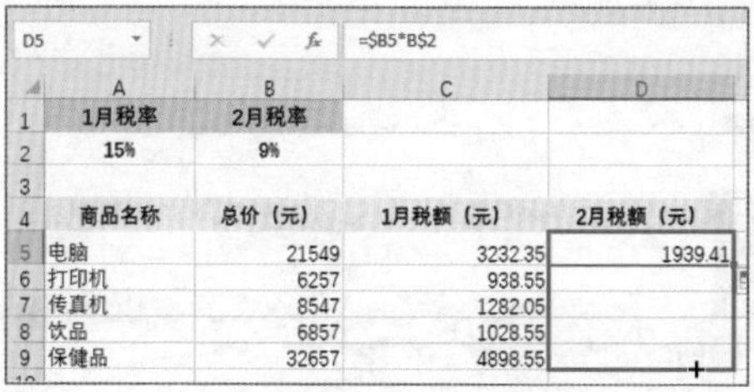

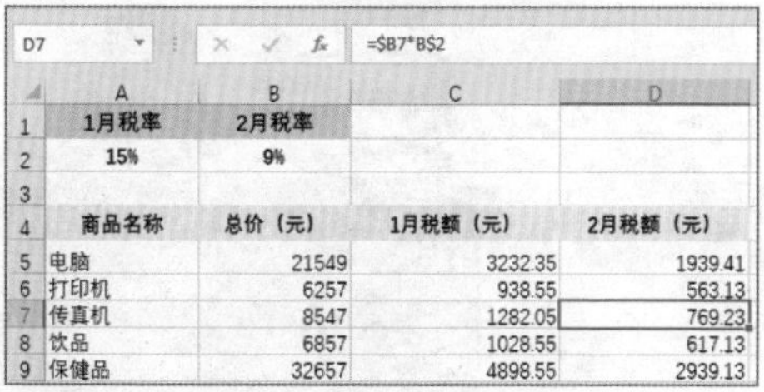

技 能 升 级

在使用相对引用、绝对引用、混合引用时，绝对引用符号$的输入比较麻烦。这里可以**按F4键来切换引用方式**。例如输入默认的引用方式A1，按F4键变成绝对引用方式$A$1，再按一次F4键变成混合引用方式A$1，再按一次F4键变成混合引用方式$A1。

3.2　动手编辑自己的公式

张经理

小刘，你现在经过学习，已经对公式入门了。接下来，我会交给你一些表格，你只需要运用简单公式就可完成计算。

虽然我现在有了公式的概念，可是要我动手输入公式，我没把握能运算成功啊！这可怎么办？

3.2.1　这种公式编辑法，新手也会

张经理

小刘，帮我算一下这些商品的最终售价是多少。

	A	B	C	D	E	F
1	商品编码	商品原价（元）	利润（元）	包装费（元）	折扣率（%）	售价（元）
2	NI1256	¥69.0	¥25.0	¥3.5	95.0%	
3	NI1257	¥95.0	¥69.0	¥3.6	88.0%	
4	NI1258	¥85.0	¥85.0	¥2.5	80.0%	
5	NI1259	¥75.0	¥74.0	¥4.9	95.0%	
6	NI1260	¥95.0	¥85.0	¥6.8	98.0%	
7	NI1261	¥85.0	¥45.0	¥5.4	95.0%	
8	NI1262	¥74.0	¥56.0	¥3.6	90.0%	
9	NI1263	¥102.0	¥25.0	¥2.5	70.0%	
10	NI1264	¥326.0	¥42.0	¥2.5	75.0%	
11	NI1265	¥524.0	¥100.0	¥6.8	85.0%	

小刘

数据项目这么多，我有点头晕。

王Sir

小刘，你是新手，我教你一招理清公式思路的方法。

你可以**先用文字加运算符的方式将公式表示出来，再将文字换成相应的单元格**，这样既不容易出错，又防止你头晕。

输入公式时，**可以直接在英文状态下输入单元格名称，也可以用单击选择的方式来选取单元格**。

打开"3.2.1.xlsx"文件，计算商品的最终售价，具体操作方法如下。

Step01：公式转换。需要计算的是商品售价，用文字加运算符的方式列出公式，然后再对应表格中单元格的位置，将中文换成单元格引用名称，如图3-13所示。

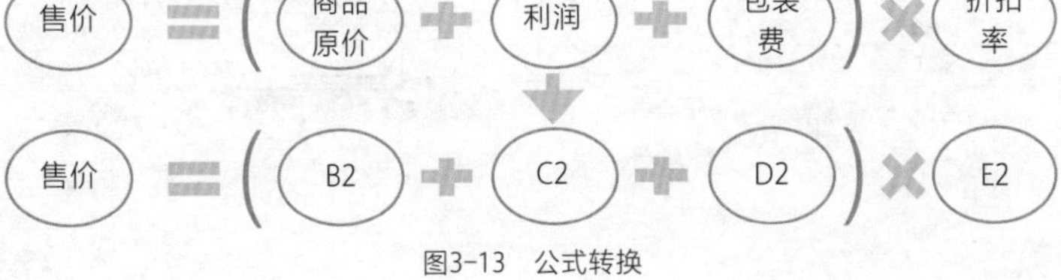

售价 ＝ （商品原价 ＋ 利润 ＋ 包装费）× 折扣率

售价 ＝ （B2 ＋ C2 ＋ D2）× E2

图3-13　公式转换

Step02：选择单元格。按照前面步骤列出的公式，开始进行公式输入。❶双击F2单元格插入光标，输入"=("；❷单击B2单元格，这样可以在公式中引用B2单元格的位置，如图3-14所示。

Step03：继续选择单元格。B2单元格已经被引用到公式中，继续进行其他单元格的引用，❶在公式中输入"+"号；❷单击C2单元格，如图3-15所示。

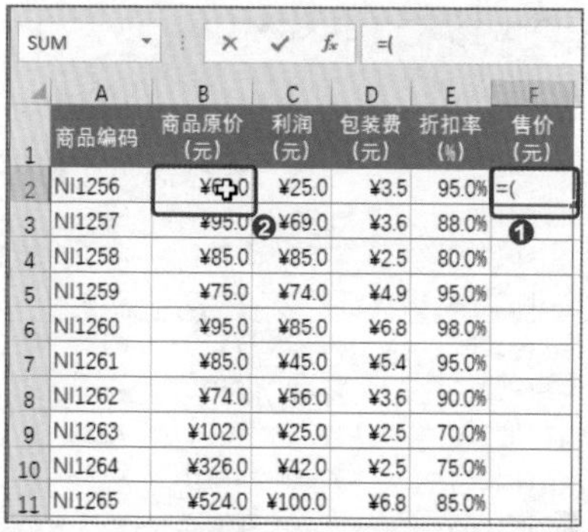

图3-14　选择单元格

图3-15　继续选择单元格

Step04：输入单元格位置。在公式中引用单元格的方式还可以用输入的方式来进行，公式中的单元格名称不区分大小写。如图3-16所示，在公式后面接着输入"+d2)*e2"。此时可以看到，被引用的单元格变成彩色线框，这表示单元格被成功引用。

Step05：复制公式。完成公式输入后，按Enter键，就可以完成公式计算。将光标放到完成公式计算的单元格右下方，按住鼠标左键不放往下拖动，完成公式复制，如图3-17所示。此时就完成了所有商品的售价计算。

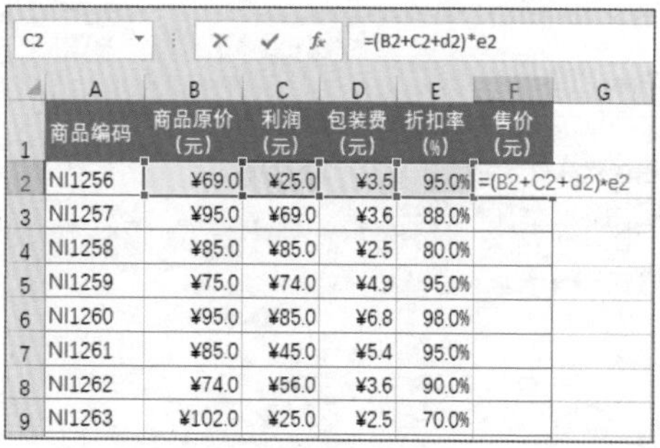

图3-16　输入单元格位置

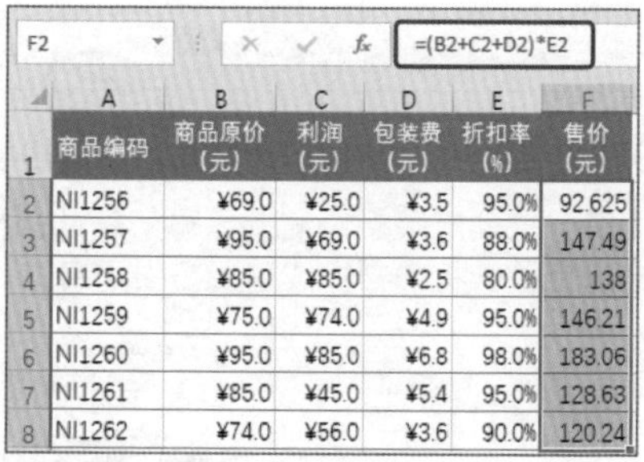

图3-17　复制公式

3.2.2 公式有误，这样修改

张经理

小刘，我这里有张售价统计表，里面的公式有错误，你修改一下。

小刘

好的，我将公式删除，重新输入。

王Sir

不用删除公式。你可以**在错误公式的基础上，对公式进行局部修改，既可以在公式录入的单元格中进行修改，也可以在编辑栏中进行修改。**

打开"3.2.2.xlsx"文件，修改公式计算出正确的商品最终售价，具体操作方法如下。

1 在单元格中直接修改公式

公式有错误时，可以直接在错误公式的单元格中修改公式，避免公式重新输入，提高效率。修改公式的具体操作方法如下。

 Step01：双击要修改公式的单元格。如图3-18所示，F2单元格的公式有误，双击这个单元格，就可以进入公式编辑状态。

Step02：修改公式。在单元格中，将光标放到错误的运算符号或单元格引用后，按Delete键删除错误，然后再重新输入正确的运算符号或单元格引用，如图3-19所示。

	F2		× ✓ fx	=(B2-C2)*E2		
	A	B	C	D	E	F
1	商品编码	商品原价（元）	利润（元）	包装费（元）	折扣率（%）	售价（元）
2	NI1256	¥69.0	¥25.0	¥3.5	95.0%	41.8
3	NI1257	¥95.0	¥69.0	¥3.6	88.0%	
4	NI1258	¥85.0	¥85.0	¥2.5	80.0%	
5	NI1259	¥75.0	¥74.0	¥4.9	95.0%	
6	NI1260	¥95.0	¥85.0	¥6.8	98.0%	

图3-18 双击要修改公式的单元格

	SUM		× ✓ fx	=(B2+C2+d2)*E2			
	A	B	C	D	E	F	G
1	商品编码	商品原价（元）	利润（元）	包装费（元）	折扣率（%）	售价（元）	
2	NI1256	¥69.0	¥25.0	¥3.5	95.0%	=(B2+C2+d2)*E2	
3	NI1257	¥95.0	¥69.0	¥3.6	88.0%		
4	NI1258	¥85.0	¥85.0	¥2.5	80.0%		
5	NI1259	¥75.0	¥74.0	¥4.9	95.0%		
6	NI1260	¥95.0	¥85.0	¥6.8	95.0%		
7	NI1261	¥85.0	¥45.0	¥5.4	95.0%		
8	NI1262	¥74.0	¥56.0	¥3.6	90.0%		

图3-19 修改公式

② 在编辑栏中修改复杂公式

公式修改还可以在编辑栏中进行，尤其公式较长时，在编辑栏中可以更清晰地浏览整条公式。在编辑栏中修改公式的具体操作方法如下。

选中要修改公式的F2单元格，此时编辑栏中会出现对应的公式，在编辑栏中单击，插入光标，如图3-20所示。然后按Delete键删除公式中错误的部分，再重新输入正确的部分。在编辑栏中完成公式修改的结果如图3-21所示。

图3-20　在编辑栏中修改公式　　　　　图3-21　完成公式的修改

3.2.3　复制公式，提高效率

张经理

小刘，我这里有张3月网店转化率数据统计表，你对照着把网店4月的转化率数据统计出来。

小刘

这个容易，我根据不同转化率数据的公式算法，依葫芦画瓢，在4月的表中输入公式就可以了。

时间	流量	销量（件）	转化率差距	客服接单量	客服成交量	客服转化率差距
3月1日	2156	56	-7.40%	265	250	49.34%
3月2日	6254	3265	42.21%	625	316	5.56%
3月3日	1256	152	2.10%	452	96	-23.76%
3月4日	26245	3265	2.44%	125	111	43.80%

目标转化率　10%　客服目标转化率　45%

王Sir

你的方法有局限性。如果你需要模仿的公式十分复杂，这样操作不仅耽误时间，还容易在模仿公式的同时出现输入错误。

你完全可以**使用复制公式的方法，只保留公式，不保留数据，将一个表格中的公式照搬到另一个表格中进行计算。**

打开"3.2.3.xlsx"文件，复制"3月"工作表中的相关公式到"4月"工作表中，计算出网店4月的转化率数据，具体操作方法如下。

📢 Step01：复制公式。选中"3月"工作表中的第一个转化率差距单元格数据，按Ctrl+C组合键进行复制，如图3-22所示。

	A	B	C	D	E	F	G
1	目标转化率	10%	客服目标转化率		45%		
2							
3	时间	流量	销量（件）	转化率差距	客服接单量	客服成交量	客服转化率差距
4	3月1日	2156	56	-7.40%	265	250	49.34%
5	3月2日	6254	3265	42.21%	625	316	5.56%
6	3月3日	1256	152	2.10%	452	96	-23.76%
7	3月4日	26245	3265	2.44%	125	111	43.80%

D4 = =C4/B4-B$1

图3-22　复制公式

📢 Step02：粘贴公式。❶切换到"4月"工作表中，选中需要粘贴公式的D4单元格；❷单击【开始】选项卡下的【粘贴】按钮；❸在弹出的下拉列表中选择【公式和数字格式】粘贴方式，如图3-23所示。

📢 Step03：完成公式粘贴。❶向下复制公式，完成"转化率差距"列的计算；❷按照同样的方法完成"客服转化率差距"列的公式粘贴。效果如图3-24所示。

图3-23　粘贴公式

	A	B	C	D	E	F	G
1	目标转化率	10%	客服目标转化率		45%		
2							
3	时间	流量	销量（件）	转化率差距	客服接单量	客服成交量	客服转化率差距
4	4月1日	2615	77	-7.06%	326	250	31.69%
5	4月2日	4251	326	-2.33%	957	316	-11.98%
6	4月3日	4256	957	12.49%	845	245	-16.01%
7	4月4日	1245	125	0.04%	958	654	23.27%
8	4月5日	12564	3254	15.90%	3264	1245	-6.86%
9	4月6日	12565	3264	15.98%	3264	2541	32.85%
10	4月7日	7459	269	-6.39%	1245	1256	55.88%
11	4月8日	8577	958	1.17%	20562	2456	-33.06%
12	4月9日	9578	1245	3.00%	1426	957	22.11%

D8 = =C8/B8-B$1

图3-24　完成公式粘贴

技 能 升 级

复制公式还可以在编辑栏中进行复制，如图3-25所示，单击编辑栏，选中编辑栏中的公式，按Ctrl+C组合键就可进行复制，然后将公式粘贴到其他单元格中。

	A	B	C	D	E	F
SUM			fx	=C4/B4-B$1		
1	目标转化率	10%	客服目标转化率	45%		
2						
3	时间	流量	销量（件）	转化率差距	客服接单量	客服成交量
4	3月1日	2156	56	=C4/B4-B$1	265	250

图3-25　在编辑栏中复制公式

3.3　问题升级，需要学会公式的高级应用

张经理

小刘，这几天有一些比较复杂的报表要处理。要求你用链接公式、数组公式进行数据统计。同时还需要进行公式审核，找出公式中的错误。

小 刘

好的，张经理，我会尽快处理。

这些概念听起来好难，完全没有接触过，不知道能不能完成任务？

3.3.1 用链接公式实现多表计算

张经理

小刘，我这里有1月和2月的两张销售统计表，你在2月统计表中，将两个月的销量差距和销售额环比增长率算出来。

小刘

数据在两张表中？那我先将数据移到一张表中，再用公式计算。

王Sir

小刘，不用这么麻烦。**在公式中引用单元格时，不仅可以引用同一表格中的单元格，还可以引用其他工作表、工作簿中的单元格，这就是链接公式的运用。链接公式需要在单元格引用表达式前添加半角感叹号"!"。**

打开"3.3.1.xlsx"文件，通过引用"1月统计"工作表中的相关单元格，在"2月统计"工作表中计算出两个月的销量差距和销售额环比增长率，具体操作方法如下。

📢 Step01：查看1月统计表。选中"1月统计"工作表，如图3-26所示。因为完成2月统计表需要用到1月统计表中的数据，所以需要先查看1月统计表中的数据。

📢 Step02：输入公式前半部分。❶切换到"2月统计"工作表中；❷"与上月销量差距"数据需要用2月销量减去1月销量。在F2单元格中输入公式的前半部分，如图3-27所示。

商品编码	销量（件）	售价（元）	销售额（元）	业务员
MU1256	125	¥59.0	¥7,375.0	王　丽
MU1257	625	¥74.0	¥53,125.0	张　强
MU1258	452	¥74.0	¥33,448.0	刘丽芳
MU1259	125	¥55.0	¥6,875.0	李　发
MU1260	957	¥86.6	¥82,876.2	赵　奇
MU1261	1,245	¥95.8	¥119,271.0	周文鑫
MU1262	2,652	¥65.0	¥172,380.0	徐　丽
MU1263	1,524	¥59.0	¥89,916.0	赵　亮
MU1264	1,256	¥57.0	¥71,592.0	王　益
MU1265	2,451	¥85.0	¥208,335.0	陈爱节
MU1266	2,654	¥48.0	¥127,392.0	张美欢
MU1267	1,245	¥75.6	¥94,122.0	徐文琴

图3-26　查看1月统计表

C13　75.6

商品编码	销量（件）	售价（元）	销售额（元）	业务员	与上月销量差距（件）
MU1256	265	¥59.0	¥15,635.0	王　丽	=B2-
MU1257	854	¥85.0	¥72,590.0	张　强	
MU1258	1,245	¥74.0	¥92,130.0	刘丽芳	
MU1259	124	¥55.0	¥6,820.0	李　发	
MU1260	265	¥86.6	¥22,949.0	赵　奇	
MU1261	154	¥95.8	¥14,753.2	周文鑫	
MU1262	458	¥65.0	¥29,770.0	徐　丽	
MU1263	957	¥59.0	¥56,463.0	赵　亮	
MU1264	458	¥57.0	¥26,106.0	王　益	
MU1265	125	¥85.0	¥10,625.0	陈爱节	

F2　=B2-

图3-27　输入公式前半部分（1）

📢 Step03：选择1月统计表中的单元格。❶切换到"1月统计"工作表；❷选择B2单元格，然后按Enter键，如图3-28所示。此时如图3-29所示，"1月统计"工作表中的数据就成功引用到"2月统计"工作表中。完成F2单元格的公式输入后，可以复制公式到下面的单元格，完成所有商品的销量差距计算。

图3-28　选择1月统计表中的单元格　　　　　　　　　　图3-29　查看计算结果

📢 Step04：输入公式前半部分。计算"销售额环比增长率"数据的公式是(2月销售额–1月销售额)/2月销售额。在"2月统计"工作表的G2单元格中输入公式前半部分，如图3-30所示。

📢 Step05：选择1月统计表中的单元格。❶切换到"1月统计"工作表；❷选择D2单元格，然后按Enter键，成功引用此单元格，如图3-31所示。

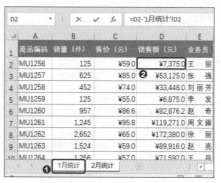

图3-30　输入公式前半部分（2）　　　　　　　　　　图3-31　选择1月统计表中的单元格

📢 Step06：完善公式。按Enter键引用单元格后，公式并不完善。如图3-32所示，在"2月统计"工作表中，双击G2单元格，进入公式编辑状态后完善公式。

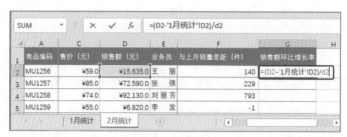

图3-32 完善公式

Step07：查看计算结果。复制公式，完成所有的销售额环比增长率计算。表中进行公式复制后，所引用的其他工作表的单元格前面均带有"!"号，如图3-33所示。

	商品编码	销量（件）	售价（元）	销售额（元）	业务员	与上月销量差距（件）	销售额环比增长率
2	MU1256	265	¥59.0	¥15,635.0	王　丽	140	52.83%
3	MU1257	854	¥85.0	¥72,590.0	张　强	229	26.81%
4	MU1258	1,245	¥74.0	¥92,130.0	刘丽芳	793	63.69%
5	MU1259	124	¥55.0	¥6,820.0	李　发	-1	-0.81%
6	MU1260	265	¥86.6	¥22,949.0	赵　奇	-692	-261.13%
7	MU1261	154	¥95.8	¥14,753.2	周文露	-1,091	-708.44%

图3-33 查看计算结果

 3.3.2 用链接公式实现多文件计算

王Sir，我又遇到难题了。这次张经理让我计算2018年1月的销售额同比增长率。可是2017年的销售数据在另一个Excel文件中。数据在不同的工作簿中，还可以引用吗？

王Sir

如果需要引用其他工作簿中的单元格，其方法与引用同一工作簿中的其他工作表中的单元格类似。只不过需要通过【切换窗口】的方式来选择其他工作簿中的单元格。

引用其他工作簿中的单元格数据，最好将其他工作簿文件打开，这样方便引用，具体操作方法如下。

Step01：输入公式并选择其他工作簿。❶打开"2018销售统计表.xlsx"工作簿；❷选择F2单元格，输入公式的前半部分；❸单击【视图】选项卡下【切换窗口】下拉按钮，在弹出的下拉列表中选择"2017销售统计表.xlsx"选项，如图3-34所示。

图3-34　输入公式并选择其他工作簿

Step02：选择其他工作簿中的单元格。选择"2017销售统计表.xlsx"工作簿中的D2单元格，然后按Enter键，完成跨工作簿引用单元格，如图3-35所示。

图3-35　选择其他工作簿中的单元格

Step03：完善公式。❶回到“2018销售统计表.xlsx”工作簿；❷双击F2单元格进入编辑状态，然后将公式补充完整，如图3-36所示。

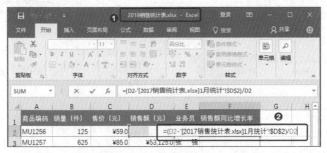

图3-36　完善公式

Step04：完成计算。完成F2单元格的公式计算后，往下复制公式，计算所有商品的销售额同比增长率，如图3-37所示。

F4 =(D4-'[2017销售统计表.xlsx]1月统计'!$D$2)/D4

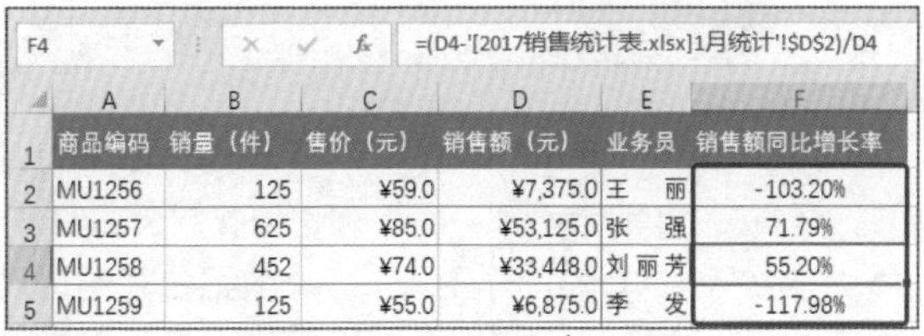

	A	B	C	D	E	F
1	商品编码	销量（件）	售价（元）	销售额（元）	业务员	销售额同比增长率
2	MU1256	125	¥59.0	¥7,375.0	王　丽	-103.20%
3	MU1257	625	¥85.0	¥53,125.0	张　强	71.79%
4	MU1258	452	¥74.0	¥33,448.0	刘丽芳	55.20%
5	MU1259	125	¥55.0	¥6,875.0	李　发	-117.98%

图3-37　查看链接公式的结果

技能升级

使用链接公式后，可以单击【数据】选项卡下【编辑链接】按钮，打开图3-38所示的【编辑链接】对话框，从中可以进行更新值、更改源、断开链接等操作。

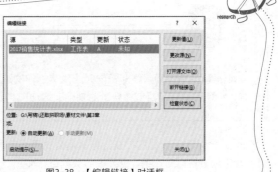

图3-38　【编辑链接】对话框

3.3.3 用简单数组公式完成多重计算

张经理

	A	B	C	D	E
1	销售日期	销售人员	销售数量（件）	售价（元）	总销售额（元）
2	18/9/1	王 宏 元	25	520	
3	18/9/1	赵 桥	632	625	
4	18/9/1	李 宁	95	451	
5	18/9/1	罗 祁 红	85	254	
6	18/9/1	宋 文 中	74	152	
7	18/9/1	周 元 华	85	625	

小刘，我这里有张销售数据统计表，你抓紧时间统计出9～11月的总销售额数据。

小刘

9～11月一共有91天，每天产生11位销售员的销售数据。换句话说，一共有91×11=1001项总销售额数据需要计算。不过，用复制公式的办法，按住鼠标往下拖动，应该很快能完成。

王Sir

小刘，如果有几千项数据需要计算，你也用复制公式的方法来完成吗？

数组公式可以对区域内单元格数据进行集合运算。通过单一的数组公式就可以执行多个输入操作并产生多个结果。数组公式是提高工作效率的秘密武器。

张经理

王Sir说得不错。小刘，你完成我交给你的这个任务后，再用数组公式制定12月份的销量计划表，销售数量在11月销售数量的基础上增加50件。

数组是对Excel公式的扩充。与普通公式不同的地方在于，数组公式能通过输入单一公式完成批量计算。数组公式可以对一组数据或多组数据进行多重计算。

在Excel中，数组公式用大括号"{}"来显示，这是数组公式与普通公式的区别。但是数组公式中的大括号"{}"不是手动输入的，而是完成公式输入后，按Ctrl+Shift+Enter组合键自动生成的。使用数组公式的流程如图3-39所示。

选择用来保存
计算结果的单元格

输入公式

 按Ctrl+Shift+Enter
组合键

图3-39 数组公式的使用流程

 横向或纵向数组批量计算

数组公式的简单运用之一是对横向或纵向单元格数据进行批量计算。例如，打开"3.3.3.xlsx"文件，通过对"销售数量"和"售价"两个数组进行乘法运算，得到各销售员的总销售额，具体操作方法如下。

Step01：选择第一个单元格。选择第一个需要计算的单元格，如图3-40所示。

Step02：选择最后一个单元格。按住Shift键，选择最后一个需要计算的单元格，此时所有需要计算总销售额的单元格就被全部选中了，如图3-41所示。

销售日期	销售人员	销售数量（件）	售价（元）	总销售额（元）
18/9/1	王 宏 元	25	520	
18/9/1	赵 桥	632	625	
18/9/1	李 宁	95	451	
18/9/1	罗 祁 红	85	254	
18/9/1	宋 文 中	74	152	
18/9/1	周 元 华	85	625	
18/9/1	陈 嫒 嫒	125	658	
18/9/1	王 李 梅	354	485	
18/9/1	刘 东 海	126	958	
18/9/1	王 家 福	524	800	
18/9/1	罗 霄 福	152	800	

图3-40 选择第一个单元格

销售日期	销售人员	销售数量（件）	售价（元）	总销售额（元）
18/9/1	刘 东 海	126	958	
18/9/1	王 家 福	524	800	
18/9/1	罗 霄 福	152	800	
18/9/2	王 宏 元	265	520	
18/9/2	赵 桥	254	625	
18/9/2	李 宁	154	451	
18/9/2	罗 祁 红	95	254	
18/9/2	宋 文 中	452	152	
18/9/2	周 元 华	95	625	

图3-41 选择最后一个单元格

Step03：输入公式。输入总销售额的计算公式"=c2:c18*d2:d18"，然后按Ctrl+Shift+Enter组合键，如图3-42所示。计算结果如图3-43所示，输入的公式变成了数组公式，且一次性完成了C列销售数量数据与D列售价数据的相乘。

销售日期	销售人员	销售数量（件）	售价（元）	总销售额（元）
18/9/1	王 宏 元	25	520	=c2:c18*d2:d18
18/9/1	赵 桥	632	625	
18/9/1	李 宁	95	451	
18/9/1	罗 祁 红	85	254	
18/9/1	宋 文 中	74	152	
18/9/1	周 元 华	85	625	
18/9/1	陈 嫒 嫒	125	658	
18/9/1	王 李 梅	354	485	
18/9/1	刘 东 海	126	958	
18/9/1	王 家 福	524	800	
18/9/1	罗 霄 福	152	800	

图3-42 输入公式

销售日期	销售人员	销售数量（件）	售价（元）	总销售额（元）
18/9/1	王 宏 元	25	520	13000
18/9/1	赵 桥	632	625	395000
18/9/1	李 宁	95	451	42845
18/9/1	罗 祁 红	85	254	21590
18/9/1	宋 文 中	74	152	11248
18/9/1	周 元 华	85	625	53125
18/9/1	陈 嫒 嫒	125	658	82250
18/9/1	王 李 梅	354	485	171690
18/9/1	刘 东 海	126	958	120708
18/9/1	王 家 福	524	800	419200
18/9/1	罗 霄 福	152	800	121600

图3-43 查看数组公式计算结果

2 数组与数据计算

数组公式不仅可以让一列数据批量与另一列数据进行计算，还能让一列数据与一个具体的数值批量进行计算。例如，要通过对"11月销量"数组批量进行加法计算，得到各销售员12月的销售计划，具体操作方法如下。

选中单元格后输入公式。❶选中需要计算计划销量的C2:C12单元格区域；❷输入公式"=b2:b12+50"，如图3-44所示，表示对B2到B12单元格区域中的数据进行加50的求和计算，然后按Ctrl+Shift+Enter组合键。最终计算结果如图3-45所示，一次性完成了对B列数据加50的求和计算结果。

	A	B	C
1	销售人员	11月销量（件）	12月计划销量（件）❶
2	王 宏 元	326	=b2:b12+50
3	赵 桥	524	
4	李 宁	152	
5	罗 祁 红	625	
6	宋 文 中	452	
7	周 元 华	125	
8	陈 媛 媛	625	
9	王 李 梅	451	
10	刘 东 海	425	
11	王 家 福	625	
12	罗 霄 福	451	

图3-44 输入数组公式

	A	B	C
1	销售人员	11月销量（件）	12月计划销量（件）
2	王 宏 元	326	376
3	赵 桥	524	574
4	李 宁	152	202
5	罗 祁 红	625	675
6	宋 文 中	452	502
7	周 元 华	125	175
8	陈 媛 媛	625	675
9	王 李 梅	451	501
10	刘 东 海	425	475
11	王 家 福	625	675
12	罗 霄 福	451	501

图3-45 查看公式计算结果

3.3.4 用复杂数组公式完成批量计算

小刘

王Sir，救命！张经理给了我三张表，让我批量计算实际售价、产品完成率、销量平均值与总值。用您之前教的数组公式无法完成计算啊！

王Sir

小刘，数组公式不仅可以进行横向数组或纵向数组批量计算、与数据批量计算，还能**进行横向数组与纵向数组批量计算、行数组与相同列数组批量计算，以及行列相同的二维数组计算。**

小 刘

抱歉，我还是不太理解，请您通过实例给我讲讲吧。

1 横向数组与纵向数组批量计算

表格中的横向数组可以与纵向数组相乘，返回一个二维数组的值。例如现在横向数据是产品的报价，而纵向数据是折扣数据。现在需要计算不同产品报价在不同折扣下的实际售价，具体操作方法如下。

 Step01：输入公式。如图3-46所示，选中需要计算实际售价的B2:G7单元格区域。输入公式"=b1:g1*a2:a7"，表示用横向的报价数据乘以纵向的折扣数据。

SUM	▼	:	×	✓	fx	=b1:g1*a2:a7	
▲	A	B	C	D	E	F	G
1		12,456	12,546	52,145	26,542	12,546 2	12,446
2		=b1:g1*a2:a7					
3	75%						
4	80%						
5	85%						
6	90%						
7	95%						

图3-46 输入公式

 Step02：完成计算。按Ctrl+Shift+Enter组合键。最终可以看到选中的单元格区域内完成了数组公式计算，返回了不同报价对应不同折扣的实际售价，如图3-47所示。

▲	A	B	C	D	E	F	G
1		12,456	12,546	52,145	26,542	125,462	12,446
2	70%	8719.2	8782.2	36501.5	18579.4	87823.4	8712.2
3	75%	9342	9409.5	39108.75	19906.5	94096.5	9334.5
4	80%	9964.8	10036.8	41716	21233.6	100369.6	9956.8
5	85%	10587.6	10664.1	44323.25	22560.7	106642.7	10579.1
6	90%	11210.4	11291.4	46930.5	23887.8	112915.8	11201.4
7	95%	11833.2	11918.7	49537.75	25214.9	119188.9	11823.7

图3-47 查看计算结果

2 行数组与相同列数组批量计算

多行数组还可以与单列数组进行批量计算，前提是单列数组的行数要与多行数组的行数相同。例如，现在统计出A、B、C、D四个车间不同日期下的实际产量，需要对应目标产量数据，计算出不同车间在不同日期下的产量完成率，具体操作方法如下。

Step01：输入公式。选中需要保存计算结果的B14:E21单元格区域，输入公式“=b2:e9/f2:f9”，表示用车间实际产量除以目标产量，如图3-48所示。

Step02：完成计算。按下Ctrl+Shift+Enter组合键，可以看到选中的单元格区域内完成了数组公式计算，返回了不同车间的完成率，如图3-49所示。

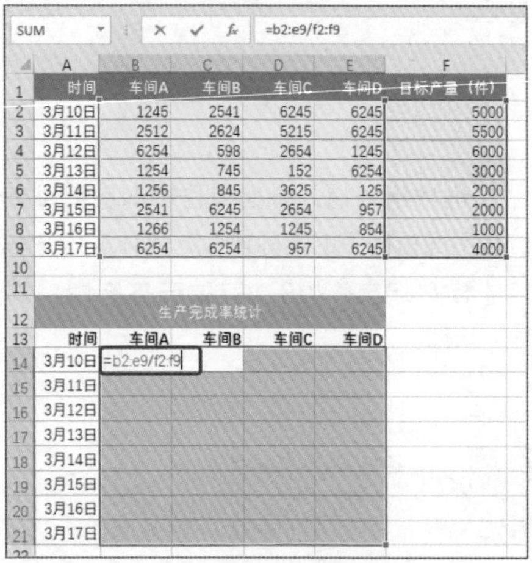

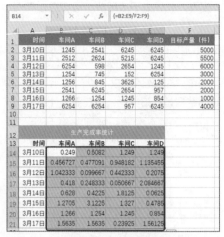

	A	B	C	D	E	F
1	时间	车间A	车间B	车间C	车间D	目标产量（件）
2	3月10日	1245	2541	6245	6245	5000
3	3月11日	2512	2624	5215	6245	5500
4	3月12日	6254	598	2654	1245	6000
5	3月13日	1254	745	152	6254	3000
6	3月14日	1256	845	3625	125	2000
7	3月15日	2541	6245	2654	957	2000
8	3月16日	1266	1254	1245	854	1000
9	3月17日	6254	6254	957	6245	4000
10						
11						
12	生产完成率统计					
13	时间	车间A	车间B	车间C	车间D	
14	3月10日	=b2:e9/f2:f9				
15	3月11日					
16	3月12日					
17	3月13日					
18	3月14日					
19	3月15日					
20	3月16日					
21	3月17日					

图3-48　输入公式

	A	B	C	D	E	F
1	时间	车间A	车间B	车间C	车间D	目标产量（件）
2	3月10日	1245	2541	6245	6245	5000
3	3月11日	2512	2624	5215	6245	5500
4	3月12日	6254	598	2654	1245	6000
5	3月13日	1254	745	152	6254	3000
6	3月14日	1256	845	3625	125	2000
7	3月15日	2541	6245	2654	957	2000
8	3月16日	1266	1254	1245	854	1000
9	3月17日	6254	6254	957	6245	4000
10						
11						
12	生产完成率统计					
13	时间	车间A	车间B	车间C	车间D	
14	3月10日	0.249	0.5082	1.249	1.249	
15	3月11日	0.456727	0.477091	0.948182	1.135455	
16	3月12日	1.042333	0.099667	0.442333	0.2075	
17	3月13日	0.418	0.248333	0.050667	2.084667	
18	3月14日	0.628	0.4225	1.8125	0.0625	
19	3月15日	1.2705	3.1225	1.327	0.4785	
20	3月16日	1.266	1.254	1.245	0.854	
21	3月17日	1.5635	1.5635	0.23925	1.56125	

图3-49　查看计算结果

Step03：调整单元格格式。完成率是百分比数据，因此这里选中完成数组计算的单元格区域，打开【设置单元格格式】对话框，❶在【数字】选项卡下选择分类为【百分比】，小数位数为2；❷单击【确定】按钮，如图3-50所示。

Step04：查看结果。设置单元格格式后的完成率数据如图3-51所示。

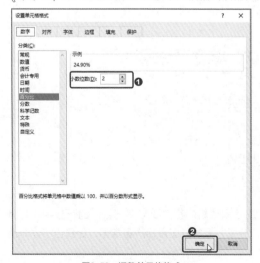

图3-50　调整单元格格式

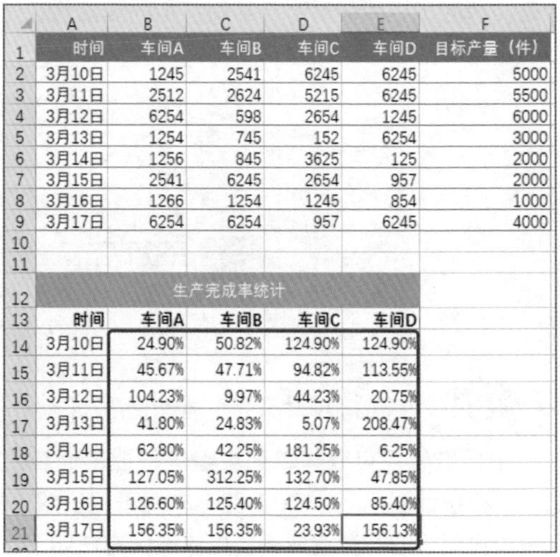

	A	B	C	D	E	F
1	时间	车间A	车间B	车间C	车间D	目标产量（件）
2	3月10日	1245	2541	6245	6245	5000
3	3月11日	2512	2624	5215	6245	5500
4	3月12日	6254	598	2654	1245	6000
5	3月13日	1254	745	152	6254	3000
6	3月14日	1256	845	3625	125	2000
7	3月15日	2541	6245	2654	957	2000
8	3月16日	1266	1254	1245	854	1000
9	3月17日	6254	6254	957	6245	4000
10						
11						
12	生产完成率统计					
13	时间	车间A	车间B	车间C	车间D	
14	3月10日	24.90%	50.82%	124.90%	124.90%	
15	3月11日	45.67%	47.71%	94.82%	113.55%	
16	3月12日	104.23%	9.97%	44.23%	20.75%	
17	3月13日	41.80%	24.83%	5.07%	208.47%	
18	3月14日	62.80%	42.25%	181.25%	6.25%	
19	3月15日	127.05%	312.25%	132.70%	47.85%	
20	3月16日	126.60%	125.40%	124.50%	85.40%	
21	3月17日	156.35%	156.35%	23.93%	156.13%	

图3-51　查看结果

③ 行列相同的二维数组计算

数组公式还可以用在行列相同的二维数组中。对行列相同的二维数组进行运算，会返回一个行列相同的二维数组结果。例如，现在有1月和2月不同销售员的销量统计表两张，需要计算不同销售员在两个月内的平均销量和总销量，具体操作方法如下。

📢 Step01：输入公式。选中需要计算平均销量的B13:D18单元格区域，输入公式"=(b3:d8+g3:i8)/2"，如图3-52所示。

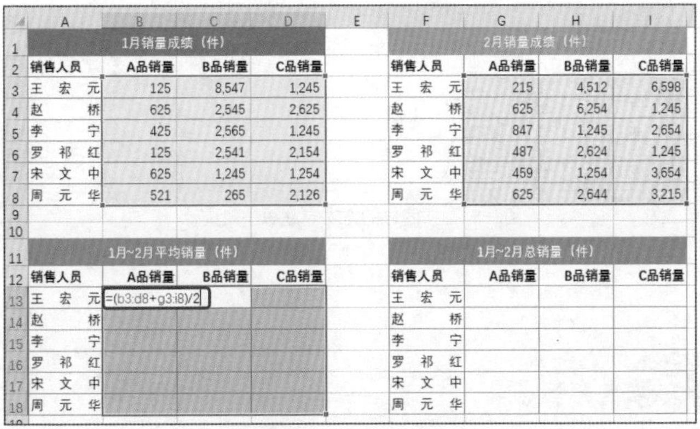

图3-52 输入公式

📢 Step02：完成计算。按Ctrl+Shift+Enter组合键，可以看到选中的单元格区域内完成了数组公式计算，返回了不同销售员销售不同商品的平均值，如图3-53所示。

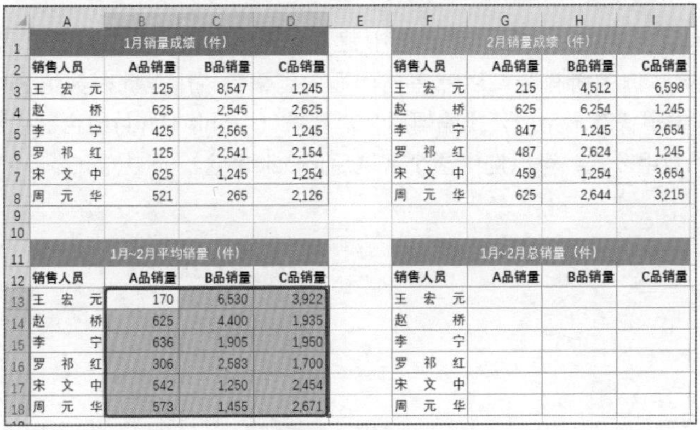

图3-53 查看结果

📢 Step03：完成销量统计。用同样的方法，选中G13:I18单元格区域，输入公式"=b3:d8+g3:i8"，按Ctrl+Shift+Enter组合键，完成总销量统计，如图3-54所示。

G13			✕ ✓ fx	{=B3:D8+G3:I8}					
	A	B	C	D	E	F	G	H	I
1		1月销量成绩（件）						2月销量成绩（件）		
2	销售人员	A品销量	B品销量	C品销量		销售人员	A品销量	B品销量	C品销量
3	王　宏　元	125	8,547	1,245		王　宏　元	215	4,512	6,598
4	赵　　桥	625	2,545	2,625		赵　　桥	625	6,254	1,245
5	李　　宁	425	2,565	1,245		李　　宁	847	1,245	2,654
6	罗　祁　红	125	2,541	2,154		罗　祁　红	487	2,624	1,245
7	宋　文　中	625	1,245	1,254		宋　文　中	459	1,254	3,654
8	周　元　华	521	265	2,126		周　元　华	625	2,644	3,215
9									
10									
11		1月~2月平均销量（件）						1月~2月总销量（件）		
12	销售人员	A品销量	B品销量	C品销量		销售人员	A品销量	B品销量	C品销量
13	王　宏　元	170	6,530	3,922		王　宏　元	340	13,059	7,843
14	赵　　桥	625	4,400	1,935		赵　　桥	1,250	8,799	3,870
15	李　　宁	636	1,905	1,950		李　　宁	1,272	3,810	3,899
16	罗　祁　红	306	2,583	1,700		罗　祁　红	612	5,165	3,399
17	宋　文　中	542	1,250	2,454		宋　文　中	1,084	2,499	4,908
18	周　元　华	573	1,455	2,671		周　元　华	1,146	2,909	5,341

图3-54　按同样的方法完成总销量统计

技能升级

　　数组公式包含了多个单元格，这些单元格形成一个整体，因此，数组中的任何单元格都不能被单独编辑。如果对数组中的一个单元格进行编辑，会弹出【无法更改部分数据】的提示对话框。

　　要修改数组单元格中的公式时，需要选中整个单元格区域。方法是选择区域内的任意单元格，按Ctrl+/组合键。选中所有区域后，将光标插入到编辑栏中，此时数组公式的大括号{}将消失，表示公式进入编辑状态。完成公式编辑后，需要按Ctrl+Shift+Enter组合键锁定公式修改。

　　如果需要删除数组公式，可以选中整个区域后按Delete键。

CHAPTER 4

函数，用最少的运算
解决最多的难题

上班第4周，为了完成更复杂的数据运算，我开始学习函数。

刚开始学习函数时，我的内心忐忑不安。Excel中有几百个内置函数，而且我英语不好，真的能学好函数吗？

值得庆幸的是，张经理根据我的基础，从最简单的任务开始安排，我慢慢理解了函数与公式的区别，也渐渐开始运用函数解决问题。

原来Excel函数虽多，却不是个个必学。只要活学巧用，几十个函数就能解决大部分工作难题。简直太奇妙了！

小 刘

Excel之所以广受欢迎，很大程度上是因为它强大的计算功能。而数据计算的依据就是公式和函数。函数可以看作更智能的公式，通过简化和缩短公式，实现更轻松地运算。此外，函数还能实现普通公式无法实现的特殊运算，从而提高运算效率。

既然函数这么重要，要实现高效办公，怎能不学习函数呢？

很多人会因为自己英语不好就放弃函数学习，其实函数并不难，记不住英语单词还可以通过【插入函数】的方式进行函数运算。

工作这么多年，我亲眼见证了许多"英语不好"的人成了函数高手。由此可见，学习函数，关键是要对自己有信心。

王 Sir

4.1 了解这些，不信还过不了函数这一关

张经理

小刘，接下来的任务你不能只用公式进行运算了，要开始使用函数。这两天你的任务不难，需要通过数据运算，了解函数概念、学习函数输入与编辑。希望你有信心完成。

公式只是简单的数据运算，我可以学会。可是函数有更复杂的运算规则，不知道能不能顺利完成任务？

4.1.1 原来函数是这么回事

小刘

王Sir，张经理很快就要给我安排需要使用函数运算的工作了。可是我到现在都没明白函数和公式有什么区别，我大脑一片空白。请您赶紧给我补一补相关知识，让我有所准备呀！

王Sir

小刘，别着急。我正准备给你讲解函数的概念呢。理解函数，你需要从以下三个方面来进行。

第一，**理解函数的运算原理。**

第二，**掌握函数的结构，否则难以正确编辑函数。**

第三，**了解函数分类，**以便在后期运算时，能较为精确地**从几百个函数中找到能解决问题的函数。**

函数的智能运算

函数是预先定义好的公式，在需要使用时，直接调用即可，从而简化了公式运算。例如，当需要计算某企业12个月的平均财务费用时，用公式计算的方法需要引用12个月的单元格数据，输入公式"=(B2+B3+B4+B5+B6+B7+B8+B9+B10+B11+B12+B13)/12"，如图4-1所示，这种方法比较麻烦。如果需要计算3年36个月的平均财务费用，公式更是烦琐复杂。

然而，通过调用求平均值的函数，无论需要计算多少个月的平均财务费用，均能一步到位。如图4-2所示，输入公式"=AVERAGE(B2:B13)"，就能完成平均费用计算，最终结果与公式计算结果一致。

图4-1　用公式计算平均值　　　　　图4-2　用函数计算平均值

通过使用函数，还可以进行自动判断，这是公式无法完成的。

如图4-3所示，根据D列的管理费用值来判断费用使用情况是否达标。管理费用小于5000元则达标，大于或等于5000元则未达标。

如果使用公式，需要进行人工判断，而借助函数，只需要用一个IF函数，就能一次完成判断，并返回结果。

图4-3　用函数进行条件判断

 函数的结构

Excel函数是预先编写好的公式，每个函数就是一组特定的公式，代表着一个复杂的运算过程。但无论函数的运算过程有多复杂，其结构是固定的。

函数的结构如图4-4所示，各组成部分的含义如下。

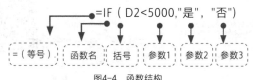

图4-4 函数结构

（1）=（等号）：函数作为公式的一种特殊形式，是由"="号开始的，"="号右侧是函数名和参数。

（2）函数名：即函数的名称，代表了函数的计算功能。每个函数都有一个唯一的名称。如SUM函数是求和函数，AVERAGE函数是求平均数函数。函数名的输入不区分大小写。

（3）()（括号）：所有函数都需要使用英文半角状态下的括号，括号中的内容就是函数参数。括号必须成对出现。括号的配对让函数成为一个完整的表达式。

（4）参数：函数中用参数来执行操作或计算。参数可以是数字、文本、TRUE或FALSE等逻辑值，也可以是其他函数、数组、单元格引用。无论参数是哪种类型，都必须是有效参数。

3 函数的分类

Excel中提供了大量的函数，这些函数涉及财务、工程、统计、时间、数字等多个领域。要想从众多函数中找到符合需求的那一个，必须对函数的分类有一个总体性了解。

根据函数功能，主要将函数分为11个类型，在函数使用过程中，可根据这种分类进行函数定位。

（1）财务函数：用于财务统计，如BD函数返回固定资产的折旧值。

（2）逻辑函数：一共有7个，用于测试某个条件，返回逻辑值。在数值运算中，TRUE=1，FALSE=0；在逻辑判断中，0=FALSE，非0数值=TRUE。

（3）文本函数：处理文本字符串。其功能包括截取、查找文本字符等，也可改变文本的编写状态，如将数值转换为文本。

（4）日期和时间函数：用于分析或处理公式中的日期和时间值。

（5）查找和引用函数：用于在数据清单中查询特定数值或引用某个单元格的值。

（6）数学和三角函数：用于各种数学计算和三角函数计算。

（7）统计函数：用于对一定范围内的数据进行统计学分析，例如分析平均值、标准偏差等。

（8）工程函数：用于处理复杂的数字，在不同的计数体系和测量体系之间转换。如将十进制转换为二进制。

（9）多维数据集函数：用于返回多维数据集中的相关信息，如返回多维数据集中的成员属性值。

（10）信息函数：用于确定单元格中的数据类型，还可以使单元格在满足一定条件时返回逻辑值。

（11）数据库函数：用于对存储在数据清单或数据库中的数据进行分析，判断是否符合某些特定条件。当需要汇总符合某一条件的列表数据时，这类函数十分有用。

4.1.2 小白也能学会的函数编辑法

张经理

小刘，我这里有一份公司一年12个月的3项费用支出明细表，你统计一下这3项费用支出的总费用分别是多少。

小 刘

好紧张，我刚知道了什么是函数，恐怕还不能正确编辑函数吧。我还是用公式完成这项任务吧！

王Sir

小刘，不要用公式，要勇敢走出函数编辑的第一步。

函数的编辑可以手动输入，也可以使用【插入函数】向导输入，后者十分适合初学者。 只要根据向导提示，一步一步进行操作，完成函数编辑很简单。

对数据求和需要用到SUM函数，通过【插入函数】对话框输入函数时，可以查看到具体参数的解释，这种方法对于初学者来说非常友好。打开"4.1.2.xlsx"文件，对B2:B13单元格区域的财务费用求和的具体操作方法如下。

 Step01：单击【插入函数】按钮。❶选择B14单元格；❷单击【公式】选项卡下【函数库】组中的【插入函数】按钮，如图4-5所示。

 Step02：选择函数。❶在【插入函数】对话框中可以进行搜索函数，在【搜索函数】文本框中输入搜索关键词，如这里输入"求和"，表示需要搜索的函数有求和功能；❷单击【转到】按钮；❸此时会出现推荐类型的函数，选择SUM函数，在下方查看函数的说明，确定是所需的函数；❹单击【确定】按钮，如图4-6所示。

图4-5 单击【插入函数】按钮

Step03：单击折叠按钮。此时出现【函数参数】对话框，在本例中函数参数是需要进行求和计算的单元格区域，因此需要选择单元格区域。如图4-7所示，单击折叠按钮 ⬆ 。

Step04：选择单元格区域。经过上面的步骤，将折叠【函数参数】对话框，同时光标变成 ✛ 形状。❶选中需要进行求和计算的单元格区域；❷完成选择后，单击折叠按钮返回对话框，如图4-8所示。

图4-6　选择函数

图4-7　单击折叠按钮

温馨提示

在本例中，如图4-7所示，系统已经自动引用了需要进行求和计算的单元格区域，可以直接单击【确定】按钮完成函数编辑。这里只是介绍如何手动设置选择单元格区域，以防系统自动引用区域与实际需求不符情况的发生。

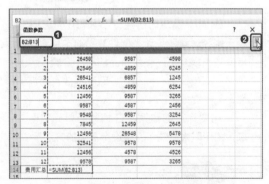

图4-8　选择单元格区域

Step05：确定参数选择。完成单元格区域选择后，返回【函数参数】对话框，单击【确定】按钮，确认函数编辑，如图4-9所示。

Step06：查看结果。返回表格中，此时可以看到B列财务费用数据完成了求和计算，如图4-10所示。

图4-9　确定参数选择

图4-10　完成求和计算

4.1.3　不想头昏眼花，就要学会"取名"

小 刘

王Sir，我现在已经会用求和函数了。今天张经理让我统计大型件商品的本月累计出库量，以及不同类型商品的提成金额（大型件，2.5%提成；外观件，5.6%提成；内饰件，3.9%提成）。

需要计算的数据不在相邻的单元格区域，引用时太麻烦了，有没有简单的方法？

	A	B	C	D	E	F
1	商品名称	类别	单位	库存数量	本月累计出库量	售价（元）
2	齿轮	大型件	个	1,000	500	1,542
3	车灯	外观件	个	2,000	1,000	265
4	钢圈	大型件	个	1,500	9,587	4,256
5	车门	外观件	个	958	415	3,254
6	压缩机	大型件	台	784	325	6,254
7	空调风扇	大型件	台	598	554	6,548
8	车座	内饰件	个	458	125	2,654
9	车垫	内饰件	个	748	425	265
10	水温传感器	大型件	个	658	658	3,265
11	CD	内饰件	个	957	748	125
12	雨刷	外观件	对	4,512	3,254	254
13	压力传感器	大型件	个	1,542	957	1,245

王Sir

函数计算时，可以为单元格命名。名称比单元格位置更具可读性，便于选择和操作，减少出错率。**为单元格命名后，即使单元格分散在不同的区域，也可以通过名称统一调用。**

此外，还可以为公式命名，**命名后的公式可以避免重复输入，只需要通过名称就可以调用。** 在你的任务中，提成金额=(本月累计出库量*售价)*提成率，不同商品的提成率不同，但是销售额的计算方式相同。因此，可以为销售额公式命名，然后直接用销售额*提成率，进行提成金额计算。

为单元格命名

打开"4.1.3.xlsx"文件，由于需要统计的大型件数据被放在不连续的单元格中，要对它们求和，可以先为这些数据区域设置一个名称，具体操作方法如下。

Step01：单击【定义名称】按钮。❶按住Ctrl键选中类型为大型件商品在"本月累计出库"列中对应的单元格；❷单击【公式】选项卡下【定义的名称】组中的【定义名称】按钮，如图4-11所示。

Step02：为单元格命名。❶把选中的单元格命名为"大型件"；❷单击【确定】按钮，如图4-12所示。

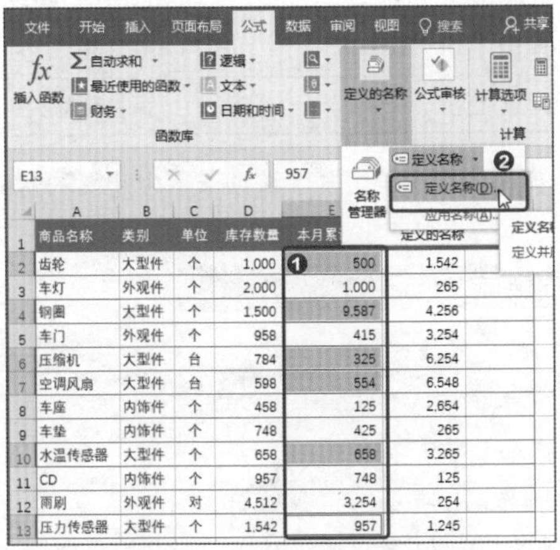

图4-11 单击【定义名称】按钮

图4-12 为单元格命名

Step03：在公式中输入名称。完成命名后，就可以通过名称调用单元格了。如图4-13所示，在E14单元格中输入求和公式"=sum(大型件)"，此时可以看到，"大型件"名称包含的单元格呈引用状态。完成公式输入后，按Enter键，就可以看到计算结果，如图4-14所示。

大型件商品对应的库存数量单元格被命名后，还可以通过调用名称计算大型件商品的平均出库量。

图4-13 在公式中输入名称

图4-14 完成计算

2 为公式命名

为单元格命名比较好理解，为公式命名却让人一头雾水。表4-1所示是为公式命名后不同类型商品的提成金额及其计算方式发生的变化。换句话说，这里将"本月累计出库量*售价"这个公式命名为"销售额"。只需要在公式中输入"销售额"就可以调用该公式，而不用重复输入。

表4-1 为公式命名前、后提成金额计算

商品类型及提成率	命名前提成金额计算	命名后提成金额计算
大型件（2.5%）	=本月累计出库量*售价*2.5%	=销售额*2.5%
外观件（5.6%）	=本月累计出库量*售价*5.6%	=销售额*5.6%
内饰件（3.9%）	=本月累计出库量*售价*3.9%	=销售额*3.9%

Step01：单击【定义名称】按钮。选择G2单元格，单击【公式】选项卡下【定义的名称】组中的【定义名称】按钮，如图4-15所示。

图4-15 单击【定义名称】按钮

Step02：为公式命名。❶在打开的【新建名称】对话框中将公式命名为"销售额"；❷在【引用位置】文本框中输入计算公式"=e2*f2"；❸单击【确定】按钮，如图4-16所示。

Step03：在公式中输入名称。完成公式命名后，就可以用名称调用公式了。在G2单元格中输入公式"=销售额*2.5%"，按Enter键即可完成这行大型件商品的提成金额计算，如图4-17所示。

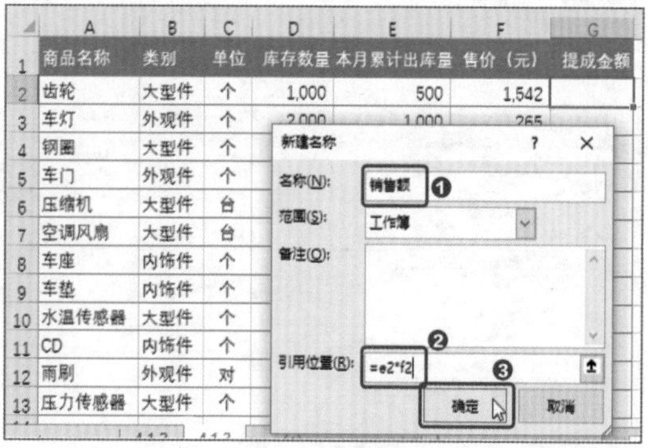

图4-16 为公式命名

图4-17 在公式中输入名称（1）

Step04：完成其他类型商品的提成金额计算。使用同样的方法通过名称调用公式，再乘以不同的提成率，分别是计算外观件和内饰件商品的提成金额的方法，如图4-18和图4-19所示，其公式分别为"=销售额*5.6%"和"=销售额*3.9%"。

	A	B	C	D	E	F	G
	商品名称	类别	单位	库存数量	本月累计出库	售价（元）	提成金额
2	齿轮	大型件	个	1,000	500	1,542	19,275
3	车灯	外观件	个	2,000	1,000	265	=销售额*5.6%
4	钢圈	大型件	个	1,500	9,587	4,256	
5	车门	外观件	个	958	415	3,254	
6	压缩机	大型件	台	784	325	6,254	
7	空调风扇	大型件	台	598	554	6,548	
8	车座	内饰件	个	458	125	2,654	
9	车垫	内饰件	个	748	425	265	
10	水温传感器	大型件	个	658	658	3,265	
11	CD	内饰件	个	957	748	125	
12	雨刷	外观件	对	4,512	3,254	254	
13	压力传感器	大型件	个	1,542	957	1,245	

图4-18 在公式中输入名称（2）

	A	B	C	D	E	F	G
	商品名称	类别	单位	库存数量	本月累计出库	售价（元）	提成金额
2	齿轮	大型件	个	1,000	500	1,542	19,275
3	车灯	外观件	个	2,000	1,000	265	14,840
4	钢圈	大型件	个	1,500	9,587	4,256	1,020,057
5	车门	外观件	个	958	415	3,254	75,623
6	压缩机	大型件	台	784	325	6,254	50,814
7	空调风扇	大型件	台	598	554	6,548	90,690
8	车座	内饰件	个	458	125	2,654	=销售额*3.9%
9	车垫	内饰件	个	748	425	265	
10	水温传感器	大型件	个	658	658	3,265	
11	CD	内饰件	个	957	748	125	
12	雨刷	外观件	对	4,512	3,254	254	
13	压力传感器	大型件	个	1,542	957	1,245	

图4-19 在公式中输入名称（3）

技能升级

为单元格和公式定义名称后，可以单击【公式】选项卡下的【名称管理器】按钮，打开【名称管理器】对话框，对名称进行编辑、删除。此外，在该对话框中也可以新建、筛选名称。

4.1.4 函数纠错就用这三招

小刘

王Sir，我刚才被张经理批评了，说我的函数中有错误。那我应该如何检查函数错误并改正呢？

Excel函数中只要有一个参数或符号不正确，运算结果就会出错。出现错误后，要合理利用三种检查方式。

第一，可以通过【错误检查】的方法让系统告诉你，错在哪里。

第二，可以通过【追踪引用单元格】的方法看看该公式引用了哪些单元格，从而判断是否引用了错误的单元格。

第三，可以通过【公式求值】的方法检查公式计算过程中每一个步骤，分析是哪个步骤出了问题。

1 错误检查

Excel中的公式触发错误后，会显示【错误检查选项】按钮，还会在单元格左上角显示一个绿色三角形标记。如果想要快速进行错误检查，也可以打开【错误检查】对话框，在其中可以快速定位最近的错误，并显示出错误的公式和错误的类型，方便进行下一步的检查和修改错误等操作。

打开"4.1.4.xlsx"文件，对表格中存在的公式错误进行检查，具体操作方法如下。

Step01： 启用错误检查。表格中出现了【#VALUE!】错误提示。单击【公式】选项卡下【公式审核】组中的【错误检查】按钮，如图4-20所示。

Step02： 进入编辑状态。此时在【错误检查】对话框中会显示出现错误的单元格及详细说明。根据错误说明，可以明白是数据类型出现了错误。如果想进一步检查错误，可以单击【显示计算步骤】按钮。这里单击【在编辑栏中编辑】按钮，进入编辑状态，如图4-21所示。

图4-20 单击【错误检查】按钮

图4-21 进入编辑状态

Step03： 查看编辑栏中的公式。进入编辑状态后，会显示公式的单元格引用，此时会发现之所以会出现数据类型错误，是因为误引用了B6单元格的单位数据，如图4-22所示。

Step04：编辑公式。❶找到公式错误所在后，在编辑栏中重新编辑公式；❷单击【继续】按钮，此时就可以完成错误检查和错误修改，如图4-23所示。

图4-22 查看编辑栏中的公式　　　　　图4-23 编辑公式

② 追踪引用单元格

函数公式出现错误，通常需要检查公式中引用的单元格位置是否正确。使用【追踪引用单元格】功能可以标记出函数公式引用的单元格，从而方便检查。尤其是较复杂的函数出现错误时，这一功能尤为适用。下面是具体的操作方法。

Step01：单击【追踪引用单元格】按钮。❶选中出现错误的F6单元格；❷单击【公式】选项卡下【公式审核】组中的【追踪引用单元格】按钮，如图4-24所示。

Step02：查看引用的单元格。出现函数错误的单元格显示了函数计算时引用到的单元格，检查即可发现，引用的B6单元格是错误引用，如图4-25所示。

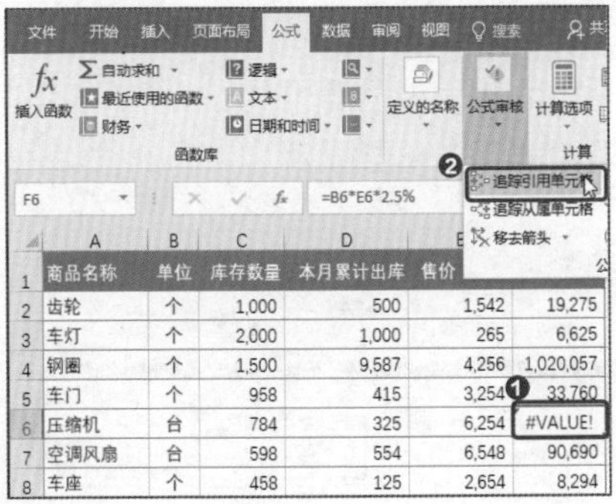

图4-24 单击【追踪引用单元格】按钮 　　　　图4-25 查看引用的单元格

③ 公式求值

当函数公式出现错误时，可以通过【公式求值】功能分步查看公式计算结果，从而对函数公式进行逐步审查，找到出现错误的步骤。下面是具体的操作方法。

Step01：进入公式求值审查模式。❶表格中有计算错误的地方，选中出现错误的F6单元格；❷单击【公式】选项卡下【公式审核】组中的【公式求值】按钮，如图4-26所示。

Step02：查看第一步计算内容。此时出现了【公式求值】对话框，其中显示了该单元格中的公式，并用下划线标记出第一步要计算的内容，即引用B6单元格的数值。单击【求值】按钮，进行第一步计算，如图4-27所示。

图4-26　单击【公式求值】按钮

图4-27　单击【求值】按钮（1）

Step03：查看第一步计算结果。经过求值计算后，会显示第一步计算的结果，即引用了B6单元格的"台"数据，如图4-28所示。同时用下划线标记出第二步要计算的内容，即引用E6单元格的数值。

Step04：查看第二步计算内容。用下划线标记出第二步要计算的内容，即用"台"字乘以6254，单击【求值】按钮，如图4-29所示。

图4-28　查看第一步计算结果

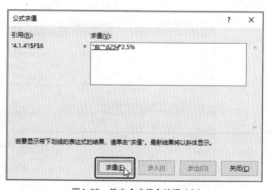

图4-29　单击【求值】按钮（2）

Step05：查看第二步计算结果。显示了第二步计算结果为"#VALUE!"，可见第二步计算出现了错误，如图4-30所示。

Step06：继续完成公式求值检查。继续单击【求值】按钮，可完成公式中剩余步骤的求值检查，如图4-31所示。

图4-30 查看第二步计算结果

图4-31 单击【求值】按钮（3）

4.2 用好统计函数，让统计汇总不再难

张经理

　　小刘，你现在已经能轻松使用SUM函数进行数据汇总了。但是仅这一个函数，还不能满足工作中的统计汇总需求。现在月底要进行大量的汇总统计，例如SUMIF函数、COUNTIF函数、SUMPRODUCT函数……你可能都会用到，你要多向王Sir请教学习。

小刘

　　好的，张经理。我接下来会认真学习这些函数，也会请教王Sir的。

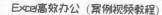

天啊！这些函数名称又长又怪，好担心我学不会。

4.2.1 自动求和函数，1分钟实现海量数据统计

张经理

小刘，这个月两大片区的销售明细表出来了。你快速统计一下相关片区销售情况，统计出汇总值、平均值、最大值、最小值。

小 刘

汇总值我知道用SUM函数就行，而其他的我就不知道了，看来我要利用函数搜索功能好好搜索一下才能找到正确函数了。

	A	B	C	D	E
1	销售员	销售片区	销量（件）	售价（元）	销售额（元）
2	李高磊	东华区	1,254	96	120,133
3	陈文强	东华区	5,264	105	552,720
4	陈丽	东华区	1,245	65	80,925
5	张茹	东华区	6,254	95	594,130
6	赵庆刚	东华区	1,245	85	105,825
7	王小芝	东华区	1,245	74	92,130
8	陈莹	福光区	958	85	81,430
9	侯月	福光区	748	95	71,060
10	刘克光	福光区	958	85	81,430
11	白冬	福光区	4,512	84	379,008
12	刘思文	福光区	5,542	75	415,650
13	张艳春	福光区	1,245	95	118,275
14	汇总				
15	平均值				
16	最大值				
17	最小值				

王Sir

小刘，不用这么麻烦。**Excel提供了【自动求和】功能**，里面列出了汇总统计常用的函数，有求和、求平均值、计数、最大值、最小值函数等，你直接调用就行。

对数据进行常见的统计，都可以通过【自动求和】下拉列表来完成。打开"4.2.1.xlsx"文件，对表格中各列数据进行常见的统计，具体操作方法如下。

📢 Step01：选择【求和】函数。❶选中存放求和值的C14单元格；❷单击【公式】选项卡下的【自动求和】下拉按钮，在弹出的下拉列表中选择【求和】选项，如图4-32所示。

📢 Step02：查看引用的单元格区域。插入【求和】函数后，会自动选择函数单元格区域，如图4-33所示，查看区域是否为需要进行求和统计的区域。如果区域无误，则按Enter键，完成求和计算。

图4-32 选择【求和】函数	图4-33 查看引用的单元格区域

📢 Step03：完成求和计算。完成销量数据的求和统计后，将光标放到C14单元格右下方，按住鼠标左键不放，往右拖动鼠标，复制求和公式，如图4-34所示，从而完成其他项目的求和统计。

📢 Step04：计算平均值。选中C15单元格，选择【自动求和】下拉列表中的【平均值】选项。插入【平均值】函数后，如图4-35所示，需要手动选取计算平均值的区域，否则会将C14单元格选取在内。按Enter键完成销量平均值计算后，往右复制公式，完成其他项目的平均值计算。

C14			×	✓	fx	=SUM(C2:C13)	

	A	B	C	D	E
1	销售员	销售片区	销量（件）	售价（元）	销售额（元）
2	李高磊	东华区	1,254	96	120,133
3	陈文强	东华区	5,264	105	552,720
4	陈丽	东华区	1,245	65	80,925
5	张茹	东华区	6,254	95	594,130
6	赵庆刚	东华区	1,245	85	105,825
7	王小芝	东华区	1,245	74	92,130
8	陈莹	福光区	958	85	81,430
9	侯月	福光区	748	95	71,060
10	刘克光	福光区	958	85	81,430
11	白冬	福光区	4,512	84	379,008
12	刘思文	福光区	5,542	75	415,650
13	张艳春	福光区	1,245	95	118,275
14		汇总	30,470		
15		平均值			
16		最大值			
17		最小值			

图4-34 往右复制函数

C2			×	✓	fx	=AVERAGE(C2:C13)	

	A	B	C	D	E
1	销售员	销售片区	销量（件）	售价（元）	销售额（元）
2	李高磊	东华区	1,254	96	120,133
3	陈文强	东华区	5,264	105	552,720
4	陈丽	东华区	1,245	65	80,925
5	张茹	东华区	6,254	95	594,130
6	赵庆刚	东华区	1,245	85	105,825
7	王小芝	东华区	1,245	74	92,130
8	陈莹	福光区	958	85	81,430
9	侯月	福光区	748	95	71,060
10	刘克光	福光区	958	85	81,430
11	白冬	福光区	4,512	84	379,008
12	刘思文	福光区	5,542	75	415,650
13	张艳春	福光区	1,245	95	118,275
14		汇总	30,470	1,039	2,692,716
15		平均值	=AVERAGE(C2:C13)		
16		最大值	AVERAGE(**number1**, [number2], ...)		
17		最小值			

图4-35 为【平均值】函数选择引用单元格

🔊 Step05：计算最大值。选中C16单元格，插入【最大值】函数，然后选择单元格区域，如图4-36所示。按Enter键完成最大值计算，再往右复制公式，完成其他项目的最大值计算。

🔊 Step06：计算最小值。最后再选中C17单元格，插入【最小值】函数，选择引用单元格区域后，按Enter键完成最小值计算，再往右复制公式，效果如图4-37所示。

C2			×	✓	fx	=MAX(C2:C13)	

	A	B	C	D	E
1	销售员	销售片区	销量（件）	售价（元）	销售额（元）
2	李高磊	东华区	1,254	96	120,133
3	陈文强	东华区	5,264	105	552,720
4	陈丽	东华区	1,245	65	80,925
5	张茹	东华区	6,254	95	594,130
6	赵庆刚	东华区	1,245	85	105,825
7	王小芝	东华区	1,245	74	92,130
8	陈莹	福光区	958	85	81,430
9	侯月	福光区	748	95	71,060
10	刘克光	福光区	958	85	81,430
11	白冬	福光区	4,512	84	379,008
12	刘思文	福光区	5,542	75	415,650
13	张艳春	福光区	1,245	95	118,275
14		汇总	30,470	1,039	2,692,716
15		平均值	2,539	87	224,393
16		最大值	=MAX(C2:C13)		
17		最小值	MAX(**number1**, [number2], ...)		

图4-36 为【最大值】函数选择引用单元格

D17			×	✓	fx	=MIN(D2:D13)	

	A	B	C	D	E
1	销售员	销售片区	销量（件）	售价（元）	销售额（元）
2	李高磊	东华区	1,254	96	120,133
3	陈文强	东华区	5,264	105	552,720
4	陈丽	东华区	1,245	65	80,925
5	张茹	东华区	6,254	95	594,130
6	赵庆刚	东华区	1,245	85	105,825
7	王小芝	东华区	1,245	74	92,130
8	陈莹	福光区	958	85	81,430
9	侯月	福光区	748	95	71,060
10	刘克光	福光区	958	85	81,430
11	白冬	福光区	4,512	84	379,008
12	刘思文	福光区	5,542	75	415,650
13	张艳春	福光区	1,245	95	118,275
14		汇总	30,470	1,039	2,692,716
15		平均值	2,539	87	224,393
16		最大值	6,254	105	594,130
17		最小值	748	65	71,060

图4-37 完成计算的结果

4.2.2 用SUMIF函数进行条件汇总

张经理

小刘，这张表中有各大片区本月的销售数据，一共900项数据。你把A区的总销量和总销售利润统计出来。

	A	B	C	D	E	F
1	产品	片区	销量（件）	售价（元）	成本价（元）	销售利润（元）
2	手机	A区	524	2,010	1,000	529,240
3	空调	B区	958	3,612	800	2,693,896
4	电视机	A区	748	2,541	1,200	1,003,068
5	手机	B区	958	2,500	1,000	1,437,000
6	电视机	B区	456	2,900	1,200	775,200
7	电饭煲	A区	265	269	98	45,315

小刘

A区数据是分散的，不方便使用函数。我记得前面王Sir教过我定义名称法。可是这里有900项数据，为所有的A区单元格命名，太为难我了吧！

王Sir

数据这么多，当然不能用定义名称法呀。**使用SUMIF函数，对表格中符合指定条件的值进行求和**，一步就搞定。

SUMIF函数会对符合条件的数据进行求和计算。打开"4.2.2.xlsx"文件，对表格中A区的总销量和总销售利润进行统计，具体操作方法如下。

 Step01：选择函数。❶需要计算A区所有商品的销量，选中C14单元格；❷单击【插入函数】按钮；❸在打开的【插入函数】对话框中选择SUMIF函数；❹单击【确定】按钮，如图4-38所示。

 Step02：设置函数参数。❶在打开的【函数参数】对话框中将光标插入Range文本框，选择B2:B13单元格区域，表示该区域为条件区域，在Criteria文本框中输入""A区""，表示判定条件，在Sum_range文本框中输入C2:C13单元格区域，表示实际求和区域；❷单击【确定】按钮，如图4-39所示。

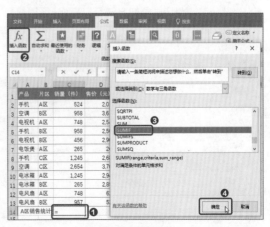

图4-38 选择函数

图4-39　设置函数参数

温馨提示

在【函数参数】对话框中，**单元格的引用位置可以在英文输入状态下手动输入，也可以插入光标后，再在表格中按住鼠标左键不放拖动选择单元格区域。**

📢 Step03：完成A区销量计算。完成函数参数设置后，C14单元格中显示了A区销量计算结果，如图4-40所示。

📢 Step04：使用同样的方法可以完成A区销售利润统计，结果如图4-41所示。

C14		× ✓ fx	=SUMIF(B2:B13,"A区",C2:C13)		
	A	B	C	D	E	F
1	产品	片区	销量（件）	售价（元）	成本价（元）	销售利润（元）
2	手机	A区	524	2,010	1,000	529,240
3	空调	B区	958	3,612	800	2,693,896
4	电视机	A区	748	2,541	1,200	1,003,068
5	手机	B区	958	2,500	1,000	1,437,000
6	电视机	B区	456	2,900	1,200	775,200
7	电饭煲	A区	265	269	98	45,315
8	手机	C区	1,245	2,680	1,000	2,091,600
9	空调	C区	2,654	3,700	1,300	6,369,600
10	电冰箱	A区	1,245	2,948	1,300	2,051,760
11	电冰箱	B区	265	2,854	1,300	411,810
12	电风扇	A区	748	624	189	325,380
13	电风扇	B区	957	526	189	322,509
14	A区销售统计		3530			

图4-40　完成A区销量计算

F14		× ✓ fx	=SUMIF(B2:B13,"A区",F2:F13)		
	A	B	C	D	E	F
1	产品	片区	销量（件）	售价（元）	成本价（元）	销售利润（元）
2	手机	A区	524	2,010	1,000	529,240
3	空调	B区	958	3,612	800	2,693,896
4	电视机	A区	748	2,541	1,200	1,003,068
5	手机	B区	958	2,500	1,000	1,437,000
6	电视机	B区	456	2,900	1,200	775,200
7	电饭煲	A区	265	269	98	45,315
8	手机	C区	1,245	2,680	1,000	2,091,600
9	空调	C区	2,654	3,700	1,300	6,369,600
10	电冰箱	A区	1,245	2,948	1,300	2,051,760
11	电冰箱	B区	265	2,854	1,300	411,810
12	电风扇	A区	748	624	189	325,380
13	电风扇	B区	957	526	189	322,509
14	A区销售统计		3530			3954763

图4-41　完成销售利润计算

技能升级

在本小节案例中,如果想对销量大于500件的商品销量进行汇总,其函数表达式为 =SUMIF(C2:C13,">500",C2:C13)。如果想汇总销量大于500件的商品销售利润,其函数表达式为 =SUMIF(C2:C13,">500",F2:F13)。

4.2.3 用SUMIFS函数进行多条件汇总

小刘

王Sir,张经理让我把销售统计表中销量大于500件且售价大于2500元的商品销售利润汇总出来。这里有两个条件,还能用SUMIF函数吗?

王Sir

你这里有两个汇总条件,**进行多条件汇总,就用SUMIFS函数**。该函数要求单元格满足所有指定的条件时才会进行求和统计。

SUMIFS函数比SUMIF函数稍微复杂一点,其语法格式如下。SUMIFS(sum_range,criteria_range1,criteria1,[criteria_range2,criteria2],...),其中各参数说明如下。

(1) sum_range是需要求和的实际单元格,包括数字或包含数字的名称、区域或单元格引用,忽略空白值和文本值。

(2) criteria_range1为计算关联条件的第一个区域。

(3) criteria1为条件1,用来定义将对criteria_range1参数中的哪些单元格求和。例如,条件可以表示为">500""A区"等。

(4) criteria_range2为计算关联条件的第二个区域。

(5) criteria2为条件2。和criteria_range2成对出现。最多允许127个区域、条件对,即参数总数不超255个。

换句话说,SUMIFS函数的表达式为=SUMIFS(计算区域,条件1区域,条件1,条件2区域,条件2,...)。

打开"4.2.3.xlsx"文件,使用SUMIFS函数对表格中销量大于500件且售价大于2500元的商品销售利润进行统计,具体操作方法如下。

Excel高效办公（案例视频教程）

Step01：选择函数。❶选中F14单元格；❷单击【插入函数】按钮；❸在【插入函数】对话框中选择SUMIFS函数；❹单击【确定】按钮，如图4-42所示。

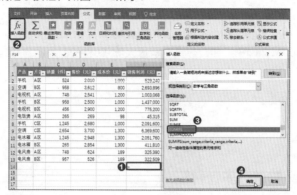

图4-42　选择函数

Step02：设置函数参数。❶在【函数参数】对话框中设置函数参数，其中在Sum_range文本框中选择需要进行汇总计算的销售利润单元格区域，Criteria_range1文本框中选择销量区域，Criteria1文本框中输入对销量的条件限定，Criteria_range2文本框中选择售价区域，Criteria2文本框中输入对售价的条件限定；❷单击【确定】按钮，如图4-43所示。

图4-43　设置函数参数

Step03：完成计算。完成函数参数设置后，关闭【函数参数】对话框就可以实现多条件计算，效果如图4-44所示。

产品	片区	销量（件）	售价（元）	成本价（元）	销售利润（元）
手机	A区	524	2,010	1,000	529,240
空调	B区	958	3,612	800	2,693,896
电视机	A区	748	2,541	1,200	1,003,068
手机	B区	958	2,500	1,000	1,437,000
电视机	B区	456	2,900	1,200	775,200
电饭煲	A区	265	269	98	45,315
手机	C区	1,245	2,680	1,000	2,091,600
空调	C区	2,654	3,700	1,300	6,369,600
电冰箱	A区	1,245	2,948	1,300	2,051,760
电冰箱	B区	265	2,854	1,300	411,810
电风扇	B区	748	624	189	325,380
电风扇	B区	957	526	189	322,509
					14209924

图4-44　完成计算

140

4.2.4 用SUMPRODUCT函数解决数组求和

张经理

小刘，你尽快汇总一下所有发货仓库的发货总金额。

 小刘

单个仓库的发货总金额=发货次数*每次发货量*货物单价，然后再把每个仓库的发货总金额相加。用数组公式就可以解决，可是表格中有"暂未统计"这样的文字，就无法进行数组公式运算了。

	A	B	C	D
1	发货平台	发货次数	每次发货量（件）	货物单价（元）
2	和平仓	2	4156	163
3	胜利仓	6	2514	200
4	和平仓	5	1245	200
5	和平仓	9	6254	250
6	胜利仓	5	458	250
7	马鞍仓	4	458	178
8	和平仓	暂未统计	暂未统计	250
9	马鞍仓	5	748	250
10	夏达仓	6	5132	211
11	马鞍仓	2	1245	300
12	夏达仓	5	暂未统计	350
13	胜利仓	3	2645	340

 王Sir

小刘，你思考得很对。当需要计算多列数据乘积之和时，可以使用数组公式。**当表格中存在非数值时，使用SUMPRODUCT函数，此函数会将非数值型的数组元素作为0处理。**此外，使用此函数，**不用按Ctrl+Shift+Enter组合键即可实现数组公式功能**，十分方便。

SUMPRODUCT函数的功能是返回相应区域或数组的乘积之和，其语法格式为SUMPRODUCT（数据1，数据2,…,数据30）。

例如：公式"=SUMPRODUCT(A2:A6,B2:B6,C2:C6)"的计算方式为=A2*B2*C2+A3*B3*C3+A4*B4*C4+A5*B5*C5+A6*B6*C6，即A2:A6,B2:B6,C2:C6三个单元格区域同行数据乘积之和。打开"4.2.4.xlsx"文件，根据SUMPRODUCT函数的功能计算所有仓库的发货总金额，具体操作方法如下。

Step01：选择函数。❶选中D14单元格；❷单击【插入函数】按钮；❸在【插入函数】对话框中选择SUMPRODUCT函数；❹单击【确定】按钮，如图4-45所示。

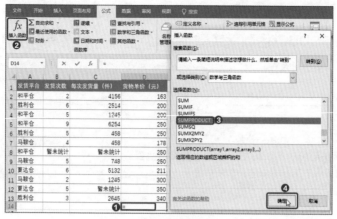

图4-45　选择函数

📢 Step02：设置函数参数。❶在【函数参数】对话框中，分别输入"发货次数""每次发货量""货物单价"列的单元格区域；❷单击【确定】按钮，如图4-46所示。

📢 Step03：查看结果。完成函数参数设置并关闭对话框后，即可看到计算结果，如图4-47所示。

图4-46　设置函数参数

图4-47　完成计算

温馨提示

　　SUMPRODUCT函数在引用时有一定的规范。首先，引用的区域大小要一致，否则会返回"#VALUE!"错误，例如，公式"=SUMPRODUCT(A2:A6,B2:B5)"中的两个区域大小不一致，则会返回错误。其次，不能整列引用，例如，公式"=SUMPRODUCT(A:A,B:B)"会返回"#NUM!"错误。

 4.2.5 用COUNTIF函数统计单元格个数

 张经理

　　小刘，昨天公司进行感恩老客户回馈活动，一共邀请了468位客户来抽奖。你统计一下这次活动有多少位客户领了2台及以上的电脑，有多少位客户领了3份及以上的卫生纸。

	A	B	C	D	E	F	G	H
1	客户编号	电脑赠品	手机赠品	耳机赠品	计步器赠品	卫生纸赠品	电脑数>=2的客户数	卫生纸数>=3的客户数
2	AB1256	1		1	1			
3	AB1257		1	1	1	3		
4	AB1258		1			1		
5	AB1259			2				
6	AB1260	2		2	1	4		
7	AB1261		1					
8	AB1262				1	2		
9	AB1263	1		3				

 小刘

　　这个有点难。统计有多少位客户领了2台及以上的电脑，相当于统计B列有多少个单元格数据大于等于2，怎么办？

王Sir

　　小刘，你分析得很正确。要统计B列有多少个单元格的数据大于等于2，可以使用**COUNTIF函数。该函数可以按条件统计单元格的个数。**

　　COUNTIF函数的语法格式为COUNTIF(range,criteria)。其中，range表示要计算其中非空单元格数目的区域，criteria表示以数字、表达式或文本形式定义的条件。

　　打开"4.2.5.xlsx"文件，使用COUNTIF函数统计领用电脑赠品数大于等于2的客户数量及领用卫生纸赠品数大于等于3的客户数量，具体操作方法如下。

　　Step01：编辑函数。❶选中G2单元格；❷打开COUNTIF函数的【函数参数】对话框，在Range文本框中输入B列数据范围，然后设置Criteria条件为">=2"；❸单击【确定】按钮，如图4-48所示。

图4-48　编辑函数（1）

Step02：编辑函数。❶选中H2单元格；❷打开COUNTIF函数的【函数参数】对话框，在Range文本框中输入F列数据范围，然后设置Criteria条件为"＞=3"；❸单击【确定】按钮，如图4-49所示。

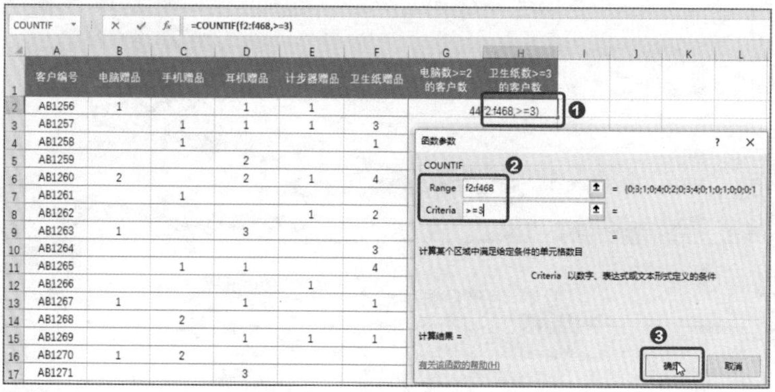

图4-49　编辑函数（2）

Step03：查看完成运算的结果。如图4-50所示，完成了领用电脑赠品数大于等于2的客户数量统计及领用卫生纸赠品数大于等于3的客户数量统计。

	A	B	C	D	E	F	G	H
	客户编号	电脑赠品	手机赠品	耳机赠品	计步器赠品	卫生纸赠品	电脑数>=2的客户数	卫生纸数>=3的客户数
2	AB1256	1		1	1		44	68
3	AB1257		1	1	1	3		
4	AB1258		1			1		
5	AB1259			2				
6	AB1260	2		2	1	4		
7	AB1261		1					

图4-50　计算结果

144

COUNTIF函数可按条件计算单元格的个数，功能十分强大。举例说明：①**求文本型单元格个数**，可以用公式"**=COUNTIF（数据区,"*"）**"，假设空单元格也是文本型单元格；②**求等于E5单元格值的单元格个数**，可以用公式"**=COUNTIF(数据区,$E$5)**"；③**求包含B的单元格个数**，可以用公式"**=COUNTIF(数据区,"*B*")**"。

 4.2.6 用COUNTIFS函数多条件统计单元格个数

张经理

小刘，为了做好个性化营销。你统计一下这张客户表中有多少位优质客户。平均消费金额大于等于2000元的女性客户就是优质客户。

	A	B	C	D
1	客户姓名	年龄	性别	平均消费金额（元）
2	李高磊	25	男	3542
3	陈文强	62	男	1245
4	陈丽	44	女	2654
5	张茹	25	女	958
6	赵庆刚	24	男	748
7	王小芝	25	女	9578
8	陈莹	25	女	958
9	侯月	26	女	4526
10	刘克光	23	女	1245
11	白冬	45	女	958
12	刘思文	46	女	748
13	张艳春	45	女	3254
14	赵文强	48	男	1245

小刘

又是统计单元格个数，而且还要满足两个条件，看来不能使用COUNTIF函数了。那应该用什么函数呢？

王Sir

用**COUNTIFS**函数，该函数**可以计算多个区域中满足所有给定条件的单元格的个数**。

COUNTIFS函数的使用方法与COUNTIF函数的使用方法类似。其语法格式为COUNTIFS(Criteria_range1,Criteria1,Criteria_range2,Criteria2,...)。其中，Criteria_range1为第一个需要计算其中满足某个条件的单元格数目的单元格区域（简称条件区域）；Criteria1为第一个区域中将被计算在内的条件（简称条件），其形式可以为数字、表达式或文本，如条件可以表示为"男"或">=2000"；Criteria_range2为第二个条件区域，Criteria2为第二个条件，以此类推。最终结果为多个区域中满足所有条件的单元格个数。

下面来看COUNTIFS函数的具体操作方法。打开"4.2.6.xlsx"文件，统计平均消费金额大于等于2000元的女性客户个数。

Step01：插入函数。❶选中E2单元格；❷单击【插入函数】按钮；❸从【插入函数】对话框中选择COUNTIFS函数；❹单击【确定】按钮，如图4-51所示。

Step02：设置函数参数。❶在【函数参数】对话框中进行参数设置；❷单击【确定】按钮，如图4-52所示。关闭对话框后，可以看到计算结果，如图4-53所示。

图4-51 插入函数

图4-52 设置函数参数

图4-53 完成计算

4.3 用好IF函数，让逻辑不出错

张经理

小刘，你最近表现不错，学会了很多统计函数，圆满完成了各种统计任务。不过这几天任务又有点不一样了，需要对Excel数据进行分析，要让Excel自动判断条件的"是"或"否"，这就要靠逻辑函数IF了。

我现在已经有了函数基础，相信IF函数也难不倒我！

用IF函数判断是否超过预算

 张经理

小刘，现在有一份去年的项目费用表，一共372个项目，你统计一下哪些项目的实际花费超过了预算。

	A	B	C	D	E
1	项目名称	负责人	预算（元）	实际花费（元）	是否超过预算
2	办公室绿化	王丽	21542	32615	
3	桌椅购买	赵强	32654	24516	
4	员工安家	王丽	95487	84562	
5	促销兼职	李启红	5215	6425	
6	网络广告	赵璐鸿	2345	3254	
7	YB15发布会	刘萌	9246	124569	

 小 刘

这个统计需要花点时间，毕竟需要核对372项费用，我后天交给您可以吗？

小刘，难道你要人工核对数据吗？不要忘了Excel中有逻辑函数IF，这个函数的使用频率绝对占所有函数的前三名。**报表中所有与逻辑判断有关的问题基本上都可以交给IF函数。**

IF函数可以根据指定的条件来判断其"真"（TRUE）、"假"（FALSE）。IF函数的语法格式为IF(Logical_test,Value_if_true,Value_if_false)，其中各参数说明如下。

（1）Logical_test表示计算结果为TRUE或FALSE的任意值或表达式。例如本案例中，张经理要小刘判断实际花费是否超过预算，其逻辑表达式为D2>C2。如果D2单元格的实际花费确实大于C2单元格的预算费用，则表达式成立，为TRUE；反之则不成立，为FALSE。

（2）Value_if_true为TRUE时返回的值。例如本案例中，Value_if_true值为"超过"。当D2>C2成立时，返回TRUE值，而TRUE值为"超过"。因此实际花费大于预算时，会返回"超过"的结果。

（3）Value_if_false为FALSE时返回的值。例如本案例中，Value_if_false值为"没超过"。当D2>C2不成立时，返回FALSE值，而FALSE值为"没超过"。因此实际花费没有超过预算时，会返回"没超过"结果。

用IF函数判断实际花费是否超过预算，函数的判断流程示意图如图4-54所示。

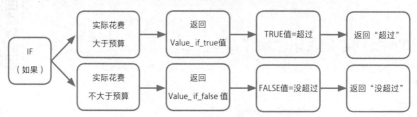

图4-54 IF函数判断流程

打开"4.3.1.xlsx"文件，使用IF函数判断实际花费是否超过了预算，具体操作方法如下。

Step01：选择IF函数。❶选中E2单元格；❷单击【插入函数】按钮；❸选择IF函数，如图4-55所示。

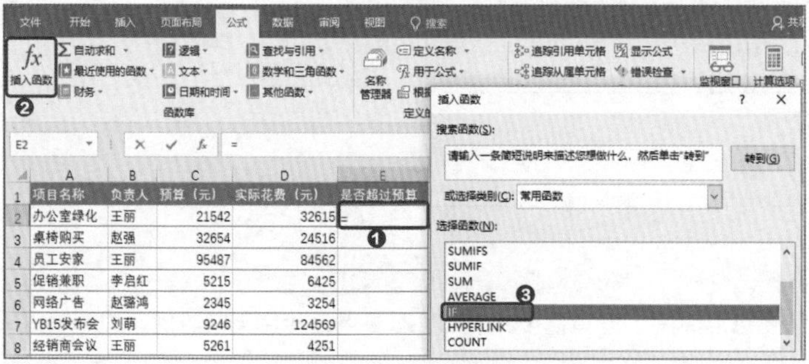

图4-55 选择IF函数

Step02：设置函数参数。❶在【函数参数】对话框中，设置IF函数的参数值；❷单击【确定】按钮，如图4-56所示。

Step03：完成函数参数设置后，复制函数覆盖所有的项目，结果如图4-57所示，快速完成了各项目的实际花费是否超支的逻辑判断。

图4-56 设置函数参数

 温馨提示

IF函数中，如果TRUE或FALSE的值为空值，则返回0（零）。

	A	B	C	D	E
1	项目名称	负责人	预算（元）	实际花费（元）	是否超过预算
2	办公室绿化	王丽	21542	32615	超过
3	桌椅购买	赵强	32654	24516	没超过
4	员工安家	王丽	95487	84562	没超过
5	促销兼职	李启红	5215	6425	超过
6	网络广告	赵璐鸿	2345	3254	超过
7	YB15发布会	刘萌	9246	124569	超过
8	经销商会议	王丽	5261	4251	没超过
9	客户回馈	刘萌	9546	6598	没超过
10	新品研发	赵强	42516	32546	没超过

图4-57 完成判断

4.3.2 用IF函数判断业务员表现

 小刘

王Sir，张经理又给我安排了一项逻辑判断任务。让我统计销售明细表中的业务表现。销售额大于等于8万元的为"优秀"；销售额大于等于5万元小于8万元的为"良好"；销售额小于5万元的为"较差"。这种情况该怎么写IF表达式呢？

王Sir

你的这项任务是IF函数的另一个典型用法。**有两个和两个以上的逻辑需要判断**，这种情况下，**可以使用多个IF语句，即IF函数嵌套使用**。其语法格式为**=IF(Logical_test1,"A",IF(logical_test2,"B",If(Logical_test3,"C"...)))**。这表示，如果第一个逻辑表达式Logical_test1成立，则返回A；如果不成立，则计算第二个逻辑表达式Logical_test2，第二个表达式成立，则返回B；以此类推。

打开"4.3.2.xlsx"文件，嵌套使用IF函数判断业务员的表现属于哪个等级，具体操作方法如下。

📢 Step01：输入函数。选中E2单元格，直接输入函数，如图4-58所示。完成函数输入后，按Enter键，即可完成对D2单元格的业务表现判断。

	IF		× ✓ fx	=IF(D2<50000,"较差",IF(D2<80000,"良好",IF(D2>80000,"优秀")))					
	A	B	C	D	E	F	G	H	I	J
1	业务员	销量（件）	售价（元）	销售额（元）	业务表现				
2	李高磊	596	150	89,400	=IF(D2<50000,"较差",IF(D2<80000,"良好",IF(D2>80000,"优秀")))				
3	陈文强	854	106	90,524					
4	陈 丽	125	121	15,125					
5	张 茹	265	111	29,415					
6	赵庆刚	425	95	40,375					
7	王小芝	125	84	10,500					
8	陈 莹	654	130	85,020					
9	侯 月	84	154	12,936					
10	刘克光	1,245	95	118,275					
11	白 冬	2,654	100	265,400					
12	刘思文	1,245	164	204,180					
13	张艳春	625	154	96,250					

图4-58 输入函数

📢 Step02：完成E2单元格的业务表现判断后，复制函数，完成其他业务员的表现判断，结果如图4-59所示。

	E9		× ✓ fx	=IF(D9<50000,"较差",IF(D9<80000,"良好",IF(D9>80000,"优秀")))				
	A	B	C	D	E	F	G	H
1	业务员	销量（件）	售价（元）	销售额（元）	业务表现			
2	李高磊	596	150	89,400	优秀			
3	陈文强	854	106	90,524	优秀			
4	陈 丽	125	121	15,125	较差			
5	张 茹	265	111	29,415	较差			
6	赵庆刚	425	95	40,375	较差			
7	王小芝	125	84	10,500	较差			
8	陈 莹	654	130	85,020	优秀			
9	侯 月	84	154	12,936	较差			
10	刘克光	1,245	95	118,275	优秀			
11	白 冬	2,654	100	265,400	优秀			
12	刘思文	1,245	164	204,180	优秀			
13	张艳春	625	154	96,250	优秀			

图4-59 完成计算

4.3.3 用IF函数进行双重条件判断

张经理

　　小刘，你快速统计一下表中500件商品，哪些商品需要补货。库存数量小于600，且平均月销量大于200的商品是需要补货的商品。

小 刘

	A	B	C	D	E
1	商品编号	单位	库存数量	平均月销量	是否需要补货
2	PB215	件	957	314	
3	PB216	个	1245	215	
4	PB217	台	6254	625	
5	PB218	件	958	265	
6	PB219	件	125	415	
7	PB220	件	597	254	
8	PB221	个	458	90	
9	PB222	台	521	326	
10	PB223	台	625	425	
11	PB224	个	425	87	
12	PB225	个	1245	219	

　　这里有两个需要判断的条件，而且还需要同时满足。看来我又需要请教王Sir了。

王Sir

　　小刘，**IF函数可以和AND（和）、OR（或）等逻辑函数结合起来使用。AND函数表示同时满足条件，OR函数表示满足其中一个条件。在你的这个任务中，你要结合使用IF和AND函数。**

　　打开"4.3.3.xlsx"文件，结合使用IF和AND函数判断哪些商品需要补货，具体操作方法如下。

Step01：设置函数参数。❶选中E2单元格，打开IF函数的【函数参数】对话框，在其中设置函数参数。在这里，将AND函数当成一个逻辑表达式，如"AND(C2<600,D2>200)"；❷单击【确定】按钮，如图4-60所示。

Step02：查看计算结果。完成函数参数设置并关闭对话框，复制公式到所有需要判断是否补货的商品单元格中，结果如图4-61所示。

图4-60 设置函数参数

	A	B	C	D	E	F	G
1	商品编号	单位	库存数量	平均月销量	是否需要补货		
2	PB215	件	957	314	不补货		
3	PB216	个	1245	215	不补货		
4	PB217	台	6254	625	不补货		
5	PB218	件	958	265	不补货		
6	PB219	件	125	415	补货		
7	PB220	件	597	254	补货		
8	PB221	个	458	90	不补货		
9	PB222	台	521	326	补货		
10	PB223	台	625	425	不补货		
11	PB224	个	425	87	不补货		
12	PB225	个	1245	219	不补货		

E3 fx =IF(AND(C3<600,D3>200),"补货","不补货")

图4-61 查看计算结果

4.4 用好VLOOKUP函数，让数据匹配不头疼

数据查找，我只会用Ctrl+F组合键打开【查找和替换】对话框来进行搜索，这个什么VLOOKUP函数没听过。

张经理

小刘，随着公司业务量的拓展，最近有很多数据需要查找核对。你做好准备，学习一下VLOOKUP函数，根据我提供的查询条件，从各种报表中将目标数据查找匹配出来。

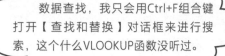
VLOOKUP函数??

4.4.1 用VLOOKUP函数查询客户信息

张经理

小刘，公司业务员新拓展了2000名客户，这是客户资料表。你做一个简单的快速查询界面，要求输入客户姓名就能显示客户的职位和喜好，方便后期个性化营销。

	A	B	C	D	E	F
1	客户姓名	年龄	职位	居住片区	喜好	
2	李 高 磊	25	经理	胜利区	喝茶	
3	陈 文 强	26	科长	东华区	下棋	
4	陈 丽	34	经理	高新区	跳舞	
5	张 茹	25	老板	东华区	跑步	
6	赵 庆 刚	26	教授	胜利区	跳舞	

王Sir

小刘

王Sir，做一个快速查询界面，听起来是一项艰难的任务。是需要使用VBA编程才能实现吗？

小刘，别把问题想复杂了，这项任务很简单，只需要用VLOOKUP查询函数最基本的功能就可以实现了。**VLOOKUP函数是Excel中的一个纵向查找函数，它可以按列查找数据，最终返回该列中与查询值对应的值。**

因此，任务的解决思路是：使用VLOOKUP函数，根据客户姓名按列查找，找到匹配的姓名后，返回姓名对应的职位和喜好信息。

VLOOKUP函数的语法格式为VLOOKUP(Lookup_value,Table_array,Col_index_num,Range_lookup)，其中各参数的用法说明如表4-2所示。

表4-2 VLOOKUP函数参数说明

参 数	使 用 方 法	输入数据类型
Lookup_value	要查找的值。本例中为客户姓名	数值、引用或文本字符串
Table_array	要查找的区域。本例中为包含客户信息的表格区域	数据表区域
Col_index_num	返回数据在查找区域的第几列数。本例中客户职位在客户姓名后面的第3列	正整数
Range_lookup	模糊匹配/精确匹配，模糊匹配用TRUE，精确匹配用FALSE。本例中客户姓名是唯一的，需要精确匹配	TRUE、不填、FALSE

打开"4.4.1.xlsx"文件，使用VLOOKUP函数根据输入的客户姓名返回其职位和喜好，具体操作方法如下。

Step01：选择函数。❶在表格右边建立一个简单的查询界面，并输入相应提示语；❷选中G2单元格，单击【插入函数】按钮；❸在打开的【插入函数】对话框中选择VLOOKUP函数，如图4-62所示。

Step02：为返回"职位"函数设置函数参数。❶在打开的【函数参数】对话框中设置函数参数，该参数表示，根据F2单元格中的值进行查询，查询范围为"$A$2:$E$2001"单元格区域，找到对应值后，返回该值对应第3列的数据，精确匹配；❷单击【确定】按钮，如图4-63所示。此时就完成了返回"职位"函数的设置。

Step03：为返回"喜好"函数设置函数参数。❶使用同样的方法选中H2单元格，插入VLOOKUP函数，并设置函数参数；❷单击【确定】按钮，如图4-64所示。

图4-62 选择函数

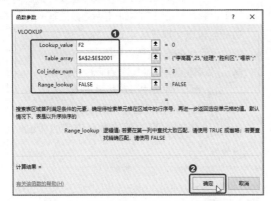
图4-63 为返回"职位"函数设置函数参数

图4-64 为返回"喜好"函数设置函数参数

Step04：进行查询。完成G2和H2单元格的函数设置后，在F2单元格中输入客户姓名，便立刻显示客户对应的职位和喜好信息，查询结果如图4-65和图4-66所示。

图4-65 查询结果（1）

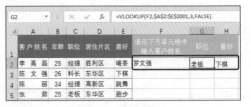
图4-66 查询结果（2）

4.4.2　用VLOOKUP函数模糊查询供货信息

小 刘

　　王Sir，张经理给了我一张供货商信息表，让我做个查询界面，要求输入供货商部分名称就可以查询出供货记录。我记得上次您讲VLOOKUP函数时，提到了可以精确匹配和模糊匹配。可是我**将Range_lookup参数设置为1，依然不能得到正确的模糊查找结果，这是为什么？**

王Sir

　　小刘，VLOOKUP函数的模糊查找不能这样用，应该结合通配符使用。在Excel中，有两种通配符，**"*"（星号）代表所有字符**，**"?"（问号）代表一个字符**。

　　假如你的任务目标是输入"五福"就查询出"北京五福同乐食品有限公司"的相关信息。**那么"五福"前后都有一定数量的字符，因此需要写成"*五福*"。**

　　所以，在VLOOKUP函数表达式中，**要查找的值应该写为""*"&单元格&"*""**。其中**"&"符号是文本连接符号**。

　　打开"4.4.2.xlsx"文件，使用VLOOKUP函数根据输入的供货商部分信息返回对应的供货记录，具体操作方法如下。

📢 Step01：输入返回"商品"的查询函数。在H2单元格中输入商品的查询函数。其中"$"符号表示绝对引用，如图4-67所示。

IF				✕ ✓ fx	=VLOOKUP("*"&$G$2&"*",$A:$F,3,0)					
	A	B	C	D	E	F	G	H	I	J
1	供货商	日期	商品	单位	数量	单价（元）	请在下方单元格输入供货商名称	商品	数量	单价（元）
2	成都佳佳乐食品有限公司	3月1日	牛奶	箱	156	96		=VLOOKUP("*"&$G$2&"*",$A:$F,3,0)		
3	上海蓝趣食品公司	3月15日	小面包	箱	219	70				
4	北京五福同乐食品有限公司	4月3日	果冻	箱	624	63				
5	国力机械有限公司	4月4日	打印机	台	56	1,246				
6	河南致富科技有限公司	5月5日	宣传册	本	629	100				
7	湖北恒想科技有限公司	5月9日	定制礼品	份	436	210				
8	北京植物科技有限公司	5月16日	美肤套装	份	369	298				
9	广州好服制衣有限公司	6月1日	工作服	套	296	367				
10	享礼科技有限公司	6月7日	绩效软件	个	3	3,600				

图4-67　输入返回"商品"的查询函数

📢 Step02：设置返回"数量"和"单价"的查询函数。完成H2单元格的函数设置后，将光标放到H2单元格右下角，按住鼠标左键不放，往右拖动复制函数，然后再修改函数中的Col_index_num值。其中I2

单元格中的Col_index_num为5，J2单元格中的Col_index_num为6，如图4-68所示。

图4-68　设置返回"数量"和"单价"的查询函数

Step03：输入部分供货商名称进行查询。如图4-69和图4-70所示，输入部分供货商名称即可显示对应的查询信息。

图4-69　输入部分供货商名称（1）

图4-70　输入部分供货商名称（2）

4.4.3　用VLOOKUP函数快速匹配商品等级

张经理

小刘，现在统计了过去半年销售的250种商品销量，你将商品等级填上去。销量小于200件的商品等级是"差"，销量为200～800件的是"中"，销量为800～2000件的是"良"，销量为2000~5000件的是"优"。

小刘

▲	A	B	C
1	商品编码	销量（件）	等级
2	1号商品	1,245	
3	2号商品	958	
4	3号商品	748	
5	4号商品	658	
6	5号商品	458	
7	6号商品	415	

　　根据销量判断商品等级，我只会用IF嵌套函数，不过这里需要嵌套4个函数，有点复杂。

王Sir

　　小刘，不用IF嵌套函数也可以解决这个问题。使用VLOOKUP函数的模糊匹配功能，可以查找近似匹配值。换句话说，如果找不到精确匹配值，则返回小于Lookup_value的最大数值。

　　打开"4.4.3.xlsx"文件，使用VLOOKUP函数快速匹配商品等级，具体操作方法如下。

📢 Step01：输入函数。❶在表格右边，输入"最低销量""区间""等级"3项商品级别判断信息；❷在C2单元格中输入VLOOKUP函数，表示在D、E、F列中查找与B2单元格匹配的值，如果找不到精确匹配的，则返回小于B2单元格的最大值。当B2单元格值为1245时，D列中800是小于1245的最大值，因此返回800对应的第3列数据，为"良"，如图4-71所示。

📢 Step02：查看结果。完成C2单元格公式输入后，复制公式到下面的单元格，结果如图4-72所示，所有商品的等级信息匹配完成。

C2　　　　　fx　=VLOOKUP(B2,D:F,3,1)

❷

▲	A	B	C	D	E	F
1	商品编码	销量（件）	等级	最低销量	区间	等级
2	1号商品	1,245	良	1	1-200	差
3	2号商品	958		200	200-800	中
4	3号商品	748		800	800-2000	良
5	4号商品	658		2000	2000-5000	优
6	5号商品	458			❶	

图4-71　输入函数

▲	A	B	C
1	商品编码	销量（件）	等级
2	1号商品	1,245	良
3	2号商品	958	良
4	3号商品	748	中
5	4号商品	658	中
6	5号商品	458	中
7	6号商品	415	中
8	7号商品	2,654	优
9	8号商品	425	中
10	9号商品	625	中
11	10号商品	958	良

图4-72　查看结果

4.5　其他好用又易学的函数，职场难题见招拆招

> 小刘，这几天任务比较杂，不能用单一类型的函数来解决问题。需要你根据实际任务的不同，选择不同的函数进行字符提取、日期和时间计算、数据替换等。

> 看来要学习的函数类型还很多，我得再加把劲了。

 4.5.1 **用MID、LEFT、RIGHT函数轻松提取字符**

张经理

小刘，你快速帮我统计一下这张表中400件商品所属仓库、商品类型和销售状态的信息。

这些信息都可以通过商品编码分析出来。BNUF为"胜利仓"，NMNY为"和平仓"，AMBJ为"中和仓"；数字1开头的为"食品"，5开头的为"办公品"；结尾为1表示"售出"，为2表示"未售"，为0表示"退货"。

小 刘

	A	B	C	D
1	商品编码	所属仓库	商品类型	销售状态
2	BNUF12452-1			
3	NMNY52163-2			
4	BNUF12456-2			
5	BNUF12484-0			
6	AMBJ52813-2			
7	NMNY52112-1			
8	NMNY52613-0			
9	NMNY52162-1			
10	BNUF12126-2			

天啊！有这么多需要判断的东西。我完全找不到解决问题的思路。

王Sir

小刘，凡事要学会观察规律。你的任务需要根据商品编码来判断信息，而编码是由4个字母+5个数字+ "−" +1个数字组成，是十分有规律的。如果你将每件商品编码的英文字母、第一位数字、结尾数字都提取出来，再结合之前教你的IF函数进行判断，这个问题是不是就迎刃而解了呢？

字符提取，要灵活选择LEFT（从左边提取字符）、RIGHT（从右边提取字符）、MID（从中间提取字符）这3个函数。

LEFT、RIGHT、MID这3个函数是Excel中常用的提取字符串的函数，它们的具体用法如下。

● LEFT 函数用于从一个文本字符串的第一个字符开始返回指定个数的字符。语法格式为 LEFT(text,[num_chars])。例如返回 A2 单元格左边的 3 个字符，则表达式为 =LEFT(A2,3)。

● RIGHT 函数与 LEFT 函数的用法类似，从一个文本字符串的最后一个字符开始返回指定个数的字符。语法格式为 RIGHT(text,[num_chars])。例如返回 A2 单元格右边的 3 个字符，表达式为 =RIGHT(A2,3)。

● MID 函数则能够从文本指定位置起提取指定个数的字符，其语法结构为 MID(text, start_num,num_chars)。例如要从 A2 单元格中间第 2 位字符开始提取 3 位字符，则表达式为 =MID(A2,2,3)。

在本例中，使用LEFT、RIGHT、MID这3个函数从商品编码中提取信息后，还需要用IF函数进行判断，可以分两步进行，以免函数太复杂，容易出错。打开 "4.5.1.xlsx" 文件，操作的具体步骤如下。

Step01：提取左边的字符。在F2单元格中输入LEFT函数，如图4-73所示，提取A2单元格左边的4个字符，即商品编码，然后往下复制函数。

IF		× ✓ fx	=LEFT(A2,4)					
	A	B	C	D	E	F	G	H
1	商品编码	所属仓库	商品类型	销售状态		仓库编码	商品首字母	结尾字母
2	BNUF12452-1					=LEFT(A2,4)		
3	NMNY52163-2							
4	BNUF12456-2							

图4-73 提取左边的字符

📢 Step02：提取中间的字符。在G2单元格中输入MID函数，如图4-74所示，从A2单元格第5个字符开始，提取1个字符，即商品编码中开头的数字，然后往下复制函数。

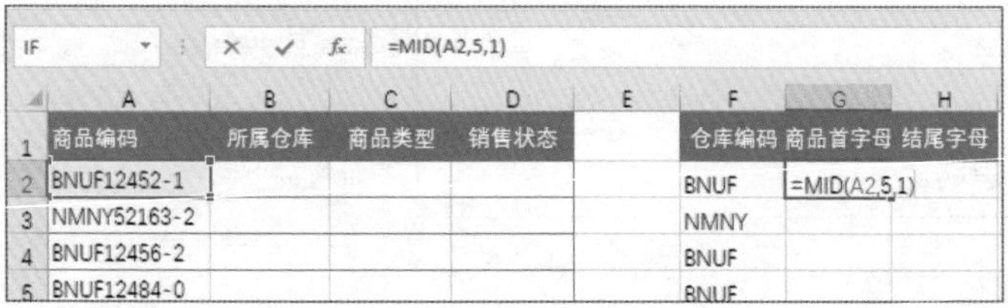

图4-74　提取中间的字符

📢 Step03：提取右边的字符。在H2单元格中输入RIGHT函数，如图4-75所示，提取A2单元格右边的1个字符，即商品编码的结尾数字，然后往下复制函数。

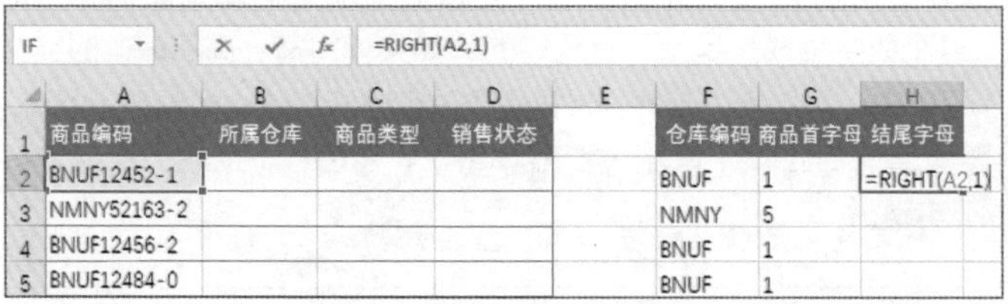

图4-75　提取右边的字符

📢 Step04：判断所在仓库。在B2单元格中输入IF嵌套函数，如图4-76所示，判断商品所在仓库，然后往下复制函数。

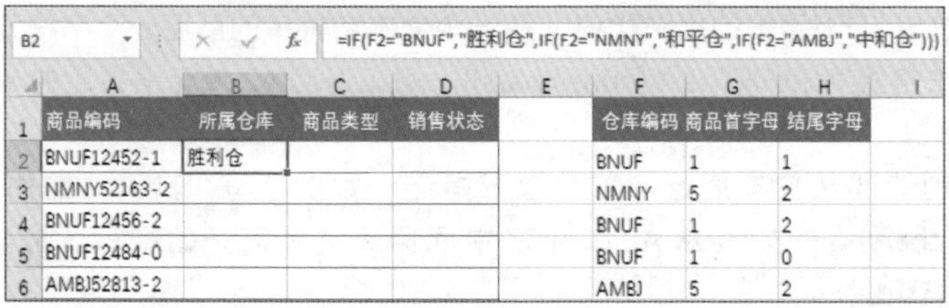

图4-76　判断所在仓库

📢 Step05：判断商品类型。在C2单元格中输入IF嵌套函数，如图4-77所示，判断商品类型，然后往下复制函数。

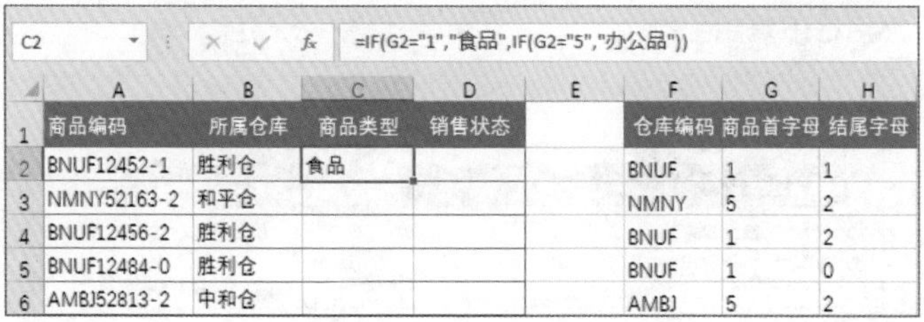

图4-77　判断商品类型

Step06: 判断商品销售状态。在D2单元格中输入IF嵌套函数，如图4-78所示，判断商品的销售状态，然后往下复制函数。

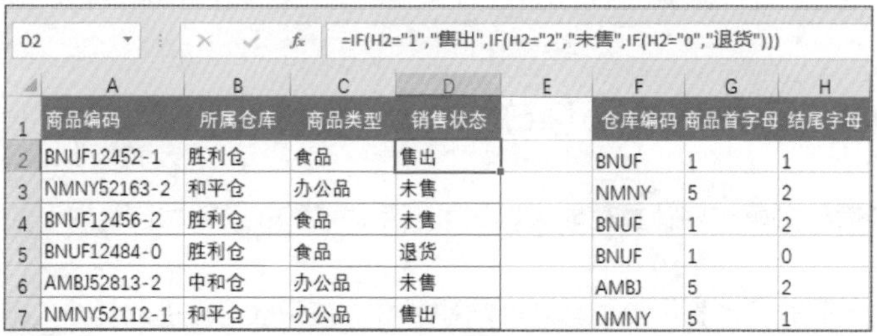

D2				fx	=IF(H2="1","售出",IF(H2="2","未售",IF(H2="0","退货")))		
	A	B	C	D	E	F	G	H
1	商品编码	所属仓库	商品类型	销售状态		仓库编码	商品首字母	结尾字母
2	BNUF12452-1	胜利仓	食品	售出		BNUF	1	1
3	NMNY52163-2	和平仓	办公品	未售		NMNY	5	2
4	BNUF12456-2	胜利仓	食品	未售		BNUF	1	2
5	BNUF12484-0	胜利仓	食品	退货		BNUF	1	0
6	AMBJ52813-2	中和仓	办公品	未售		AMBJ	5	2
7	NMNY52112-1	和平仓	办公品	售出		NMNY	5	1

图4-78 判断商品销售状态

技能升级

使用LEFT、RIGHT、MID这3个函数提取字符时，可以结合FIND函数来完成。**FIND函数可以定位字符串，从指定位置开始，返回找到的第一个匹配字符串的位置，而不管其后是否还有相匹配的字符串。**例如A2单元格的数据为"NMNY5-21YB12"，要想提取符号"-"后面的字母YB，可以将表达式写为"=MID(A2,FIND("-",A2)+3,2)"，该表达式表示：提取A2单元格中"-"符号右边2位字符后面的2个字符。

4.5.2 用日期和时间函数计算时长

小刘

王Sir，我遇到了有关日期和时间函数的难题。张经理让我统计各大项目的用工时长以及公司的员工工龄。我大概知道要用【日期和时间】函数来解决这个问题，可是日期和时间函数很多，具体用哪个函数呢？

小刘，你解决问题的思路在大方向上是正确的，确实要用【日期和时间】函数来解决这个任务。

根据项目开始和结束时期计算耗时天数，可以用**DATEDIF函数，该函数返回两个日期之间的年/月/日间隔数。**

根据员工的入职时间计算工龄，可以用**YEAR函数。该函数可以提取日期数据中对应的年份，**再用当前的年份减去员工入职的年份，就可以计算出工龄了。

1 用DATEDIF函数计算间隔天数

DATEDIF函数可以计算两个日期之间的间隔天数、月数、年数。语法格式为DATEDIF(Start_date, End_date,Unit)。其中：

- Start_date 为开始日期。注意起始日期必须在 1900 年之后。
- End_date 为结束日期。
- Unit 为所需信息的返回类型。Y 类型表示返回整年数，M 类型表示返回整月数，D 类型表示返回天数。

打开"4.5.2.xlsx"文件，在"1"工作表中用DATEDIF函数计算间隔天数的方法如下。

Step01：输入函数。在D2单元格中输入计算间隔天数（耗时）的函数"=DATEDIF(B2,C2,"d")"，如图4-79所示。

Step02：复制函数。完成D2单元格的间隔天数计算后，往下复制函数，如图4-80所示，便能完成所有项目的耗时统计。

IF		× ✓ fx	=DATEDIF(B2,C2,"d")

	A	B	C	D	E
1	项目编号	开始日期	结束日期	耗时（天）	
2	YBJ1245	6月2日	9月5日	=DATEDIF(B2,C	
3	YBJ1246	4月5日	6月7日		
4	YBJ1247	6月7日	10月2日		
5	YBJ1248	1月3日	5月7日		

图4-79　输入函数

D6		× ✓ fx	=DATEDIF(B6,C6,"d")

	A	B	C	D
1	项目编号	开始日期	结束日期	耗时（天）
2	YBJ1245	6月2日	9月5日	95
3	YBJ1246	4月5日	6月7日	63
4	YBJ1247	6月7日	10月2日	117
5	YBJ1248	1月3日	5月7日	124
6	YBJ1249	6月5日	9月8日	95
7	YBJ1250	4月2日	6月7日	66
8	YBJ1251	6月7日	9月4日	89
9	YBJ1252	5月8日	10月9日	154
10	YBJ1253	6月7日	11月3日	149

图4-80　复制函数

用YEAR函数计算工龄

YEAR函数的语法格式为YEAR(Serial_number)。其中Serial_number为一个日期值，包含要查找的年份。打开"4.5.2.xlsx"文件，在"2"工作表中用YEAR函数计算工龄的方法如下。

Step01：输入函数。在E2单元格中输入函数，如图4-81所示，该函数表示用现在的时间年份减去D2单元格的时间年份，即计算出员工的工龄。

YEAR			✕	✓	fx	=YEAR(NOW())-YEAR(D2)	
	A	B	C	D	E	F
1	员工姓名	岗位	学历	入职时间	工龄（年）	
2	李 高 磊	经理	本科		=YEAR(NOW())-YEAR(D2)	
3	陈 文 强	组长	硕士	2011/2/5		
4	陈 丽	经理	本科	2012/5/6		
5	张 茹	文案	本科	2013/3/3		
6	赵 庆 刚	文案	专科	2014/5/7		

图4-81 输入函数

Step02：调整数据格式。完成上一步的函数输入后，计算结果默认为一个日期数据，此时要将日期数据转换为值的方式才能正确显示工龄。❶选中E2单元格；❷打开【设置单元格格式】对话框，调整格式为【数值】；❸【小数位数】设置为0，如图4-82所示。

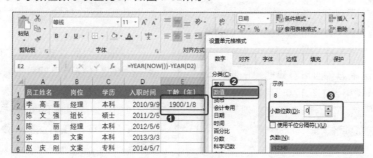

图4-82 调整数据格式

Step03：复制函数。完成E2单元格的工龄计算后，往下复制公式，完成其他员工的工龄计算，结果如图4-83所示。

	A	B	C	D	E
1	员工姓名	岗位	学历	入职时间	工龄（年）
2	李 高 磊	经理	本科	2010/9/9	8
3	陈 文 强	组长	硕士	2011/2/5	7
4	陈 丽	经理	本科	2012/5/6	6
5	张 茹	文案	本科	2013/3/3	5
6	赵 庆 刚	文案	专科	2014/5/7	4
7	王 小 芝	运营	本科	2016/8/8	2
8	陈 莹	经理	专科	2014/2/5	4
9	侯 月	文案	硕士	2011/4/5	7
10	刘 克 光	运营	本科	2016/5/5	2
11	白 冬	文案	本科	2010/8/1	8

图4-83 复制函数

4.5.3 用TEXT函数为数据整容

张经理

小刘，我这里有一张集团各部门的项目事件表。你调整一下日期数据，让其以"XXXX年XX月XX日"的方式显示。同时把各项目日期对应在星期几统计出来。

	A	B	C	D
1	项目	负责人	日期	星期几
2	集团会议	王 丽 宏	20180101	
3	发布会召开	赵 卫 东	20180116	
4	营销方案讨论	李 丽	20180315	
5	会议布场	张 宁	20180604	
6	物料采购	周 文 强	20180709	
7	董事长接待	刘 小 蓝	20180710	
8	与供应商沟通	罗 梦 飞	20180806	
9	回馈客户	李 小 明	20180812	

小刘

王Sir，这是怎么回事？我把"日期"列数据的格式调整为【2012年3月14日】的格式，可是依然不符合要求。更别提统计各项目日期的星期数了。

王Sir

小刘，你的这项任务不仅要将"日期"列数据转换为日期显示方式，还要统计各日期是星期几。换种说法，就是需要将"日期"列数据以不同的格式显示。

你应该选择TEXT函数，该函数可以通过格式代码向数字应用格式，如转换成文本型、日期型，也可以求日期是星期几等。

TEXT函数的语法格式为TEXT(Value,Format_text)。换种表示形式，即TEXT(数值,单元格格式)。其中：

● Value 为数值，或计算结果为数值的公式，或对包含数值的单元格的引用。

● Format_text 为单元格格式，表示要将数据转换成的目标类型。

打开"4.5.3.xlsx"文件，改变单元格数据格式的具体操作方法如下。

Step01：将数据转换为日期。选中D2单元格，输入函数"=TEXT(C2,"0000年00月00日")"，表示需要将C2单元格的数据转换成"0000年00月00日"的日期数据，如图4-84所示。

YEAR		× ✓ fx	=TEXT(C2,"0000年00月00日")		
	A	B	C	D	E
1	项目	负责人	日期	修改格式后的日期	星期几
2	集团会议	王 丽 宏	20180101	=TEXT(C2,"0000年00月00日")	
3	发布会召开	赵 卫 东	20180116		
4	营销方案讨论	李 丽	20180315		

图4-84 将数据转换为日期

Step02：将数据转换为星期几。选中E2单元格，输入函数"=TEXT(D2,"aaaa")"，表示需要将D2单元格中的日期转换成中文的星期几，如图4-85所示。如果需要转换成英文的星期几，就用"dddd"作为Format_text参数的表达式。

Step03：完成转换。完成函数输入后，往下复制函数，结果如图4-86所示。

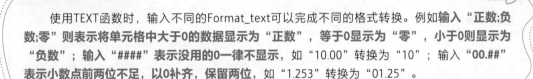

图4-85　将数据转换为星期几　　　　　图4-86　完成转换

技 能 升 级

使用TEXT函数时，输入不同的Format_text可以完成不同的格式转换。例如输入"正数;负数;零"则表示将单元格中大于0的数据显示为"正数"，等于0显示为"零"，小于0则显示为"负数"；输入"####"表示没用的0一律不显示，如"10.00"转换为"10"；输入"00.##"表示小数点前两位不足，以0补齐，保留两位，如"1.253"转换为"01.25"。

4.5.4 用REPLACE函数轻松替换信息

小 刘

王Sir，张经理给了我一张客户资料表。让我把客户姓名的第二个字用"*"号代替，然后将表发给合作商。客户的姓名是由不同的文字组成的，有三字姓名也有二字姓名，毫无规律，如何用星号代替名字中的第二个字呢？

王Sir

小刘，你说得对，这种毫无规律的数据替换不能用【查找和替换】功能。但是你可以使用**REPLACE函数**，这个函数功能强大，可以**根据指定的字符数，将部分文本字符串替换为不同的文本字符串**。

REPLACE函数的语法格式为REPLACE(Old_text,Start_num,Num_chars,New_text)，又可表示为REPLACE(要替换的字符串,开始位置,替换个数,新的文本)。需要注意的是如果第4个参数是文本，要加上引号。具体的替换方法如下。

如图4-87所示，在F2单元格中输入函数"=REPLACE(C2,2,1,"*")"，表达将名字中第二个字替换成"*"号。然后复制函数，结果如图4-88所示。

| 图4-87 输入函数 | 图4-88 完成字符替换 |

CHAPTER 5

统计，人人都能
学会的数据分析

在职场中"不想当厨子的裁缝不是好司机"。除了要有应对本职工作的核心技能，还需要具备其他技能，这样才能圆满地完成工作。

这不，为了跟上信息时代的脚步，张经理开始让我用数据分析的思维来查看报表。

数据分析，听起来很高深。后来经过王Sir的讲解，并结合Excel的功能进行实际操作才发现，这是一门接地气的技术活。

小 刘

一提到数据分析，很多人首先想到的就是SPSS、SAS、Access等统计分析工具。其实对于非科班出身的人来说，用好Excel，就可以满足普通的数据分析需求。

*Excel*功能十分强大，而大多数人只掌握了其中5%的功能。就拿排序、筛选、汇总这3个常用功能来说，也有很多人不能应用自如。

一份普通的报表，用不同的方式进行统计，就能呈现不同的数据状态，从而得出不一样的信息。

王 Sir

5.1　迅速掌握数据概况，就用【排序】功能

张经理

小刘，又到月末了，我需要你帮我分析这个月的销售报表。分析不同商品的销量高低、不同销售员的业绩高低、不同分店的营业额高低……

分析数据的大小情况，不就是排序吗？这个简单，难不倒我！

 用简单排序分析商品销量

小 刘

王Sir，张经理让我分析不同商品的销量高低。这个很简单，只需要对"销量"列数据进行排序就可以吧？

王Sir

你的做法没错。为Excel的某一列数据排序，可以**选中该列数据中的任意一个有数据的单元格，右击，选择【排序】菜单中的命令；或者单击【开始】选项卡下【排序和筛选】组中的【筛选】按钮，为表格增加【排序和筛选】按钮**，再通过按钮执行不同的排序命令。

1 直接排序法

如果仅需要根据一列数据的大小进行简单的从大到小或从小到大排序，使用直接排序法两三步就能完成。打开"5.1.1.xlsx"文件，在"直接排序"工作表中根据销量从低到高进行排序，具体操作方法如下。

Step01：升序排序。❶右击C1单元格；❷选择快捷菜单中的【排序】命令；❸选择级联菜单中的【升序】命令，如图5-1所示。

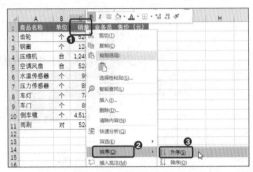

图5-1 升序排序

Step02：查看排序结果。如图5-2所示，是根据"销量"列数据进行升序排序的结果。如果在上一步中选择的是【降序】命令，则结果如图5-3所示。

	A	B	C	D	E
1	商品名称	单位	销量	业务员	售价（元）
2	车灯	个	74	赵无极	¥458
3	压力传感器	个	85	刘海东	¥4,512
4	车门	个	85	张三宏	¥1,245
5	水温传感器	个	95	周文强	¥3,524
6	钢圈	个	124	赵强	¥625
7	齿轮	个	524	王丽	¥125
8	空调风扇	台	524	王红	¥4,105
9	雨刷	对	524	黄丽	¥125
10	压缩机	台	1,245	李东梅	¥6,254
11	倒车镜	个	4,512	罗文	¥758

图5-2 升序排序的结果

	A	B	C	D	E
1	商品名称	单位	销量	业务员	售价（元）
2	倒车镜	个	4,512	罗文	¥758
3	压缩机	台	1,245	李东梅	¥6,254
4	齿轮	个	524	王丽	¥125
5	空调风扇	台	524	王红	¥4,105
6	雨刷	对	524	黄丽	¥125
7	钢圈	个	124	赵强	¥625
8	水温传感器	个	95	周文强	¥3,524
9	压力传感器	个	85	刘海东	¥4,512
10	车门	个	85	张三宏	¥1,245
11	车灯	个	74	赵无极	¥458

图5-3 降序排序的结果

2 通过【筛选】按钮排序

要根据某一列数据的大小进行简单的升序或降序排序，还可以先显示出【筛选】按钮，通过它来完成排序。打开"5.1.1.xlsx"文件，在"通过按钮排序"工作表中根据销量从高到低进行排序，具体操作方法如下。

Step01：添加【筛选】按钮。❶选择任意包含有数据的单元格；❷单击【开始】选项卡下【排序和筛选】下拉按钮；❸选择【筛选】命令，则在第一行单元格中添加了【筛选】按钮，如图5-4所示。

Step02：通过【筛选】按钮降序排序。❶单击"销量"单元格的【筛选】按钮；❷从中选择【降序】命令，即可让表格数据根据"销量"列数据进行降序排序，如图5-5所示。

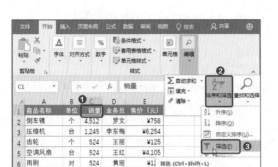

图5-4　添加【筛选】按钮

図5-5　通过【筛选】按钮降序排序

 5.1.2 用高级排序分析不同业务员的销量

张经理

小刘，我给你一份销售报表。你把每个业务员销售不同商品的销量数据列出来。我看看不同业务员分别擅长销售什么商品。

小刘

也就是说，我要先将每个业务员的销售数据排列到一起，再对同一业务员的销售数据进行排序。**有两个条件，怎么排序呢？**

王Sir

很多人都没用透Excel的【排序】功能。**Excel除了对单列数据进行降序、升序操作外，还可以进行自定义排序，通过设置多个排序条件对表格中的多列数据进行排序。换句话说，可以设置两个及两个以上的排序条件。**

例如，你的任务中需要先让"业务员"列数据进行【升序】或【降序】排序，目的是让同一个业务员的数据排列到一起。然后再对"销量"列数据进行【升序】排序，目的是让同一个业务员的不同商品销量按照从小到大的顺序排列。

打开 "5.1.2.xlsx" 文件，通过 "自定义排序" 方式让表格中的业务员数据先排列在一起，然后对各业务员的销量数据进行升序排序，具体操作方法如下。

📢 Step01：打开【排序】对话框。❶右击任一有内容的单元格；❷选择快捷菜单中的【排序】命令；❸再选择【自定义排序】命令，如图5-6所示。

📢 Step02：设置第一个排序条件。❶在弹出的【排序】对话框中选择【业务员】为主要关键字，然后设置【升序】排序方式；❷单击【添加条件】按钮，添加第二个排序条件，如图5-7所示。

图5-6　打开【排序】对话框

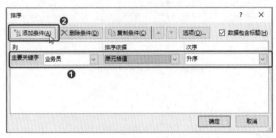

图5-7　设置第一个排序条件

📢 Step03：设置第二个排序条件。❶选择【销量】为次要关键字，然后设置【升序】排序方式；❷单击【确定】按钮，如图5-8所示。

📢 Step04：查看排序结果。关闭【排序】对话框后，就可以看到双重条件排序的结果，如图5-9所示，相同业务员的销售数据排列到一起，并且可以快速分析出每个业务员销售不同商品的表现。

图5-8　设置第二个排序条件

	A	B	C	D
1	商品名称	单位	销量	业务员
2	倒车镜	个	152	李东梅
3	压缩机	台	624	李东梅
4	齿轮	个	5,978	李东梅
5	压缩机	台	125	李宁
6	倒车镜	个	958	李宁
7	齿轮	个	3,265	李宁
8	齿轮	个	524	罗文
9	压缩机	台	1,245	罗文
10	倒车镜	个	4,512	罗文
11	压缩机	台	125	赵梦琪
12	倒车镜	个	254	赵梦琪
13	齿轮	个	326	赵梦琪

图5-9　查看排序结果

技能升级

打开【排序】对话框后，单击【选项】按钮，可以设置排序方式为【按行排序】。完成设置后，可对表格数据按行的方式排序，而非默认情况下按列的方式排序。

5.1.3 用自定义排序分析门店销量

 张经理

小刘，公司在上海地区的分店一共有4个。根据分店规模和数据重要程度的不同，你按"罗家店、胜利店、福乐店、长宁店"的顺序把销售数据统计一下。注意，同一分店的销售数据要升序排序，方便分析分店的产品表现。

 小刘

也就是说我要按张经理的顺序要求将相同分店的数据排列到一起，再对同一分店的销售数据进行升序排序。分店的名称不是按照字母排序，而是按照特定的顺序排列，如何实现呢？

 王Sir

Excel的【排序】功能可以按照首字母对文字进行排序，从而实现相同的名称排列到一起的操作。**如果有特定的文字序列要求，就需要新建一个序列，再按照该序列排序。**

打开"5.1.3.xlsx"文件，先通过自定义排序让销售数据按照既定的序列排序，再对同一销售店铺的数据进行升序排序，具体操作方法如下。

📢 Step01：选择【自定义排序】命令。❶右击表格中任一有内容的单元格；❷选择快捷菜单中的【排序】命令；❸选择级联菜单中的【自定义排序】命令，如图5-10所示。

图5-10 选择【自定义排序】命令

📢 Step02：打开【排序】对话框。❶设置【销售分店】为主要关键字；❷在【次序】下拉列表框中选择【自定义序列】选项，如图5-11所示。

📢 Step03：添加自定义序列。❶在打开的【自定义序列】对话框中输入新序列，注意名称之间用英文逗号分隔；❷单击【添加】按钮；❸单击【确定】按钮，完成自定义序列的添加，如图5-12所示。

图5-11　打开【排序】对话框

图5-12　添加自定义序列

📢 Step04：完成排序设置。❶回到【排序】对话框中，设置【销量】为次要关键字，并设置【升序】排序方式；❷单击【确定】按钮，完成排序设置，如图5-13所示。

📢 Step05：查看排序结果。完成排序设置后，可以看到表格中的数据按照事先设置的分店顺序进行排序，并且同一分店的销售数据也进行了升序排序，如图5-14所示。

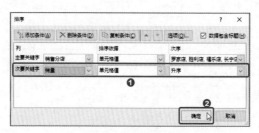

图5-13　完成排序设置

	A	B	C	D
1	商品名称	单位	销量	销售分店
2	齿轮	个	235	罗家店
3	压缩机	台	1,245	罗家店
4	倒车镜	个	6,258	罗家店
5	压缩机	台	125	胜利店
6	齿轮	个	459	胜利店
7	倒车镜	个	625	胜利店
8	倒车镜	个	254	福乐店
9	压缩机	台	1,245	福乐店
10	齿轮	个	1,857	福乐店
11	压缩机	台	687	长宁店
12	倒车镜	个	958	长宁店
13	齿轮	个	3,265	长宁店

图5-14　查看排序结果

5.2 火眼金睛识别数据，就用【筛选】功能

小刘，你会使用【筛选】功能吗？当需要从报表中快速找出目标数据时，就要灵活使用【筛选】功能。在复杂的情况下，还需要借助【高级筛选】功能。

我只会简单地筛选数据，可不会【高级筛选】功能啊！

5.2.1 用简单筛选找出业绩达标的员工

小刘

王Sir，为了更好地完成张经理的任务，我提前学习了Excel筛选功能，当时觉得挺简单的，但是今天就遇到问题了。

张经理让我在这张表中把电脑的销售额大于100万元的员工找出来。**如何既对产品名称进行筛选，又对产品的销售额进行筛选呢？**

	A	B	C	D	E	F	G
1	姓 名	产品名称	销量	提货价（元）	零售价（元）	销售额（元）	销售利润（元）
2	王 磊	电脑	158	2000	4500	711000	395000
3	王 磊	手机	958	1000	3600	3448800	2490800
4	刘梦寒	电脑	748	2000	5000	3740000	2244000
5	刘梦寒	手机	125	1000	3900	487500	362500
6	李晓东	电脑	95	2000	4300	408500	218500
7	李晓东	手机	854	1000	3918	3345972	2491972

王Sir

　　很简单，要想筛选出电脑产品销售额大于100万元的员工，进行两次常规筛选就可以了。首先对"产品名称"进行【文本筛选】操作，将"电脑"产品筛选出来；再对"销售额"进行【数字筛选】操作，将销售额大于100万元的数据筛选出来。

　　打开"5.2.1.xlsx"文件，通过两次简单筛选查找业绩达标的员工，具体操作方法如下。

📢 Step01：文本筛选。❶为表格中第一行添加【筛选】按钮，单击"产品名称"单元格的【筛选】按钮；❷勾选【搜索】框下的【电脑】复选框；❸单击【确定】按钮，此时就完成了产品的筛选，如图5-15所示。

📢 Step02：打开【自定义自动筛选方式】对话框。❶接下来进行销售额数据筛选，单击"销售额（元）"单元格的【筛选】按钮；❷选择【数字筛选】选项；❸选择【大于】选项，如图5-16所示。

图5-15　文本筛选

图5-16　打开【自定义自动筛选方式】对话框

Step03：设置筛选条件。❶在打开的【自定义自动筛选方式】对话框中设置筛选条件为大于1000000；❷单击【确定】按钮，如图5-17所示。

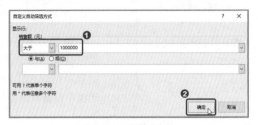

图5-17　设置筛选条件

Step04：查看筛选结果。完成数字筛选后，就成功地将电脑产品销售额大于100万元的员工数据筛选出来了，结果如图5-18所示。

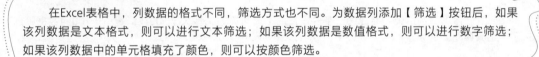

图5-18　查看筛选结果

温馨提示

　　在Excel表格中，列数据的格式不同，筛选方式也不同。为数据列添加【筛选】按钮后，如果该列数据是文本格式，则可以进行文本筛选；如果该列数据是数值格式，则可以进行数字筛选；如果该列数据中的单元格填充了颜色，则可以按颜色筛选。

5.2.2 用自定义筛选找出符合任一条件的员工

　　小刘，我现在需要了解公司业务员的销量情况。你帮我将优秀业务员（销量大于500）和较差业务员（销量小于100）都筛选出来。

小刘

也就是说我需要**同时找出销量大于500或销量小于100的业务员**，该怎么做呢？

王Sir

销量大于500或销量小于100，**两个条件只要满足一个就行，这是逻辑"或"的关系。**可以在【自定义自动筛选方式】对话框中设置筛选逻辑。

打开"5.2.2.xlsx"文件，筛选出销量大于500或小于100的业务员数据，具体操作方法如下。

Step01：设置筛选条件。❶单击"销量"列的【筛选】按钮，选择【自定义筛选】选项，在打开的【自定义自动筛选方式】对话框中设置逻辑"或"的筛选条件；❷单击【确定】按钮，如图5-19所示。

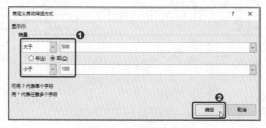
图5-19　设置筛选条件

Step02：查看筛选结果。完成筛选条件设置后，就可以将销量大于500或销量小于100的数据筛选出来了，结果如图5-20所示。

姓	产品名称	销量	提货价（元）	零售价（元）	销售额（元）	销售利润（元）
赵　晗	手机	958	1000	3600	3448800	2490800
刘梦寒	电脑	748	2000	5000	3740000	2244000
李晓东	电脑	95	2000	4300	408500	218500
罗　旭	手机	854	1000	3918	3345972	2491972
王　雪	手机	25	1000	4625	115625	90625
罗　丽	电脑	958	2000	6500	6227000	4311000

图5-20　查看筛选结果

技能升级

对表格进行筛选后，可以单击【数据】选项卡下【排序和筛选】组中的【清除】按钮，清除当前的所有筛选结果。如果只需要清除某列数据的筛选结果，可以单击该列的【筛选】按钮，再从中选择【从"×××"中清除筛选】选项，即可清除该列数据的筛选结果。

5.2.3 用通配符1秒内筛选万条数据

张经理

小刘，我现在需要对在职员工进行统计分析，你帮我将所有籍贯在四川省的员工筛选出来。

▲	A	B	C	D	E
1	员工编号	员工姓名	籍贯	工龄（年）	部门
2	ZR001	王　磊	四川攀枝花	1	运营部
3	ZR002	赵　晗	云南昆明	2	市场部
4	ZR003	李东儒	云南玉溪	3	市场部
5	ZR004	刘梦寒	贵州贵阳	4	设计部
6	ZR005	李晓东	四川绵阳	5	人事部
7	ZR006	罗　旭	四川泸州	5	运营部
8	ZR007	赵　奇	贵州毕节	5	市场部
9	ZR008	王　蕾	山西长治	2	运营部

小刘

"四川攀枝花""四川绵阳"……这些都属于籍贯是四川的数据，我难道需要根据四川不同的地区进行筛选？

王Sir

小刘，不用这么复杂。**Excel自定义筛选时，可以灵活使用通配符进行筛选。"?"代表单个字符，"*"代表多个字符。**
"四川*"表示筛选出"四川"后面带有多个字符的数据，"四川??"表示筛选出"四川"后面带有两个字符的数据。"四川攀枝花"和"四川绵阳"，后面的字符数并不统一，因此可以使用"四川*"的形式。

打开"5.2.3.xlsx"文件，使用通配符进行模糊筛选，具体操作方法如下。

📢 Step01：使用通配符进行筛选。❶打开"籍贯"列的【自定义自动筛选方式】对话框，设置筛选条件为【等于】【四川*】；❷单击【确定】按钮，如图5-21所示。

📢 Step02：查看筛选结果。此时表格中"籍贯"列所有属于四川地区的数据都被筛选出来了，结果如图5-22所示。

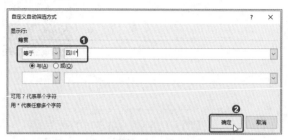

图5-21　使用通配符进行筛选

	A	B	C	D	E
1	员工编号	员工姓名	籍贯	工龄（年	部门
2	ZR001	王　　磊	四川攀枝花	1	运营部
6	ZR005	李　晓　东	四川绵阳	5	人事部
7	ZR006	罗　　旭	四川泸州	1	运营部
12	ZR011	罗　　丽	四川宜宾	5	人事部
13	ZR012	赵　　东	四川南充	2	设计部
14	ZR013	罗　小　芙	四川成都	4	人事部
15	ZR014	李　霜　霜	四川成都	5	市场部
17	ZR016	周　文　寒	四川达州	2	市场部

图5-22　查看筛选结果

 使用高级筛选，条件设置更灵活

 张经理

小刘，这份表中包括了2018年367项商品的入库记录，你将2018年7月1日以后入库上海仓且入库数量大于200台的商品筛选出来。

	A	B	C	D	E	F
1	产品编号	入库日期	所入仓库	类别	单位	入库数量
2	YB125	2018/1/2	上海仓	电视机	台	125
3	YB126	2018/5/6	河北仓	洗衣机	台	625
4	YB127	2018/6/1	四川仓	冰箱	台	254
5	YB128	2018/7/5	上海仓	冰箱	台	95
6	YB129	2018/7/8	河北仓	洗衣机	台	85
7	YB130	2018/7/9	上海仓	电视机	台	745
8	YB131	2018/7/20	四川仓	电视机	台	125
9	YB132	2018/7/26	上海仓	电视机	台	425
10	YB133	2018/8/25	上海仓	电视机	台	524
11	YB134	2018/9/1	河北仓	洗衣机	台	125
12	YB135	2018/9/21	四川仓	冰箱	台	95
13	YB136	2018/4/2	上海仓	冰箱	台	85
14	YB137	2018/4/3	河北仓	洗衣机	台	74

 小　刘

张经理的筛选要求看得我头都晕了，要对日期、入库仓库、入库数量都进行筛选。我记得自定义筛选只能设置两个条件啊！

王Sir

　　小刘，使用【高级筛选】功能啊！自定义筛选有一定局限性，只能在当前数据区域进行筛选，且筛选条件有限。如果**需要对多列数据进行筛选，且筛选条件复杂，可以使用高级筛选**。通**过在工作表中空白单元格内输入筛选条件，就可以实现高级筛选操作了。**

　　打开"5.2.4.xlsx"文件，输入筛选条件实现高级筛选，具体操作方法如下。

Step01：输入筛选条件。在表格右边的空白单元格中输入筛选条件，注意筛选条件的字段名必须与表格中的字段名一模一样，如图5-23所示。

	A	B	C	D	E	F	G	H	I	J
1	产品编号	入库日期	所入仓库	类别	单位	入库数量		入库日期	所入仓库	入库数量
2	YB125	2018/1/2	上海仓	电视机	台	125		>2018/7/1	上海仓	>200
3	YB126	2018/5/6	河北仓	洗衣机	台	625				
4	YB127	2018/6/1	四川仓	冰箱	台	254				
5	YB128	2018/7/5	上海仓	冰箱	台	95				
6	YB129	2018/7/8	河北仓	洗衣机	台	85				
7	YB130	2018/7/9	上海仓	电视机	台	745				
8	YB131	2018/7/20	四川仓	电视机	台	125				
9	YB132	2018/7/26	上海仓	电视机	台	425				
10	YB133	2018/8/25	上海仓	电视机	台	524				

图5-23　输入筛选条件

Step02：执行【高级筛选】命令。❶单击【数据】选项卡下【排序和筛选】组中的【高级】按钮，打开【高级筛选】对话框；❷在对话框中设置【列表区域】为表格数据区域，设置【条件区域】为事先输入的筛选条件区域；❸单击【确定】按钮，如图5-24所示。

图5-24　执行【高级筛选】命令

Step03：查看筛选结果。此时就按筛选条件筛选出2018年7月1日以后入库上海仓且入库数量大于200台的商品数据，结果如图5-25所示。

	A	B	C	D	E	F
1	产品编号	入库日期	所入仓库	类别	单位	入库数量
7	YB130	2018/7/9	上海仓	电视机	台	745
9	YB132	2018/7/26	上海仓	电视机	台	425
10	YB133	2018/8/25	上海仓	电视机	台	524
16	YB139	2018/7/6	上海仓	电视机	台	451

图5-25　查看筛选结果

5.2.5 将多个筛选结果同时汇报给领导

张经理

小刘，你帮我筛选一下这份销售明细表，我要多方面分析公司产品的销售情况：①筛选出3月销量大于100台的产品销售数据；②筛选出销量大于200台的手机销售数据；③筛选出销售额大于10万元的销售数据。

小 刘

张经理的要求太多了，我需要将不同的筛选结果复制粘贴到新的表格中才能汇报给他。

	A	B	C	D	E	F	G
1	商品名称	单位	销量	售价（元）	销售额（元）	销售员	销售日期
2	手机	台	125	4500	562500	王 丽	2018/1/3
3	电脑	台	625	5000	3125000	赵 奇	2018/2/4
4	洗衣机	台	95	2400	228000	李 东	2018/1/29
5	手机	台	85	3951	335835	张 翰东	2018/3/5
6	冰箱	台	74	2151	159174	刘 晓璐	2018/3/25
7	手机	台	58	3957	229506	王 丽	2018/3/20
8	电脑	台	15	4598	68970	王 丽	2018/3/22
9	空调	台	26	2658	69108	赵 奇	2018/3/4

王Sir

小刘，不用重复地复制粘贴筛选结果。**使用【高级筛选】功能时，可以将筛选结果复制到其他区域，而不影响原始数据的显示。**

打开"5.2.5.xlsx"文件，将多个筛选结果汇总在一张表格中，具体操作方法如下。

📢 **Step01：** 设置条件区域和汇报区域。❶在表格右边空白的区域内输入筛选条件；❷在空白区域内设置一个放置筛选结果的区域，输入筛选结果的名称，如图5-26所示。

	商品名称	单位	销量	售价（元）	销售额（元）	销售员	销售日期	销量	销售日期	销售日期			3月销量大于100台的产品销售数据			
1																
2	手机	台	125	4500	562500	王 丽	2018/1/3	>100	>=2018/3/1	<=2018/3/31						
3	电脑	台	625	5000	3125000	赵 奇	2018/2/4									
4	洗衣机	台	95	2400	228000	李 东	2018/1/29									
5	手机	台	85	3951	335835	张 翰 东	2018/3/5									
6	冰箱	台	152	2151	326952	刘 晓 璐	2018/3/25									
7	手机	台	126	3957	498582	王 丽	2018/3/20									
8	电脑	台	15	4598	68970	王 丽	2018/3/22									

图5-26 设置条件区域和汇报区域

Step02：设置筛选条件。❶打开【高级筛选】对话框，选中【将筛选结果复制到其他位置】单选按钮；❷设置筛选区域；❸单击【确定】按钮，如图5-27所示。

图5-27 设置筛选条件

Step03：查看筛选结果。如图5-28所示，第一次筛选的结果就被复制到事先设定好的区域中。

	K	L	M	N	O	P	Q
	3月销量大于100台的产品销售数据						
	商品名称	单位	销量	售价（元）	销售额（元）	销售员	销售日期
	冰箱	台	152	2151	326952	刘 晓 璐	2018/3/25
	手机	台	126	3957	498582	王 丽	2018/3/20
	空调	台	195	2658	518310	赵 奇	2018/3/4
	空调	台	131	3105	406755	赵 奇	2018/3/2

图5-28 查看筛选结果

Step04：进行第二次筛选。❶在表格空白的单元格中输入第二次筛选的条件；❷设置一个放置筛选结果的区域；❸打开【高级筛选】对话框，选中【将筛选结果复制到其他位置】单选按钮；❹设置筛选区域；❺单击【确定】按钮，如图5-29所示。

Step05：进行第三次筛选。❶在表格空白的单元格中输入第三次筛选的条件；❷设置一个放置筛选结果的区域；❸打开【高级筛选】对话框，选中【将筛选结果复制到其他位置】单选按钮；❹设置筛选区域；❺单击【确定】按钮，如图5-30所示。

图5-29 进行第二次筛选

图5-30 进行第三次筛选

Step06：查看筛选结果。进行三次筛选后，其筛选结果都被工整地放到事先设置好的区域内，结果如图5-31所示。

销量	销售日期	销售日期	商品名称	单位	销量	售价（元）	销售额（元	销售员	销售日期
>100	>=2018/3/1	<=2018/3/31							
			冰箱	台	152	2151	326952	刘 晓 璐	2018/3/25
			手机	台	126	3957	498582	王 丽	2018/3/20
			空调	台	195	2658	518310	赵 奇	2018/3/4
			空调	台	131	3105	406755	赵 奇	2018/3/2
商品名称	销量								
手机	>200		商品名称	单位	销量	售价（元）	销售额（元	销售员	销售日期
			手机	台	313	4587	1435731	李 东	2018/5/6
			手机	台	265	3658	969370	刘 晓 璐	2018/9/8
			手机	台	215	3451	741965	李 东	2018/5/9
			手机	台	425	6254	2657950	王 丽	2018/7/6
	销售额（元）								
	>100000		商品名称	单位	销量	售价（元）	销售额（元	销售员	销售日期
			手机	台	125	4500	562500	王 丽	2018/1/3
			电脑	台	625	5000	3125000	赵 奇	2018/2/4
			洗衣机	台	95	2400	228000	李 东	2018/1/29
			手机	台	85	3951	335835	张 翰 东	2018/3/5
			冰箱	台	152	2151	326952	刘 晓 璐	2018/3/25
			手机	台	126	3957	498582	王 丽	2018/3/20

图5-31 查看筛选结果

技 能 升 级

　　在使用【高级筛选】功能时，可以勾选【选择不重复的记录】复选框，将重复数据排除在外，只留下不重复数据。

5.3　项目多而不乱，就用【分类汇总】功能

张经理

　　小刘，在对数据进行统计分析时，关注点不仅要放在数据的原始信息上，还要放在数据的汇总结果上。根据不同的汇总方式，可以挖掘出更多有价值的信息。

> 我知道Excel有个数据汇总功能，可是具体怎么用，我还没试过呢！

5.3.1 简单汇总数据并进行分析

张经理

小刘，考考你的数据分析能力。这份产品销售明细表中包含了去年前3个月的销售数据，你分别以"产品名称"和"业务员"为分类字段进行汇总，并对结果进行分析，然后将得出的结论汇报给我。

小刘

王Sir，我试着用【分类汇总】功能对张经理给的销售明细表以"产品名称"字段为依据进行汇总，**可是为什么相同的产品数据没有排列到一起呢？**

	A	B	C	D	E	F	G
1	产品名称	单位	销售日期	销量	售价（元）	销售额（元）	业务员
2	微波炉	台	1月	1523	750	1,142,250	王丽
3	冰箱	台	1月	958	2500	2,395,000	马东
4	电脑	台	1月	847	4000	3,388,000	王丽
5	空调	台	1月	459	3600	1,652,400	赵奇
6	洗衣机	台	1月	125	1900	237,500	刘含

王Sir

你犯了一个大多数新手都会犯的错。**根据某一字段进行分类汇总，首先必须对这一字段进行排序**，目的是将相同的数据排列到一起，然后再进行分类汇总操作。在张经理给你的任务中，需要进行两次汇总。你应该先以"产品名称"字段为依据进行汇总，对结果进行分析后，再以"业务员"字段为依据进行汇总。

以"产品名称"字段为依据进行汇总，可以对不同产品的销量和销售额以求和、求平均值的方式进行汇总，从而进一步分析不同产品在这3个月的销量及销售额总和，以及平均表现。以"业务员"字段为依据进行汇总，也是同样的道理。下面打开"5.3.1.xlsx"文件，对"产品名称"字段以【求和】方式汇总，对"业务员"字段以【平均值】方式汇总。

 Step01：对"产品名称"字段进行排序。❶右击A1单元格；❷选择快捷菜单中的【排序】命令；❸选择级联菜单中的【升序】命令，如图5-32所示。

Step02：单击【分类汇总】按钮。单击【数据】选项卡下【分级显示】组中的【分类汇总】按钮，如图5-33所示。

图5-32 对"产品名称"字段进行排序

图5-33 单击【分类汇总】按钮

Step03：设置汇总条件。❶在打开的【分类汇总】对话框中选择分类字段为【产品名称】，设置汇总方式为【求和】；❷勾选汇总项，如【销量】【销售额】；❸选中【替换当前分类汇总】和【汇总结果显示在数据下方】两个复选框；❹单击【确定】按钮，如图5-34所示。

Step04：查看汇总结果。如图5-35所示，是按"产品名称"字段进行销量和销售额数据汇总的结果。从结果中可以分析出，微波炉产品的销量最大，电脑产品的销售额最高。

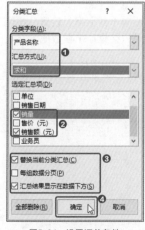

图5-34 设置汇总条件

图5-35 查看汇总结果

Step05：选择汇总级别。分类汇总表中以分级的方式显示汇总数据明细，并在工作表的左侧显示 按钮，用来调整汇总表的显示级别。图5-35所示的是3级汇总，最为详细。如图5-36所示，单击

187

图5-36　选择汇总级别

2 按钮，查看2级汇总数据。从结果中可以直接对比不同产品3个月内的销量和销售额汇总，而隐藏每类产品的数据明细。

Step06：删除汇总结果。接下来要以"业务员"字段为依据进行分类汇总。再次单击【分类汇总】按钮，打开图5-37所示的【分类汇总】对话框，单击【全部删除】按钮，删除当前对"产品名称"字段的汇总结果。

Step07：对"业务员"字段进行排序。❶删除汇总结果后，右击G1单元格；❷选择快捷菜单中的【排序】命令；❸选择级联菜单中的【升序】命令，如图5-38所示。

图5-37　删除汇总结果

图5-38　对"业务员"字段进行排序

Step08：设置汇总条件。❶完成数据排序后，打开【分类汇总】对话框，设置分类汇总的分类字段和汇总方式；❷勾选汇总项；❸勾选【替换当前分类汇总】和【汇总结果显示在数据下方】两个复选框；❹单击【确定】按钮，如图5-39所示。

Step09：查看汇总结果。从图5-40所示的汇总结果中可以分析不同业务员的销量和销售额平均值。其中马东业务员的平均销量和平均销售额均为最大，而刘含业务员的平均销量和平均销售额均为最小。

图5-39　设置汇总条件

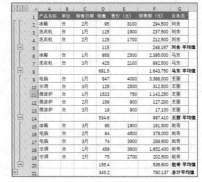

图5-40　查看汇总结果

5.3.2 更高级的汇总——嵌套汇总

 张经理

小刘，上次交给你的汇总任务完成得不错。针对同一张表，现在又有新的任务交给你了。你对不同的产品进行销量和销售额汇总，再对同一产品的业务员的销量和销售额进行汇总。将汇总的分析结果汇报给我。

 小 刘

这个任务好难。不过我想起了双重条件的自定义排序。对产品名称进行排序，然后再对同一产品的不同业务员进行排序。汇总数据前需要进行排序，那么，双重条件的数据汇总是不是也要先进行双重条件的自定义排序呢？

 王Sir

小刘，你的理解是正确的，**在进行双重条件的汇总时，首先要进行双重条件的自定义排序。**将相同的产品名称排列到一起，再将同一产品的相同业务员排列到一起。

在排序的基础上，对"产品名称"字段进行简单的分类汇总，然后在此基础上，再一次进行汇总。

需要注意的是，**排序时字段的主次顺序必须与后面进行分类汇总的字段顺序一致。**

打开"5.3.2.xlsx"文件，实现嵌套汇总的具体操作方法如下。

📢 Step01：自定义排序。❶右击A1单元格；❷选择【排序】下的【自定义排序】命令，打开【排序】对话框，如图5-41所示。

📢 Step02：设置自定义排序。❶在【排序】对话框中，对"产品名称"和"业务员"列数据进行排序；❷单击【确定】按钮，如图5-42所示。

📢 Step03：第一次汇总。完成数据排序后，单击【分类汇总】按钮，打开【分类汇总】对话框，如图5-43所示。❶在对话框中设置分类字段和汇总方式；❷勾选【销量】和【销售额】两个汇总项；❸勾选【替换当前分类汇总】和【汇总结果显示在数据下方】两个复选框；❹单击【确定】按钮。

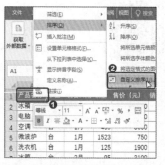

图5-41 选择【自定义排序】命令

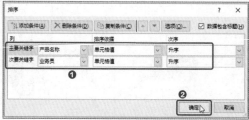

图5-42 设置自定义排序

图5-43 第一次汇总

Step04： 第二次汇总。完成第一次汇总后，再次单击【分类汇总】按钮，打开【分类汇总】对话框，如图5-44所示。❶在对话框中设置分类字段和汇总方式；❷勾选【销量】和【销售额】两个汇总项；❸取消勾选【替换当前分类汇总】复选框；❹单击【确定】按钮。

Step05： 查看汇总结果。如图5-45所示，此时双重嵌套汇总结果便展示出来了。通过双重汇总结果，不仅可以分析出不同产品3个月内的销量和销售额总和，还能分析不同业务员销售同一产品的销量和销售额总和。

Step06： 分级查看汇总结果。单击 3 按钮，查看3级汇总结果，如图5-46所示，从结果中可以快速分析出微波炉的销量最大，电脑的销售额最大。在销售冰箱商品时，业务员马东的销量和销售额均为最大。

图5-44 第二次汇总

	A	B	C	D	E	F	G
1	产品名称	单位	销售日期	销量	售价（元）	销售额（元）	业务员
2	冰箱	台	2月	95	3100	294,500	刘含
3				95		294,500	刘含 汇总
4	冰箱	台	1月	958	2500	2,395,000	马东
5				958		2,395,000	马东 汇总
6	冰箱	台	3月	85	1900	161,500	赵奇
7				85		161,500	赵奇 汇总
8	冰箱 汇总			1138		2,851,000	
9	电脑	台	1月	847	4000	3,388,000	王丽
10				847		3,388,000	王丽 汇总
11	电脑	台	2月	84	4500	378,000	赵奇
12	电脑	台	3月	74	3900	288,600	赵奇
13				158		666,600	赵奇 汇总
14	电脑 汇总			1005		4,054,600	
15	空调	台	3月	125	2500	312,500	王丽
16				125		312,500	王丽 汇总
17	空调	台	1月	459	3600	1,652,400	赵奇
18	空调	台	2月	75	2700	202,500	赵奇
19				534		1,854,900	赵奇 汇总

图5-45 查看汇总结果

	A	B	C	D	E	F	G
1	产品名称	单位	销售日期	销量	售价（元）	销售额（元）	业务员
3				95		294.500	刘含 汇总
5				958		2.395.000	马东 汇总
7				85		161.500	赵奇 汇总
8	冰箱 汇总			1138		2.851.000	
10				847		3.388.000	王丽 汇总
13				158		666.600	赵奇 汇总
14	电脑 汇总			1005		4.054.600	
16				125		312.500	王丽 汇总
19				534		1.854.900	赵奇 汇总
20	空调 汇总			659		2.167.400	
24				1701		1.286.550	王丽 汇总
28	微波炉 汇总			1701		1.286.550	
28				250		450.000	刘含 汇总
30				425		892.500	马东 汇总
31	洗衣机 汇总			675		1.342.500	
32	总计			5178		11.702.050	

图5-46 分级查看汇总结果

CHAPTER 6

展现，专业数据
统计图表这样做

经过几周的学习，我对Excel越来越熟悉，能够轻松制作报表、统计数据了。我以为这样的水平已经达到了张经理的要求。

谁知，张经理不仅要让我统计数据，还要求我将数据统计做成图表报告。张经理说："没有哪个看工作汇报的人有义务读密密麻麻的数字表格，并且要从中读懂数据含义。"

为了完成张经理的任务，我只好硬着头皮学习图表。随着学习的深入，我才发现图表中有大学问。数据图表化不仅能帮助他人分析数据，更能让他人读懂你的数据报告。

在王Sir的帮助下，我按照图表选择、图表创建、图表编辑的顺序进行学习，由易到难，最终啃下了图表这块"硬骨头"。

小 刘

信息时代，数据展现形式越来越重要。纵观网络各类图表层出不穷，Excel新版本的图表类型也在不断增加，可见，人们对图表的需求越来越强。

对很多人来说，Excel图表是个大难题。大难题是由许多小问题组成的，那些无法制作出美观图表的人，往往是碰到一个小问题就放弃了。例如选择不了合适图表，放弃；图表数据与原始数据不同，放弃……

大家应该像小刘学习，一点一点击破图表难题。将手中枯燥的数字变成美观有趣的图表，成就感就会油然而生。

王 Sir

6.1 面对几十种图表不再犯选择困难症

 张经理

小刘，这张表格数据量少，你将它做成简单的图表，并将图表放到这个月的工作汇报中。

	A	B
1	商品名称	销量（台）
2	手机	526
3	空调	125
4	电脑	95
5	电视机	152
6	电冰箱	95
7	洗衣机	216

王Sir

　　选择合适的图表类型是制作图表的第一步，选择错误类型的图表，后面的工作做得再完美也是徒劳。在Excel 2016中，提供了15种图表类型，每种类型下又细分为1~7种类型。不同类型的图表有不同的"脾气"，所以你千万不能抱有"差不多"的心态，一定要仔细甄别。

　　首先，你可以根据系统推荐的图表进行选择，因为**Excel 2016会根据表格数据特征推荐图表，减少图表选择错误率**；其次，可以根据展示目的以及数据特点进行图表选择。

1 使用系统推荐的图表

　　当新手对图表了解不多、时间又紧张的情况下，可以直接选择系统推荐的图表。系统推荐的图表是Excel 2016增加的新功能，系统会根据表格中的数据特征推荐1种或多种图表。每一种推荐的图表均会显示预览图和图表使用说明，这能帮助图表创建者选择最为理想的类型，具体操作方法如下。

 Step01：单击【推荐的图表】按钮。打开"6.1.xlsx"文件，❶选中数据区域的任意单元格，表示要用该区域的数据创建图表；❷单击【插入】选项卡下【图表】组中的【推荐的图表】按钮，如图6-1所示，打开【插入图表】对话框。

Step02：选择推荐的图表。❶在【推荐的图表】选项卡下左边的列表框中选择推荐的图表进行查看；❷通过预览推荐的图表和图表说明，确定这是符合需求的图表后，单击【确定】按钮，如图6-2所示。

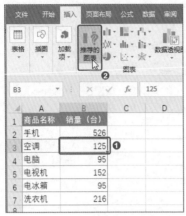

图6-1　单击【推荐的图表】按钮

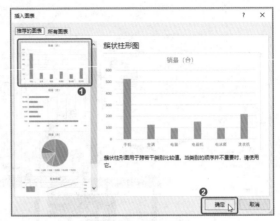

图6-2　选择推荐的图表

Step03：查看创建成功的图表。根据数据源和推荐的图表样式创建的图表如图6-3所示。

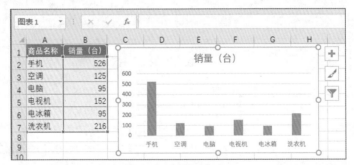

图6-3　查看创建成功的图表

② 根据展示目的选择图表

　　使用系统推荐的图表需要花时间预览图表和阅读图表的使用说明。如果对图表类型较为熟悉，知道不同的展示目的应该如何选择图表，可以直接创建图表，提高图表制作效率。

　　使用图表展示数据，主要的展示目的有4种：①比较数据，如比较不同商品销量大小、比较不同时间段商品的销售趋势；②展示数据分布，如展示客户消费水平的数据分布情况；③展示数据构成，如展示固定时间段内不同商品的销售额如何构成了总销售额；④展示数据的联系，如展示一个变量随着另一个变量变化的值。

　　图6-4所示是图表可视化专家Andrew Abela整理出来的基于四大展示目的的图表选择方向。

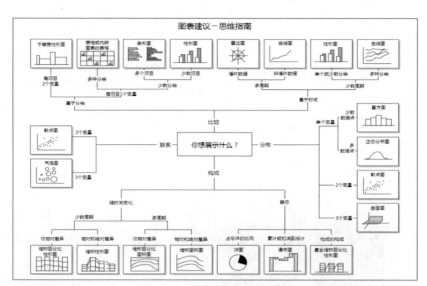

图6-4 根据展示目的选择图表

温 馨 提 示

　　Excel图表种类丰富，为了保证图表选择不出错，应该知道一些图表选择常识。体现数据大小对比，一般选择柱形图或条形图，当数据名称较长时选择条形图，当数据名称较短时选择柱形图；体现数据趋势，选择折线图；体现数据比例，选择饼图；体现2个变量数据，选择散点图；体现3个变量数据，选择气泡图；既体现数据趋势又体现数据总量变化，选择面积图；寻找数据的最佳组合，选择曲面图。

6.2 不懂这些，当然觉得图表难

张经理

　　小刘，我需要你帮我做一些汇报工作。汇报文件中尽可能用图表展现数据。你不仅需要根据数据合理选择图表，还要正确编辑图表，为数据量身定制图表。

我曾经试过编辑图表，可是那些元素就是不听话。这次不知能不能顺利完成任务？

6.2.1 快速创建图表的正确步骤

张经理

小刘，你将这份商品销量统计表做成两张图表。第一张图表，将商品在1月的销量比例展示出来，第二张图表，将冰箱、空调、洗衣机3项重点商品在1～3月的销量比例展示出来。

小刘

王Sir，根据张经理的要求，这两张图表都只用到了表格中的部分数据，这应该如何创建图表呢？

	A	B	C	D
1	商品名称	1月销量（台）	2月销量（台）	3月销量（台）
2	手机	95	75	15
3	电脑	85	58	25
4	冰箱	45	69	68
5	空调	62	25	95
6	电视机	15	26	24
7	洗衣机	52	12	24

王Sir

　　选中表格中有数据的任意单元格，表示默认用所有的数据创建图表；选中部分数据，再选择图表类型，则可以用部分数据创建图表。在选择数据时，如果数据区域没有相连，可以按住Ctrl键，选中分散的数据区域再选择图表类型。

　　在Excel 2016中创建图表的基本方法是，选中数据再选择图表。选择图表可以直接在选项卡下进行选择，也可以打开【插入图表】对话框进行选择。下面来看如何通过不同的选择方式创建图表。

Step01：选择图表。打开"6.2.1.xlsx"文件，❶选中A1:B7单元格区域；❷单击【插入】选项卡下【插入饼图或圆环图】下拉按钮，从弹出的下拉列表中选择【二维饼图】选项，如图6-5所示。

Step02：查看创建的图表。如图6-6所示，是根据选择的数据源和图表类型创建的饼图。

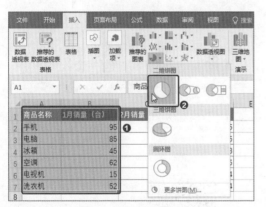

图6-5 选择图表类型

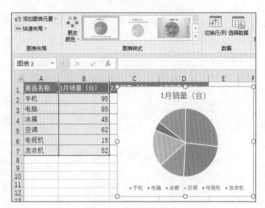

图6-6 查看创建的图表

Step03：选择数据并打开【插入图表】对话框。❶按住Ctrl键，依次选中A1:D1、A4:D5、A7:D7这3个单元格区域；❷单击【图表】组中的【插入图表】对话框启动器按钮，如图6-7所示。

Step04：选择图表。❶在打开的【插入图表】对话框中，切换到【所有图表】选项卡；❷选择【柱形图】类型；❸选择【百分比堆积柱形图】图表子类型；❹在下方选择需要的图表预览效果；❺单击【确定】按钮，如图6-8所示。

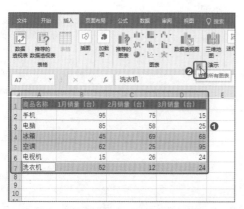

图6-7　选择数据并打开【插入图表】对话框

图6-8　选择图表

Step05：查看创建的图表。如图6-9所示，是根据所选数据源成功创建的百分比堆积柱形图图表。

图6-9　查看创建的图表

6.2.2　图表创建后要这样美化

张经理

小刘，你的汇报文档中，图表的类型选择没有问题。可是你的图表太丑了，拉低了报告的颜值。你调整一下图表样式，让其更美观。

小刘

好的，张经理，我这就去处理。

能正确创建图表对我来说已经很不容易了，还要同时兼顾图表的美观程度，实在是太难了。

王Sir

小刘，我知道你还不懂得如何编辑图表的各项元素。这样吧，你**直接套用系统提供的图表配色和图表样式，就可实现图表的快速美化**。

打开 "6.2.2.xlsx" 文件，通过套用系统提供的图表配色和图表样式对其中的图表进行美化，具体操作方法如下。

📢 Step01：选择配色。❶选中需要美化的图表；❷单击【图表工具-设计】选项卡下【更改颜色】按钮；❸选择一种配色，如选择【单色调色板2】配色。此时图表就应用了这种配色，如图6-10所示。

📢 Step02：打开样式列表。❶选中图表；❷单击【图表工具-设计】选项卡下【图表样式】组中的【其他】按钮，如图6-11所示。

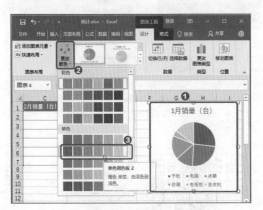

图6-10　选择配色

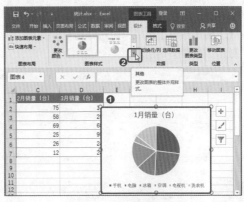

图6-11　打开样式列表

📢 Step03：选择一种样式。在打开的样式列表中选择一种样式，如选择【样式7】，如图6-12所示。此时图表就能应用选择的样式了。

📢 Step04：查看改变样式的图表。应用系统预置配色和样式的图表如图6-13所示，此时图表效果与修改前大有不同。

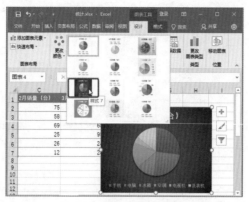

图6-12 选择一种样式

图6-13 查看改变样式的图表

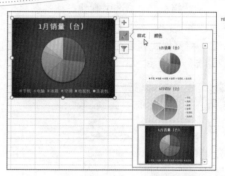

对图表快速美化，还可以直接单击图表右边的【图表样式】按钮 ，再从【样式】或【颜色】选项卡中选择需要的美化效果，如图6-14所示。

图6-14 通过【图表样式】按钮快速美化图表

 图表千变万化的秘诀

6.2.3

张经理

小刘，你交给我的产品销量折线图使用的是系统默认的布局和样式，这可不能满足实际情况需求。给你一个范例，你研究一下，然后将折线图改成下面这种形式。

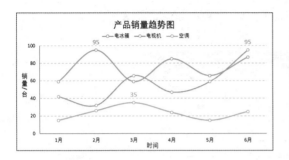

小刘

张经理，您这张图表确实更简洁美观。可是，这种效果看起来和Excel提供的折线图效果差别很大呀。我还是请教一下王Sir再动手吧。

王Sir

　　图表是由一个个布局元素构成的，如标题、坐标轴、数据标签等。**根据数据展现目的的不同，图表布局元素的形式也有所不同。**例如张经理给的图表范例中，重点在于体现不同产品的销量最大值，因此没有将所有时间下的具体销量值标注出来。

　　让Excel提供的图表变得与众不同，秘诀就在于修改图表布局元素的格式。将折线变成曲线、将实线变成虚线……布局元素格式的改变，会让图表发生巨大的变化，从而更好地体现数据，并在视觉上更具差异性。

　　要想合理设置图表的布局，就需要明白如何改变图表布局元素的种类、如何编辑布局元素。

　　增加或删除图表布局元素的方法是：选中图表，单击【图表工具-设计】选项卡下【添加图表元素】下拉按钮，从中可以自由选择布局元素，还可选择具体的布局方式。如图6-15所示，在【添加图表元素】下拉菜单中选择【数据表】命令，再在级联菜单中选择【显示图例项标示】选项的布局方式，结果在图表下方便增加了带有图例项标示的数据表。

　　对于新手来说，不知道为图表选择什么布

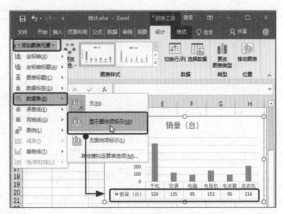

图6-15　添加布局元素

局时，可以单击【图表工具-设计】选项卡下的【快速布局】下拉按钮，从中选择组合好的布局类型。如图6-16所示，在【快速布局】下拉菜单中选择【布局5】类型，这种布局包含了图表标题、数据表、纵坐标轴标题等布局元素，选择这种布局后，图表呈现出【布局5】的样式。

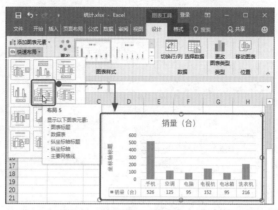

图6-16　快速布局

　　根据需求为图表添加相应的布局元素后，往往还需要编辑单个的布局元素，使其更符合实际展示需求。编辑布局元素的方法是，选中这种布局元素，双击，在打开的【设置XX格式】窗格中进行编辑。如图6-17所示，双击纵坐标轴，会打开【设置坐标轴格式】窗格，在这里可以编辑坐标轴的颜色、粗细、边界值等项目。

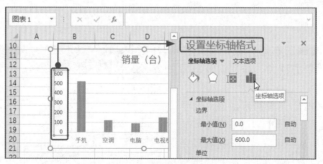

图6-17　编辑布局元素

　　下面通过实例，看看具体的图表布局编辑方法。

Step01：创建折线图。打开"6.2.3.xlsx"文件，选中所有数据源，创建折线图，如图6-18所示。

Step02：设置图表标题的文字格式。❶将光标插入图表标题文本框中，删除原有的文字，输入新的图表标题；❷选中标题，在【开始】选项卡下【字体】组中设置标题文字的格式为【等线（正文）】【16号】【黑色，文字1】，如图6-19所示。

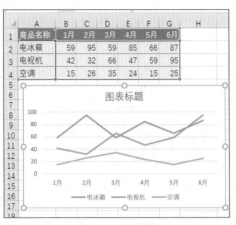

图6-18 创建折线图

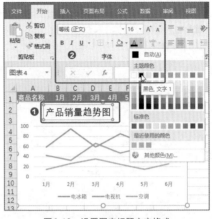

图6-19 设置图表标题文字格式

Step03： 设置折线格式。❶双击"电冰箱"折线；❷在打开的【设置数据系列格式】窗格中单击【填充与线条】选项卡；❸设置【线条】格式为【实线】；❹设置【宽度】为1.75磅；❺单击【填充颜色】按钮，在弹出的下拉菜单中选择【其他颜色】命令，如图6-20所示。

Step04： 设置折线颜色参数。❶在打开的【颜色】对话框中设置折线的RGB颜色值；❷单击【确定】按钮，如图6-21所示。

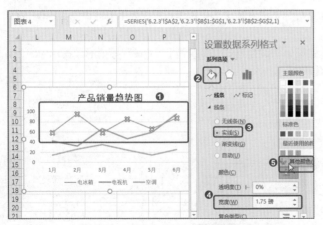

图6-20 设置"电冰箱"折线格式

图6-21 设置折线颜色参数

Step05： 将折线调整为平滑线。在【填充与线条】选项卡最下方勾选【平滑线】复选框，此时选中的折线就调整为平滑线，如图6-22所示。

📢 Step06：设置另外两条折线格式。使用同样的方法将"电视机"和"空调"折线进行格式调整。其中"电视机"折线的RGB颜色值为【204,153,255】，"空调"折线的RGB颜色值为【0,204,255】，效果如图6-23所示。

图6-22 将折线调整为平滑线

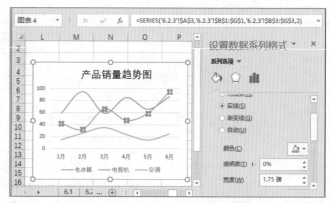

图6-23 设置"电视机"和"空调"两条折线格式

📢 Step07：设置数据标记格式。❶选中"电冰箱"产品的折线；❷在【设置数据系列格式】窗格中切换到【填充与线条】选项卡，再选择【标记】子选项卡；❸选择【内置】型数据标记，类型为【圆形】，大小为5，如图6-24所示。

📢 Step08：设置标记填充色。❶在【标记】子选项卡下设置填充方式为【纯色填充】；❷选择填充色为【白色，背景1】，如图6-25所示。

📢 Step09：设置标记边框色。❶设置标记的边框格式为【实线】；❷设置标记的边框色为绿色，标记的边框色与折线的颜色一致，如图6-26所示。

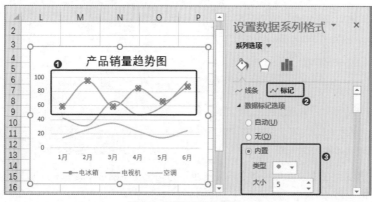

图6-24 设置数据标记格式

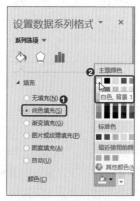

图6-25 设置标记填充色

📢 Step10：设置其他产品的标记格式。使用同样的方法完成"电视机"和"空调"产品的标记格式设置，如图6-27所示，标记的边框色与折线颜色均保持一致。

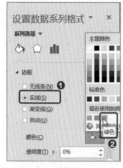

图6-26 设置标记边框色

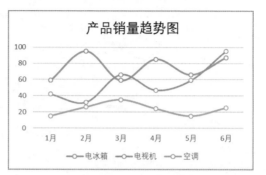

图6-27 完成其他产品的标记设置

📢 Step11：添加数据标签。接下来为产品的销量最大值添加数据标签。❶在"电冰箱"产品的折线最高点单击两次，单独选中这一数据点；❷单击【添加图表元素】下拉按钮；❸在弹出的下拉菜单中选择【数据标签】命令；❹设置布局样式为【上方】，如图6-28所示。此时就能在选中的折线数据点上方添加一个数据标签，显示这个数据点的具体数值。

📢 Step12：设置数据标签文字格式。❶选中添加的数据标签；❷在【开始】选项卡下的【字体】组中设置文字格式为【等线（正文）】【12号】【B（粗体）】【绿色】，如图6-29所示。

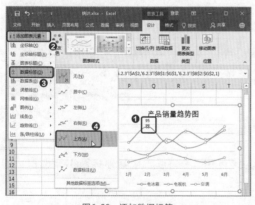

图6-28 添加数据标签

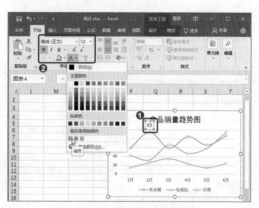

图6-29 设置数据标签文字格式

📢 Step13：完成其他产品数据标签的添加。使用同样的方法为"电视机"和"空调"产品的销量最大值添加数据标签，并设置文字格式，如图6-30所示。

📢 Step14：设置坐标轴格式。❶双击纵坐标轴；❷在【设置坐标轴格式】窗格中设置线条格式为【实线】；❸设置颜色的RGB值为【68,114,196】；❹设置宽度为1磅，如图6-31所示。使用同样的方法设置横坐标轴的格式。

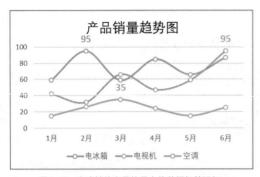

图6-30　完成其他产品的最大值数据标签添加

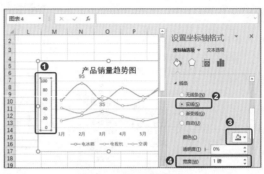

图6-31　设置坐标轴格式

Step15： 设置网格线格式。❶选中网格线；❷设置线条格式为【实线】；❸设置透明度为58%，宽度为0.75磅，线型为【短划线】，如图6-32所示。从而设置出虚线网格线效果，增加透明度的原因是让网格线变"淡"，降低显眼程度。

Step16： 设置图例位置。❶选中图例；❷在【设置图例格式】窗格中选择图例的位置为【靠上】，如图6-33所示。

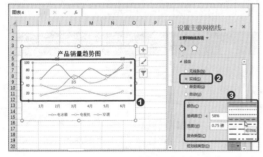

图6-32　设置网格线格式

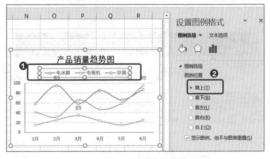

图6-33　设置图例位置

Step17： 增加坐标轴标题。❶单击图表右边的■按钮；❷勾选【坐标轴标题】复选框，如图6-34所示。

Step18： 调整坐标轴标题文字方向。❶双击纵坐标轴标题，在【设置坐标轴标题格式】窗格中单击【文本选项】选项卡；❷在【文本框】栏中设置【文字方向】为【竖排】，如图6-35所示。

Step19： 设置坐标轴标题的文字格式。在纵坐标轴标题文本框中输入文字，然后在【字体】组中设置文字格式为【11号】【黑色，文字1】，如图6-36所示。使用同样的方法完成横坐标轴的标题文字的设置。此时就完成了图表的布局元素编辑，效果如图6-37所示。

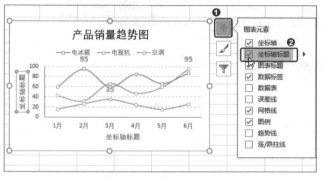

图6-34 添加坐标轴标题

图6-35 调整坐标轴标题文字方向

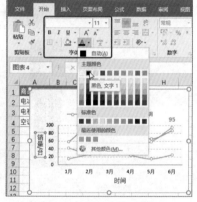

图6-36 调整坐标轴标题的文字格式

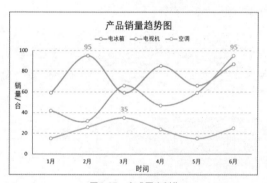

图6-37 完成图表制作

温馨提示

　　用Excel制作折线图，要注意颜色搭配和谐。例如本案例中，折线的颜色为绿色、蓝色、紫色，为类似色的搭配。而折线上的圆形标记点也选择与折线相同的边框色，使整张图表的颜色呈现统一的配色标准。

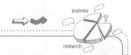

6.3 精益求精，跟着案例学商业制表

张经理

小刘，又到年终了，有很多工作需要向总部领导汇报。你整理一下汇报资料，按我的要求将里面的数据图表化。

经过前面的学习，图表原来没有我想象中的那么难。相信我能圆满完成这次汇报工作。

 6.3.1 **为销售数据定制图表**

张经理

小刘，你将这份不同年份的销量数据及增长率数据做成图表，再放到年终总结报告中。

	A	B	C
1	时间	销量（十万件）	增长率
2	2010年	125.69	
3	2011年	245.65	33.95%
4	2012年	269.68	24.95%
5	2013年	297.26	22.15%
6	2014年	315.25	22.69%
7	2015年	352.26	11.74%
8	2016年	399.56	13.43%
9	2017年	410.25	2.68%
10	2018年	412.15	14.40%

小刘

报表中有销量和增长率两类数据，也就是说我需要做两张图表吗？

王Sir

小刘，在职场中，这种报表十分典型，且最好在一张图表中将销量和增长率数据体现出来，方便数据的对比分析。方法是**创建"柱形图+折线图"的组合图表。由于销量和增长率的数据单位不一致，所以要将增长率数据调整到次坐标轴显示**，方能保证两份数据的显示互不干扰。

打开"6.3.1.xlsx"文件，为表格中的数据创建"柱形图+折线图"的组合图表，具体操作方法如下。

Step01：创建组合图表。❶选中表格中的数据，打开【插入图表】对话框，选择【组合】类型；❷选择【自定义组合】图表类型；❸在【为您的数据系列选择图表类型和轴】选项组中为不同的数据选择图表类型，并勾选【增长率】数据后的复选框，设置【增长率】数据显示在【次坐标轴】；❹单击【确定】按钮，如图6-38所示。

Step02：初步调整图表格式。为图表输入标题并调整文字格式，调整图例显示在图表上方，调整图表中柱形图和折线图的颜色，效果如图6-39所示。具体调整方法请参阅6.2.3小节，这里不再赘述。

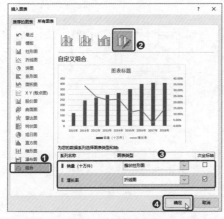

图6-38 创建组合图表

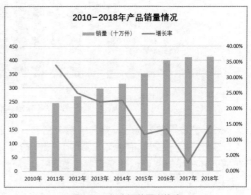

图6-39 初步调整图表格式

Step03: 调整柱形图间隙宽度。根据图表的尺寸，要调整柱形图间隙宽度，使柱形之间的间隙不会太宽也不会太窄。双击柱形图，打开【设置数据系列格式】窗格，在【系列选项】栏中拖动鼠标调整【间隙宽度】的值为70%，如图6-40所示。

图6-40　调整柱形图间隙宽度

Step04: 为折线图添加数据标记并设置格式。❶选中折线图，在【设置数据系列格式】窗格中，切换到【线条与填充】选项卡下的【标记】子选项卡；❷设置折线的数据标记为【内置】型，类型为【圆环形】，大小为5，然后设置标记的填充色为白色，边框色与折线颜色保持一致，如图6-41所示。

图6-41　为折线图添加数据标记并设置格式

Step05: 设置数据标签。❶选中整个图表；❷在【图表工具-设计】选项卡下单击【添加图表元素】按钮，在弹出的下拉菜单中选择【数据标签】命令；❸在级联菜单中选择【数据标签外】的布局类型，表示在柱形或折线外侧显示数据标签，如图6-42所示。

🔈 Step06：设置标签格式，隐藏主要纵坐标轴。❶分别选中柱形图和折线图的数据标签，设置其颜色与柱形或折线保持一致，然后选中主要纵坐标轴；❷单击【开始】选项卡下【字体】组中的【字体颜色】下拉按钮 $A\cdot$；❸选择【白色，背景1】。此时坐标轴颜色与图表背景颜色一致，实现隐藏效果，如图6-43所示。

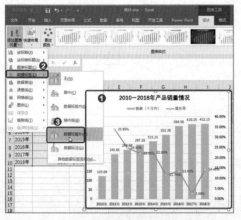

图6-42 设置数据标签

图6-43 隐藏坐标轴

🔈 Step07：隐藏次要纵坐标轴，删除网格线。❶使用相同的方法为次要纵坐标轴设置白色的字体格式，实现隐藏效果；❷选中网格线，右击，选择快捷菜单中的【删除】命令，删除网格线，如图6-44所示。

图6-44 删除网格线

🔈 Step08：根据报告的排版需求，调整图表的大小。将光标放到图表右下角，当光标变成双向十字箭头时，按住鼠标左键不放拖动，即可调整图表大小，如图6-45所示。

图6-45　调整图表大小

 温馨提示

　　现在流行**简洁的图表，制作理念是删除多余的、不必要的元素**。在本例中，为柱形图和折线图都添加了数据标签，也就是说，**读图者可以通过数据标签轻松识别数据大小。因此不需要坐标轴来辅助读数**，故将坐标轴隐藏（不能直接删除，删除后数据显示将受到影响）。**没有了坐标轴，网格线也就没有存在的意义了**，因此删除网格线，最终实现简洁图表的制作。

6.3.2　为消费人群数据定制图表

 张经理

　　小刘，这是市场部针对公司产品调查的消费人群的数据表，表中显示了不同类型商品的购物人群中，不同年龄段人群的占比。你做成图表，放到市场分析报告中。

	A	B	C	D	E
1	商品类型	20岁以下	20-35岁	35-45岁	45岁以上
2	洗护类	11.23%	36.15%	33.25%	19.37%
3	护肤类	8.90%	36.15%	38.26%	16.69%
4	零食类	31.26%	41.25%	16.25%	11.24%
5	服装类	9.25%	46.32%	28.26%	16.17%
6	健身类	12.25%	62.25%	19.25%	6.25%

小 刘

我知道体现数据比例要用饼图，可是这里的数据项目太多，饼图恐怕不是最佳选择。

王Sir

　　在Excel提供的图表中，**堆积柱形图/条形图、百分比堆积柱形图/条形图、堆积面积图、百分比堆积面积图等图表都可以体现数据比例。**你的这份数据可以选择堆积柱形图，这种图表用于比较不同项目下整体与部分的比例。

　　打开"6.3.2.xlsx"文件，为表格中的数据创建百分比堆积柱形图，具体操作方法如下。

Step01：选择百分比堆积柱形图。❶选中表格中的数据，打开【插入图表】对话框，选择【柱形图】类型；❷选择【百分比堆积柱形图】图表；❸在下方选择需要的图表预览效果；❹单击【确定】按钮，如图6-46所示。

Step02：更改图表配色。❶成功创建百分比堆积柱形图后，选中图表，单击【图表工具-设计】选项卡下的【更改颜色】下拉按钮；❷选择【彩色调色板4】配色，如图6-47所示。

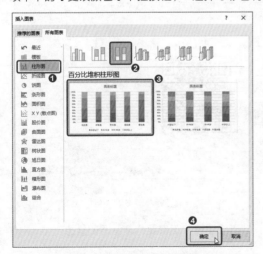

图6-46　选择百分比堆积柱形图

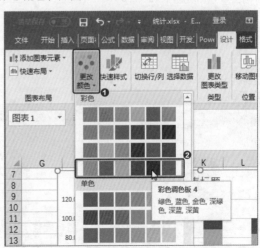

图6-47　更改图表配色

Step03：选择图表样式。选中图表，如图6-48所示，选择【图表工具-设计】选项卡下【样式2】图表样式。

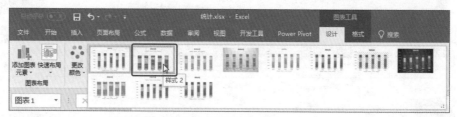

图6-48　选择图表样式

Step04：完成百分比堆积柱形图制作。此时便完成了图表配色和样式的调整，编辑图表标题，完成图表制作，效果如图6-49所示。通过该图表，可以直观地看到不同类型的商品的消费者的年龄段占比。

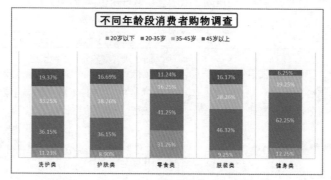

图6-49　最终效果

 6.3.3　为利润数据定制图表

张经理

　　小刘，这是联润分公司去年的利润报表。你将其制作成图表，不仅要体现利润的趋势变化，还要体现利润总值的变化。

小刘

体现利润的趋势变化很容易，用折线图就可以了。可是同时还需要体现总值的变化，我研究了一下，是否应该选择面积图呢？

	A	B
1	日期	利润（百万元）
2	1月	11.25
3	2月	13.26
4	3月	15.59
5	4月	9.58
6	5月	6.48
7	6月	5.25
8	7月	6.24
9	8月	3.25
10	9月	-1.2
11	10月	-2.5
12	11月	-3.6
13	12月	-6.7

王Sir

小刘，你的思考是正确的。**面积图正是一种既能体现趋势又能体现总值变化的图表**。鉴于你的任务与利润数据相关，通常情况下，**用绿色表示盈利，用红色表示亏损**。为了更圆满地完成任务，建议你使用辅助数据，制作出绿色和红色两种填充色的面积图表。

打开"6.3.3.xlsx"文件，为表格中的数据创建双色面积图，具体操作方法如下。

📢 Step01：更改表格数据。在Excel中要想实现双色面积图的制作，需要有两个数据系列，因此这里需要调整表格数据，将利润的"盈利"和"亏本"数据分成两列。如图6-50所示，增加一列"利润（百万元）"列，将负数的利润数据移到这列中。

📢 Step02：打开【插入图表】对话框。❶选中表格中A1:C13单元格区域；❷单击【插入】选项卡下【图表】组中的【插入图表】对话框启动器按钮 ▣ ，如图6-51所示。

	A	B	C
1	日期	利润（百万元）	利润（百万元）
2	1月	11.25	
3	2月	13.26	
4	3月	15.59	
5	4月	9.58	
6	5月	6.48	
7	6月	5.25	
8	7月	6.24	
9	8月	3.25	
10	9月		-1.2
11	10月		-2.5
12	11月		-3.6
13	12月		-6.7

图6-50 更改表格数据

图6-51 打开【插入图表】对话框

Step03：选择堆积面积图。❶选择【面积图】类型；❷选择【堆积面积图】图表子类型；❸单击【确定】按钮，如图6-52所示。

图6-52　选择堆积面积图

Step04：设置"盈利"数据系列的填充色。❶选中表示正数利润的数据系列；❷在【设置数据系列格式】窗格中，设置填充方式为【纯色填充】；❸单击【填充颜色】按钮，在弹出的下拉菜单中选择【其他颜色】命令，如图6-53所示。

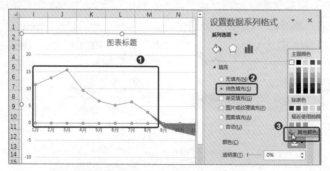

图6-53　设置"盈利"数据系列的填充色

Step05：设置颜色参数。❶在打开的【颜色】对话框中设置表示"盈利"数据系列的利润面积图颜色值；❷单击【确定】按钮，如图6-54所示。使用同样的方法设置表示"亏本"数据系列的利润面积图，RGB颜色值为【99,164,121】。

Step06：调整坐标轴标签位置。因为图表中的色块面积分布在X轴的上、下两侧，为了不影响X轴标签文字的显示，需要调整标签位置。❶选中横坐标轴；❷在【设置坐标轴格式】窗格中切换到【坐标轴选项】选项卡；❸在【标签位置】下拉列表框中选择【低】，如图6-55所示。

图6-54 设置颜色参数

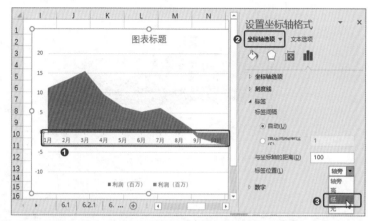

图6-55 调整坐标轴标签位置

📢 Step07：编辑图表其他细节。编辑图表的标题和坐标轴标题，删除图表中的图例，如图6-56所示。

📢 Step08：编辑网格线格式。选中图表中的网格线，选择网格线的线型为【短划线】，如图6-57所示。

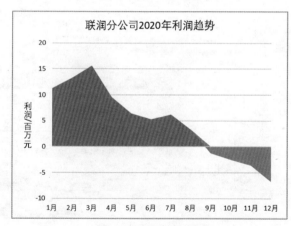

图6-56 编辑图表其他细节

图6-57 编辑网格线格式

📢 Step09：查看最终效果。此时便完成了双色利润面积图的制作，最终效果如图6-58所示。图表中绿色区域表示去年累计的利润总值，红色区域表示去年亏本的利润总值。对比红色区域和绿色区域的大小，可以了解去年利润总值的累计情况。

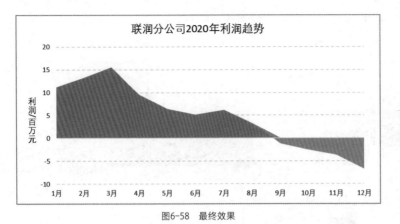

图6-58 最终效果

6.3.4 为商品数据定制图表

张经理

小刘，今年我们公司一共有20款新商品，这份数据是20款商品上市7天内的销售数据。你用图表将其体现出来，让其他领导通过图表能快速了解这些商品的销售情况。

	A	B	C	D
1	商品编码	咨询顾客数（位）	销量（件）	销售额（元）
2	M01	2,536	598	35,581.0
3	M02	5,214	1,524	99,822.0
4	M03	6,254	1,245	124,500.0
5	M04	958	12	1,500.0
6	M05	654	15	2,184.0
7	M06	1,245	35	2,222.5
8	M07	2,654	245	23,471.0
9	M08	2,354	625	28,500.0
10	M09	4,251	425	26,987.5

小 刘

图表中要体现商品的咨询顾客数、销量、销售额3种数据。如果我没记错的话，表示3个维度的数据值要用气泡图。

王Sir

确实如此，要想在一张图表中体现3个维度的数据，就要选择气泡图。**气泡图用X值、Y值和气泡大小来分别表示3种数据。**在这个任务中，**建议调整气泡图X轴和Y轴的交叉点，将气泡图变形成象限图，**从而将这20款商品放在4个象限中，**通过分析象限进行商品表现分析。**

打开"6.3.4.xlsx"文件，为表格中的数据创建象限图，具体操作方法如下。

📢 Step01：创建气泡图。❶选中表格中20款商品的数据，打开【插入图表】对话框，选择【XY(散点图)】类型；❷选择【气泡图】图表类型；❸在下方选择需要的图表预览效果；❹单击【确定】按钮，如图6-59所示。

📢 Step02：调整Y轴坐标轴参数。为了让代表20款商品的气泡合理地分布在图表中，这里需要设置坐标轴参数。❶双击Y轴，在【设置坐标轴格式】窗格中的【坐标轴选项】栏中调整Y轴的边界值，本例中Y轴代表的是销量，因此Y轴的边界值应根据最大销量和最小销量来设置。为了让气泡显示完整，Y轴边界最大值可以比销量最大值略大一点，最小值比

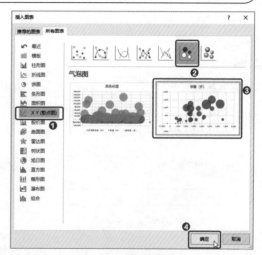

图6-59 创建气泡图

销量最小值略小一点；❷选择【坐标轴值】的交叉方式，设置Y轴在值800的地方与X轴交叉，而不是默认情况下的0值交叉点。这里之所以设置800，是因为要将销量800件以上的商品评定为优秀商品，销量800件以下的商品评定为表现一般的商品，如图6-60所示。

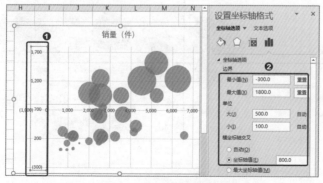

图6-60 调整Y轴坐标轴参数

📢 Step03：调整X轴坐标轴参数。❶用与设置Y轴参数一致的思路来设置X轴参数，根据商品的咨询顾客数最大值和最小值来设置X轴的最大值和最小值；❷选择【坐标轴值】的交叉方式，并设置X轴与Y轴的交叉点为3000。这里假设咨询顾客数大于3000的商品为受欢迎商品，小于3000的为表现一般的商品，如图6-61所示。

📢 Step04：调整Y轴坐标轴格式。❶删除图表中的网格线，选中Y轴，在【设置坐标轴格式】窗格中设置Y轴的线条为【实线】，【颜色】为【黑色】；❷设置线条【宽度】为【1.25磅】，如图6-62所示。

图6-61　调整X轴坐标轴参数

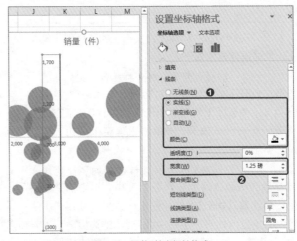

图6-62　调整Y轴坐标轴格式

📢 Step05：调整图表细节。使用同样的方法调整X轴坐标轴格式。编辑图表的标题、坐标轴标题，并选中图表中的气泡，改变气泡的填充色，效果如图6-63所示。

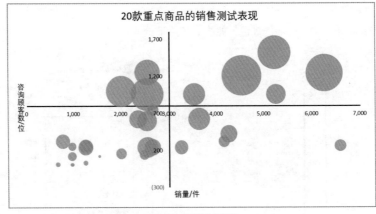

图6-63　调整图表细节

Step06：调整为带箭头的坐标轴。❶选中Y坐标轴；❷在【设置坐标轴格式】窗格中选择坐标轴的【结尾箭头类型】为【箭头】。使用同样的方法设置X轴的【结尾箭头类型】为【箭头】，如图6-64所示。

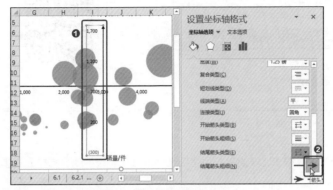

图6-64　调整为带箭头的坐标轴

Step07：查看最终效果。此时象限图便完成制作，效果如图6-65所示。从象限图中可以一目了然地看出这20款商品的销售测试情况。

第一象限为咨询客户数多、销量大的商品。这个象限中的商品为优秀商品，气泡大的商品为销售额大的商品，气泡小的商品属于"咨询客户数多，销量大，销售额不大"的商品，这类商品可能售价较低或客户单次购买数较少。

第二象限为咨询客户数少，销量大的商品。这个象限中，如果商品气泡大，销售额就大，说明是潜力商品，如果增加商品曝光率，增加客户咨询度，销量和销售额能有较大上升空间。

第三象限为销量和咨询客户数均较少的商品。这个象限中，气泡较大的商品还是有销量上升空间的。

第四象限为咨询客户数较多，但销量不理想的商品。这个象限中的商品很可能不受顾客欢迎，所以虽然得到了顾客咨询，却没有达成交易。

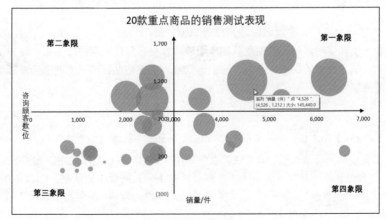

图6-65　最终效果

6.3.5 为员工数据定制信息图表

张经理

　　小刘，这份员工数据表比较简单，但是需要做成形象有趣的信息图放到人事汇报文档中，你处理一下。

小 刘

　　这份数据确实很简单，可是图表如何形象有趣呢？

	A	B	C
1	部门	男性员工	女性员工
2	运营部	57	32
3	市场部	21	8
4	人事部	3	6
5	技术部	6	31

王Sir

　　小刘，教你一个绝招。**将普通图表变成信息图，简单好用的方法就是"复制粘贴"法。**首先要找到素材，例如要根据员工性别数据制作图表，素材就是代表男性员工和女性员工的小人素材。复制素材，选中图表的柱形、条形、面积等元素，进行粘贴。普通的图表元素就变成了活泼有趣的素材图形了。

　　打开"6.3.5.xlsx"文件，制作小人图形的个性化条形图表，具体操作方法如下。

Step01：准备素材。寻找两张代表男性和女性的小人素材图片放到表格中，如图6-66所示。

Step02：创建条形图。❶选中表格中的数据，打开【插入图表】对话框，选择【条形图】类型；❷选择【簇状条形图】图表类型；❸在下方选择需要的图表预览效果；❹单击【确定】按钮，如图6-67所示。

图6-66 将素材放到表格中

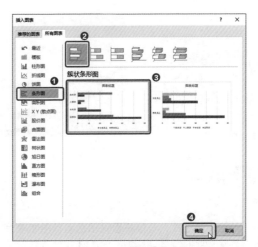

图6-67 创建条形图

Step03：调整条形图的间隙宽度。现在需要增加条形图的条形宽度，以便填充素材图片后，图片能充分展示。选中条形图中的条形，在【设置数据系列格式】窗格中调整【间隙宽度】的值，如图6-68所示。

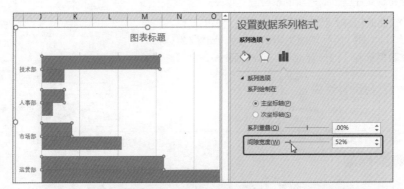

图6-68 调整条形图的间隙宽度

Step04：复制素材。选中代表男性的小人图片，右击图片，选择快捷菜单中的【复制】命令，如图6-69所示。

Step05：粘贴素材。选中条形图中代表男性的条形，如图6-70所示，按Ctrl+V组合键粘贴。成功将小人素材粘贴到条形图中后，效果如图6-71所示。

图6-69 复制素材

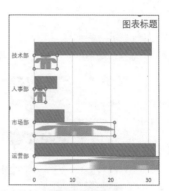

图6-70 粘贴素材 图6-71 粘贴效果

Step06： 调整填充方式。直接将素材粘贴到条形图中后，素材图片呈拉伸形状，此时需要调整填充方式才能让素材图片正常显示。如图6-72所示，双击填充了素材图片的条形，在【设置数据系列格式】窗格中选择【层叠】的填充方式。

Step07： 调整填充方式后的条形图效果如图6-73所示。使用同样的方法完成女性员工数据条的素材图片填充。

Step08： 此时已经大致完成了小人信息图表的制作。只需要编辑图表标题、设置Y坐标轴线为黑色、1磅，删除X坐标轴和网格线，添加数据标签，即可完成小人信息图的制作。最终效果如图6-74所示。

图6-72 调整填充方式

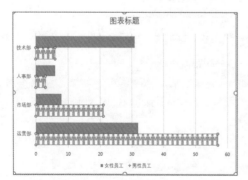

图6-73 调整填充方式后的条形图效果

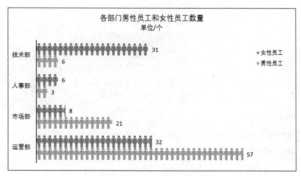

图6-74 制作完成的信息条形图

技能升级

使用复制、粘贴的功能，发挥想象力，可以快速制作出美观有趣的信息图表。例如复制房屋图形，选中柱形图中的柱形进行粘贴，可以制作出表示房屋业绩销量的信息图；复制手机和iPad图形，分别选中散点图中代表手机销量和iPad销量的散点进行粘贴，可以制作出表示手机和iPad销量分布的散点信息图。

6.4 酷炫专业的动态图表其实很简单

 张经理

小刘，这份数据需要做成动态汇报图表。其目的是当上级领导单击"华北"时，就显示华北地区的不同商品销售饼图；单击"东北"时，就显示东北地区的不同商品销售饼图。

	A	B	C	D
1	地区	食品销量	饮品销量	日用品销量
2	华北	524	426	524
3	华东	125	524	125
4	东北	265	152	652
5	西南	524	425	124
6	华南	236	623	156
7	西北	214	97	352

动态图表？这个功能不会要用Excel VBA功能才能实现吧？

王Sir

　　动态图表是一种高级的数据汇报方式。动态图表也叫交互式图表，可以随数据的选择而变化。动态图表的数据展示效率更高，通过数据的动态展示，灵活地读取数据，可以分析出更多有价值的信息。

　　动态图表的制作并不困难，也不需要具备程序编写知识。其原理是，**通过控件和简单的函数编写来实现。**

　　打开"6.4.xlsx"文件，为表格中的数据创建动态图表，具体操作方法如下。

Step01：添加【开发工具】。通过控件制作动态图表，需要在Excel选项卡中添加【开发工具】功能。选择Excel【文件】菜单中的【选项】命令，打开【Excel选项】对话框。❶切换到【自定义功能区】选项卡；❷勾选【开发工具】复选框；❸单击【确定】按钮，如图6-75所示。

图6-75　添加【开发工具】

Step02：选择列表控件。❶单击【开发工具】选项卡下的【插入】下拉按钮；❷单击【列表框（窗体控件）】按钮，如图6-76所示。

图6-76　选择列表控件

Step03：绘制控件并进入控件设置对话框。在表格中绘制一个列表框控件窗口，右击控件，选择【设置控件格式】选项，进入【设置控件格式】对话框，如图6-77所示。

Step04：设置控件格式。在【设置对象格式】对话框的【控制】选项卡中，【数据源区域】为事先录入的数据区域内的地区名称区域，然后再设置一个单元格链接，如图6-78所示。

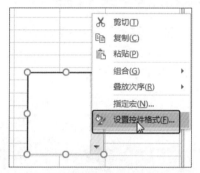

图6-77　选择【设置控件格式】选项

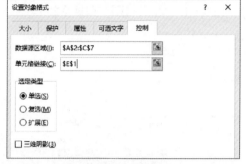

图6-78　设置控件格式

Step05：查看效果。完成控件格式设置后，效果如图6-79所示，此时控件中出现了表格中的地区文字，选择不同的地区，E1这个链接单元格出现了编号的变化。

	A	B	C	D	E	F	G
1	地区	食品销量	饮品销量	日用品销量	4		
2	华北	524	426	524			华北
3	华东	125	524	125			华东
4	东北	265	152	652			东北
5	西南	524	425	124			西南
6	华南	236	623	156			华南
7	西北	214	97	352			西北
8							
10							

图6-79　查看效果

Step06：输入公式。在表格中找个空白的地方输入数据名称，如在G1:J1单元格区域内输入数据名称。然后在"地区"下方的单元格内输入公式"=INDEX(A2:A7,$E$1)"，如图6-80所示。

这个公式表示，在A2:A7单元格区域内寻找与E1单元值对应的地区名称，如E1单元格为3时，对应的地区是"东北"；E1单元格为4时，对应的地区是"西南"。

VLOOKUP	:	× ✓ fx	=INDEX(A2:A7,$E$1)							
	A	B	C	D	E	F	G	H	I	J
1	地区	食品销量	饮品销量	日用品销量	4		地区	食品销量	饮品销量	日用品销量
2	华北	524	426	524			=INDEX(A2:A7,$E$1)			
3	华东	125	524	125						
4	东北	265	152	652			华北			
5	西南	524	425	124			华东			
6	华南	236	623	156			东北			
7	西北	214	97	352			西南			
8							华南			
9							西北			
10										

图6-80　输入公式

📢 Step07：复制公式，制作图表。将G2单元格的公式复制到H2、I2、J2单元格中。然后选中G1:J2单元格区域的数据，制作一个饼图，并调整好饼图的格式，如图6-81所示。

📢 Step08：查看动态图表效果。此时便完成了动态图表的制作，在列表控件中切换地区，如图6-82所示，切换到"东北"地区，饼图的数据随之发生改变。

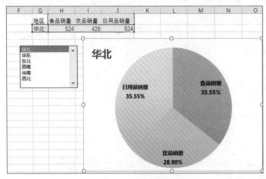

图6-81　复制公式

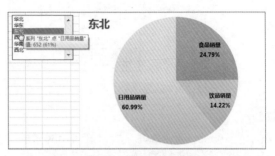

图6-82　查看动态图表效果

6.5　图表与数据并存就用迷你图

张经理

小刘，这份商品销量数据表中，每月具体的销量值需要引起重点关注，因此不要将数据完全制作成图表。你就在表格数据旁边制作图表，辅助阅读即可。

商品名称	单位	1月销量	2月销量	3月销量	4月销量
手机	台	254	265	254	152
洗衣机	台	152	54	658	95
电冰箱	台	265	254	957	95
空调	台	854	154	152	625
雨刷	对	125	99	254	265

这个好办，我知道可以在表格中插入迷你图，既不影响表格数据显示，又能通过图表提高数据的直观度。

打开"6.5.xlsx"文件，为表格中的数据制作迷你图，具体操作方法如下。

Step01：调整单元格高度。迷你图是显示在单元格中的微型图表，为了让迷你图充分展示，这里需要增加放置迷你图单元格的高度和宽度。拖动鼠标光标增加单元格的高度，如图6-83所示。

	A	B	C	D	E	F
1	商品名称	单位	1月销量	2月销量	3月销量	4月销量
2	手机	台	254	265	254	152
3	洗衣机	台	152	54	658	95
4	电冰箱	台	265	254	957	95
5	空调	台	854	154	152	625
6	雨刷	对	125	99	254	265

高度: 39.00 (52 像素)

图6-83　调整单元格高度

Step02：完成单元格调整。完成单元格的高度和宽度调整后，效果如图6-84所示，选中的单元格是需要创建迷你图的单元格。其中G列单元格的迷你图要体现不同商品在不同月份下的销量变化，因此创建折线迷你图。而第7行单元格的迷你图要体现相同月份下，不同商品的销量对比，因此创建柱形迷你图。

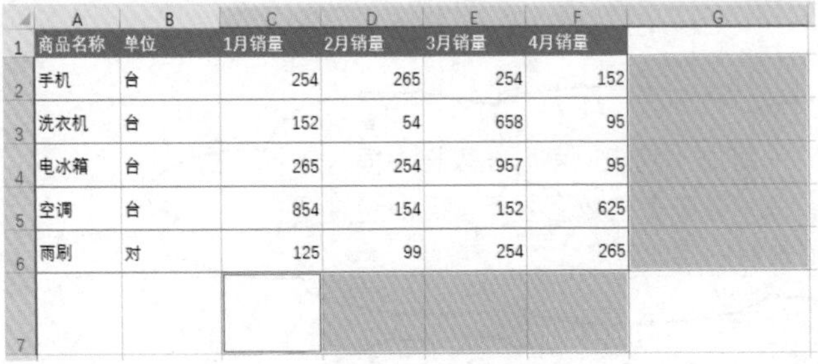

	A	B	C	D	E	F	G
1	商品名称	单位	1月销量	2月销量	3月销量	4月销量	
2	手机	台	254	265	254	152	
3	洗衣机	台	152	54	658	95	
4	电冰箱	台	265	254	957	95	
5	空调	台	854	154	152	625	
6	雨刷	对	125	99	254	265	
7							

图6-84　完成单元格调整

Step03：单击【折线】按钮。单击【插入】选项卡下【迷你图】组中的【折线】按钮，如图6-85所示。

图6-85　单击【折线】按钮

Step04：创建迷你图。❶在打开的【创建迷你图】对话框中设置【数据范围】和【位置范围】；❷单击【确定】按钮，如图6-86所示。

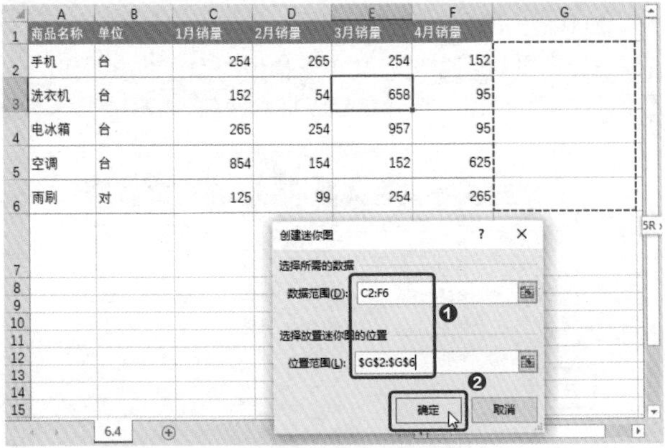

	A	B	C	D	E	F	G
1	商品名称	单位	1月销量	2月销量	3月销量	4月销量	
2	手机	台	254	265	254	152	
3	洗衣机	台	152	54	658	95	
4	电冰箱	台	265	254	957	95	
5	空调	台	854	154	152	625	
6	雨刷	对	125	99	254	265	

创建迷你图 ? ×

选择所需的数据
数据范围(D): C2:F6 ❶

选择放置迷你图的位置
位置范围(L): $G$2:$G$6 ❷

【确定】 【取消】

图6-86　创建折线迷你图

Step05：为折线迷你图添加高点标记。❶单击【迷你图工具-设计】选项卡下的【标记颜色】下拉按钮；❷选择【高点】标记；❸选择【红色】，便能为折线迷你图的数值最大点添加红色标记，如图6-87所示。

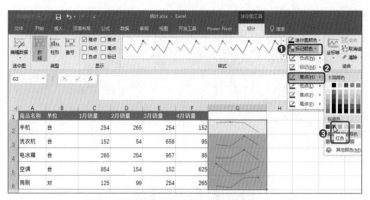

图6-87 为折线迷你图添加高点标记

📢 Step06：单击【柱形】按钮。完成折线迷你图创建后，继续创建柱形迷你图。单击【插入】选项卡下【迷你图】组中的【柱形】按钮，如图6-88所示。

图6-88 单击【柱形】按钮

📢 Step07：创建迷你图。❶在打开的【创建迷你图】对话框中设置迷你图的【数据范围】和【位置范围】；❷单击【确定】按钮，如图6-89所示。

📢 Step08：选择迷你图样式。❶打开【迷你图工具-设计】选项卡；❷在【样式】列表中选择一种迷你图样式。这种样式的颜色尽量与表格中的颜色相搭配，如图6-90所示。

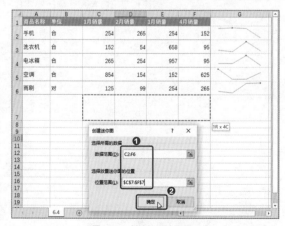

图6-89 创建柱形迷你图

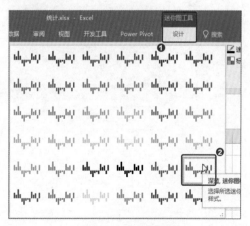

图6-90 选择迷你图样式

231

Step09：查看迷你图效果。此时便为表格中的数据分别添加了折线迷你图和柱形迷你图，效果如图6-91所示。

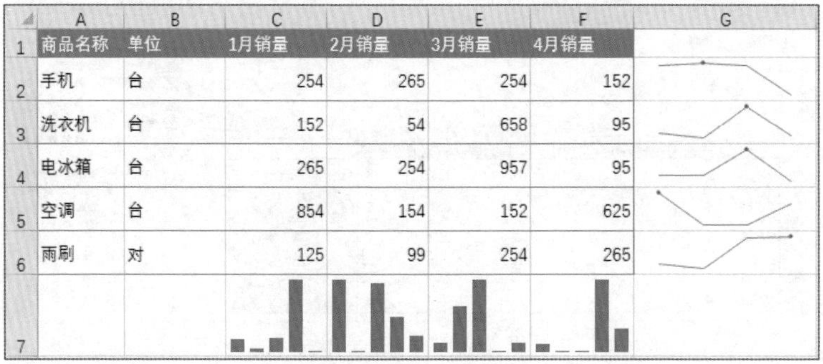

	A	B	C	D	E	F	G
1	商品名称	单位	1月销量	2月销量	3月销量	4月销量	
2	手机	台	254	265	254	152	
3	洗衣机	台	152	54	658	95	
4	电冰箱	台	265	254	957	95	
5	空调	台	854	154	152	625	
6	雨刷	对	125	99	254	265	
7							

图6-91　查看迷你图效果

CHAPTER 7

分析，用透视表
挖掘出数据价值

在学会透视表之前，我的数据是零散的，这给我的汇报和数据分析工作增加了很多不必要的麻烦。

在王Sir的指导下，我开始学习透视表。刚开始学习时，觉得创建一张透视表很简单，其实是我没有领悟到透视表的强大之处。

随着张经理布置任务的增加，我才恍然大悟：原来透视表不仅仅是用来汇报工作，更是数据分析、管理的工具。于是我将所有经手的数据都整理起来，当张经理需要某部分数据时，我能几分钟就完成报表；当张经理让我分析数据时，我更是轻而易举地就能得出数据背后的信息。

小 刘

透视表是Excel用来快速汇总大量数据及深入分析数据的工具。可惜的是，很多人会创建透视表，却不能活用透视表，更别提用透视表解决以下问题：

- 以灵活的方式汇总和查询海量数据。
- 以交互式的方式汇报大量数据。
- 汇总数据后按照要求对数据进行计算。
- 将重点关注数据转变为透视图，通过透视图放大数据特征。

王 Sir

7.1　一学吓一跳，透视表的强大超乎想象

　张经理

小刘，你来公司也有一段时间了，手中应该积累了不少公司的数据报表。接下来你需要将这些零散的数据进行整理，使用强大的透视表工具进行分析。你抓紧时间了解一下透视表功能。

透视表不就是汇总工具吗？这个工具比分类汇总工具强在哪儿呢？

7.1.1 全面认识【透视表】功能

小刘

王Sir，接下来张经理给我安排的任务与透视表相关。我研究了一下透视表，似乎只能汇总数据，它的强大之处在哪儿？

王Sir

创建透视表很简单，使用思路才是灵魂所在。这就像一把普通的剑，在大侠手里才会变成神兵利器。

透视表的强大功能主要有查询数据、分类汇总数据、选择性查看数据、分析数据、交互式汇报数据。

　　从名称上来看，Excel透视表的强大之处在于"透视"数据，通过重新排列或定位字段来重新查询、统计、分析数据。【透视表】功能十分灵活，可以动态地改变数据间的版面布置，以不同的方式查看、分析数据。下面通过一个例子来了解透视表的主要功能。

　　图7-1所示是一张销售统计报表，报表中数据量较大，有上千项。如果将这张报表做成数据透视表，可以更加灵活地查看、分析数据。

	A	B	C	D	E	F	G	H	I	J
1	日期	客户名称	客户所在地	销售商品	数量	售价（元）	销售额（元）	收费方式	销售员	交易状态
2	17/1/5	张 英	成都	雨刷器	254	89.9	22,834.60	POS机	张 高强	完成
3	17/1/6	李 名	昆明	汽车座套	125	150.5	18,812.50	支付宝	李 宁	换货
4	17/1/7	赵 奇	北京	SP汽车轮胎	625	180	112,500.00	微信	赵 欢	退货
5	17/1/8	刘 晓 双	重庆	合成机油	89	98	8,722.00	转账	刘 璐	完成
6	17/1/9	彭 万 里	上海	火花塞	85	95	8,075.00	现金	李 宁	完成
7	17/1/10	高 大 山	成都	雨刷器	74	85	6,290.00	现金	张 高强	完成
8	17/1/11	谢 大 海	北京	汽车座套	152	74	11,248.00	现金	李 宁	完成
9	17/1/12	马 宏 宇	银川	雨刷器	325	85	27,625.00	支付宝	李 宁	完成
10	17/1/13	林 菲	南宁	汽车座套	624	155.6	97,094.40	现金	张 高强	换货

图7-1　原始数据

查询数据

透视表的基本功能之一就是查询数据。即使原始数据中有多个数据字段，均能选择性地查看数据。如图7-2所示，这里只选择了【销售商品】【数量】【销售额（元）】3个字段。那么透视表中只会显示所选择的3个字段数据，如图7-3所示。如果需要选择其他字段进行查看，则重新回到【数据透视表字段】窗格中进行选择即可，从而实现数据的灵活查询。

图7-2　选择透视字段

	A	B	C
1	行标签	求和项:数量	求和项:销售额（元）
2	SP汽车轮胎	1359	179903
3	合成机油	3588	384063
4	火花塞	5634	516150.8
5	汽车座套	8500	747249.2
6	雨刷器	7740	696214.1
7	总计	26821	2523580.1

图7-3　查看透视表

分类汇总数据

透视表可以按分类和子分类对数据进行汇总计算，如图7-4所示，让【数量】字段的数据以【求和】的方式汇总，而【销售额（元）】字段以【平均值】的方式汇总。结果如图7-5所示，透视表中快速显示出各项商品的数量之和及销售额平均值。

图7-4　选择计算方式

	A	B	C
1	行标签	求和项:数量	平均值项:销售额（元）
2	SP汽车轮胎	1359	19989.22222
3	合成机油	3588	27433.07143
4	火花塞	5634	39703.90769
5	汽车座套	8500	28740.35385
6	雨刷器	7740	26777.46538
7	总计	26821	28677.04659

图7-5　查看透视表

选择性查看数据

在透视表中，可以通过展开或折叠按钮选择要展示的数据。如图7-6所示，单击"SP汽车轮胎"的折叠按钮后，结果如图7-7所示，该商品下各城市的销售明细数据被折叠起来，从而将注意力放到其他商品的城市销售明细数据上。

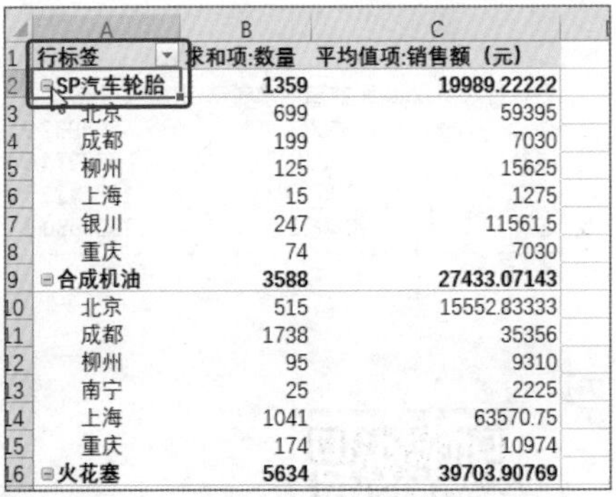

图7-6 单击折叠按钮

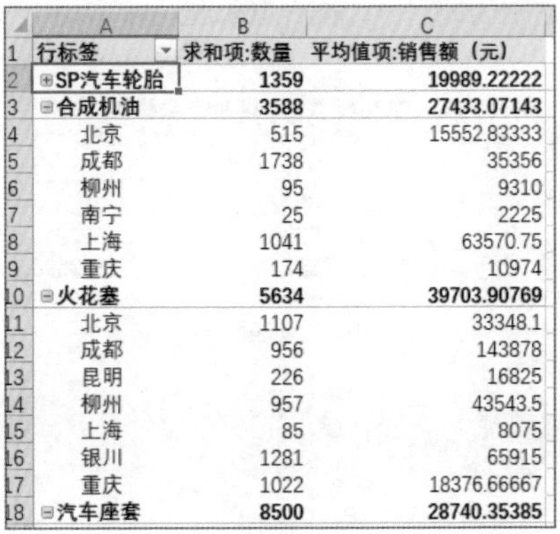

图7-7 选择性查看数据

 分析数据

在透视表中，可以对重点数据进行筛选、排序，或使用透视图、切片器、日程表进行数据分析。如图7-8所示，利用透视表中的筛选列表可以快速选择需要重点关注的数据项。如图7-9所示，对透视表中的数据进行【升序】排序，从而发现数据规律。

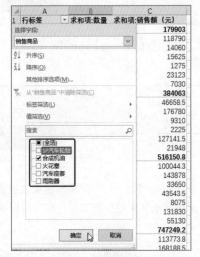

图7-8 筛选数据

图7-9 排序数据

5 交互式汇报数据

正是因为透视表可以对大量数据进行快速汇总及动态查询，因此可以实现交互式汇报数据的功能。透视表相当于一份基于原始数据表生成的动态数据库，当汇报需求发生变化时，不用改动原始数据，直接调整透视表即可。如图7-10和图7-11所示，是选择不同字段时透视表呈现的结果。

行标签 ▼	求和项:数量	求和项:销售额（元）
李宁	7335	696561.5
刘璐	3324	338223.3
张高强	10582	910879.8
赵欢	5580	577915.5
总计	26821	2523580.1

图7-10 透视表数据（1）

行标签 ▼	求和项:数量	求和项:销售额（元）
换货	3063	304982.9
退货	3210	332174.5
完成	20548	1886422.7
总计	26821	2523580.1

图7-11 透视表数据（2）

 7.1.2 高效应用透视表的前提

小 刘

王Sir，昨天您给我讲解了透视表的强大之处，于是我下班后又研究了一下透视表。我有点困惑，在透视表界面中无从下手。您快给我讲讲透视表的基本知识，让我有个下手点。

王Sir

先学会走再学跑，你的做法很正确。在使用透视表之前，你得明白，**一个完整的透视表是由数据库、行字段、列字段、求值项和汇总项等部分组成**。只有清楚各大组件的功能，你才能根据实际需求快速应用透视表。

图7-12所示是根据原始数据创建的透视表，一共有10项要素。

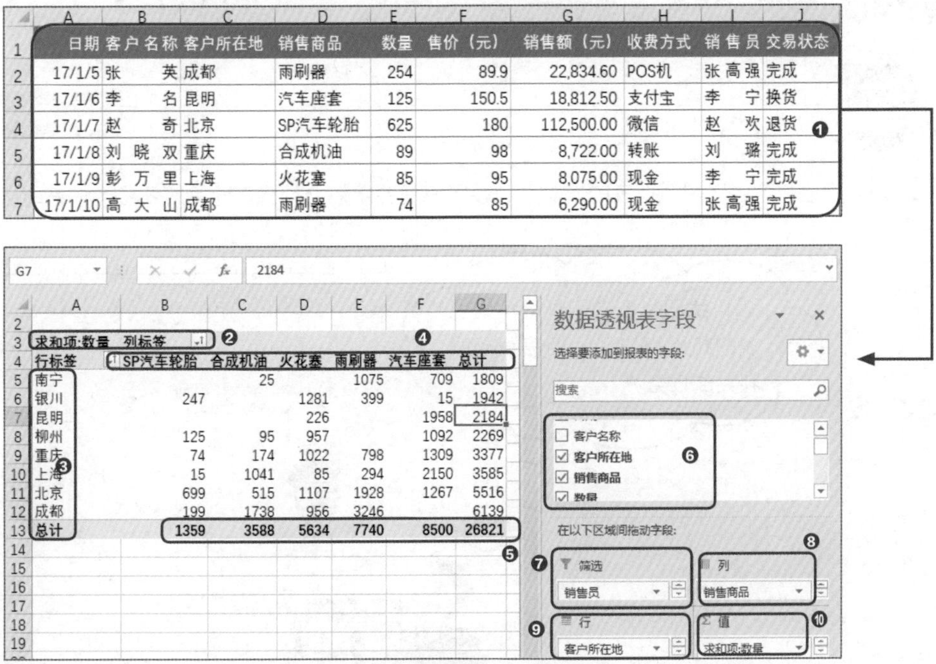

	A	B	C	D	E	F	G	H	I	J
1	日期	客户名称	客户所在地	销售商品	数量	售价（元）	销售额（元）	收费方式	销售员	交易状态
2	17/1/5	张 英	成都	雨刷器	254	89.9	22,834.60	POS机	张高强	完成
3	17/1/6	李 名	昆明	汽车座套	125	150.5	18,812.50	支付宝	李 宁	换货
4	17/1/7	赵 奇	北京	SP汽车轮胎	625	180	112,500.00	微信	赵 欢	退货
5	17/1/8	刘晓双	重庆	合成机油	89	98	8,722.00	转账	刘 璐	完成
6	17/1/9	彭万里	上海	火花塞	85	95	8,075.00	现金	李 宁	完成
7	17/1/10	高大山	成都	雨刷器	74	85	6,290.00	现金	张高强	完成

图7-12 根据原始数据创建的透视表

透视表的10项要素的作用如下。

❶ 数据库：也称为数据源，是透视表的原始数据。透视表的数据库可以在工作簿或一个外部文件中。

❷ 报表筛选字段：又称页字段，用于筛选表格中需要保留的项，项是组成字段的成员。

❸ 行字段：显示了信息的种类，等价于数据清单中的行。

❹ 列字段：显示了信息的种类，等价于数据清单中的列。

❺ 值字段：根据设置的求值方式对选择的字段进行求值统计，默认情况下是【求和】统计。

❻ 字段列表框：包含了数据透视表中所有的数据字段，在该列表框中选中或取消字段标题对应的复选框，可以对数据透视表进行透视。

❼【筛选】下拉列表框：移动到该下拉列表框中的字段即为报表筛选字段，将在数据透视表的报表筛选区域显示。

❽【列】下拉列表框：移动到该下拉列表框中的字段即为列字段，将在数据透视表的列字段区域显示。

❾【行】下拉列表框：移动到该下拉列表框中的字段即为行字段，将在数据透视表的行字段区域显示。

❿【值】下拉列表框：移动到该下拉列表框中的字段即为值字段，将在数据透视表的值字段区域显示。

7.2　从零开始创建透视表

张经理

　　小刘，相信你已经了解透视表的概念了。接下来我会给你安排一些简单的任务，你借助透视表来完成。

　　我已经事先了解清楚透视表的布局模块了，相信我能顺利完成任务。

7.2.1　源数据，一不留神天堂变地狱

小刘

　　王Sir，张经理让我统计1月不同业务员的商品销量数据，并制作成透视表。1月每天都包含2位业务员的销售数据，可是我将这份数据制作成透视表后，字段的名称却改变了。

	A	B	C	D	E	F
1	商品编码	日期	业务员	销量（件）	业务员	销量（件）
2	PV152	1月2日	刘竹	1215	张丽	152
3	PV153	1月3日	赵奇	214	王方	652
4	PV154	1月4日	张无铭	958	刘含鹏	142
5	PV155	1月5日	张无铭	758	王方	152
6	PV156	1月6日	赵奇	451	张丽	654
7	PV157	1月7日	赵奇	95	王方	847
8	PV158	1月8日	张无铭	784	张丽	1245
9	PV159	1月9日	赵奇	254	刘含鹏	957
10	PV160	1月10日	张无铭	125	刘含鹏	1245
11	PV161	1月11日	赵奇	625	张丽	415
12	PV162	1月12日	刘竹	748	刘含鹏	625
13	PV163	1月13日	赵奇	95	张丽	957

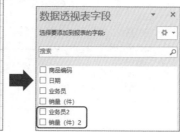

王Sir

　　你犯了一个错误，透视表要求数据源中的字段是唯一的，而你的数据源中有重复的字段名。为了区别不同的字段，透视表当然只能为字段重新命名了。

　　正确使用透视表的前提是有一个规范的源数据，你需要规避一些典型错误，快跟着我来学习吧。

1　不能包含多层表头或在记录中插入标题行

　　多层表头和记录中插入标题行是透视表的大忌，如图7-13所示。在创建透视表前，应该将不必要的表头删除，只留下一行表头。将记录中的标题行删除。如果记录很多，可以通过冻结单元格的方法来查看数据，避免在记录中插入标题行。

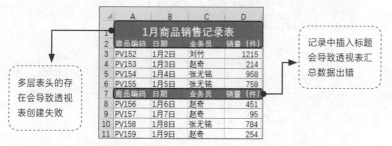

多层表头的存在会导致透视表创建失败

记录中插入标题会导致透视表汇总数据出错

图7-13　多层表头和记录中插入标题的源数据

2　不能有空白行或合并单元格

　　源数据表中不能有空白行，否则会影响透视表数据汇总，可以使用定位法批量删除空白行。对于合并单元格，应该取消单元格合并再创建透视表。图7-14所示是不规范的源数据。

商品编码 日期 业务员 销量（件） 销量统计
PV152 1月2日 刘竹 1215
PV153 1月3日 赵奇 214
PV154 1月4日 张无铭 958
PV155 1月5日 张无铭 758
PV156 1月6日 赵奇 451
PV157 1月7日 赵奇 95
PV158 1月8日 张无铭 784
PV159 1月9日 赵奇 254
PV160 1月10日 张无铭 125
3145
1709
空白行会让透视表中出现空白数据
合并单元格会让透视难以进行数据汇总和函数计算

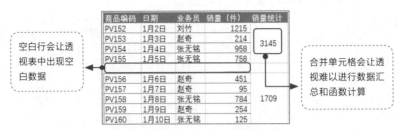

图7-14　有空白行和合并单元格的源数据

3 不能有重复的数据或重复字段

在源数据表中，如果有重复数据，透视表会对重复数据进行重复统计，影响统计结果的正确性。当表格中多列数据使用同一个字段名称时，会造成数据透视表的字段混淆，后期无法分辨数据属性。图7-15所示是包含重复数据和重复字段的不规范源数据。

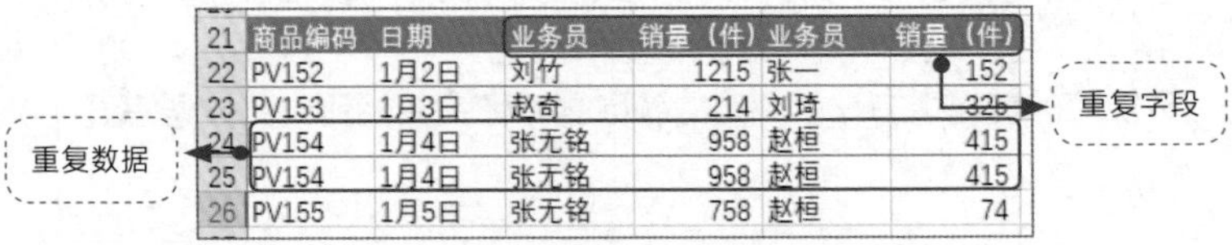

21 商品编码 日期 业务员 销量（件） 业务员 销量（件）
22 PV152 1月2日 刘竹 1215 张一 152
23 PV153 1月3日 赵奇 214 刘琦 325
24 PV154 1月4日 张无铭 958 赵桓 415
25 PV154 1月4日 张无铭 958 赵桓 415
26 PV155 1月5日 张无铭 758 赵桓 74
重复数据
重复字段

图7-15　有重复数据和重复字段的源数据

4 数据格式要规范

不规范的数据格式会给透视表分析带来很多麻烦，关于数据格式规范可以回顾本书第1章内容。如图7-16所示，日期数据应该是【日期】格式，而非【文本】格式。

报表.xls... 登录
文件 开始 插入 页面 公式 数据 审阅 视图 搜索
剪贴板 字体 对齐方式 数字
条件格式
套用表格格式
单元格样式
样式
单元格 编辑
B2
文本
数字
商品编码 日期
PV152 1月2日 刘竹 1215
PV153 1月3日 赵奇 214
PV154 1月4日 张无铭 958
PV155 1月5日 张无铭 758
PV156 1月6日 赵奇 451
日期数据使用了非【日期】格式，在使用【日程表】进行透视表分析时，日程表难以识别日期数据，从而出现错误

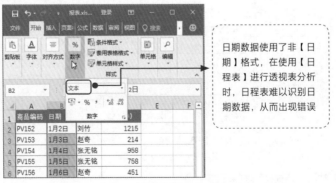

图7-16　日期格式错误的源数据

7.2.2 透视表巧创建，使用"拖动"和"修改"两招

小刘

王Sir，快帮帮我。张经理让我将这份数据创建成透视表，统计各产品销售到各城市的次数。要统计的是销售次数，不是总销量。透视表突然变得不听话了。是不是我创建的透视表有什么问题？

王Sir

透视表创建很简单，只需要打开【创建数据透视表】对话框，根据需要选择数据区域和透视表区域即可。

透视表创建后，勾选需要显示的字段。接下来用一招"拖动"法调整字段的区域，**最后再用一招"修改"法调整值的汇总方式**，即可轻松完成透视表数据统计。

	A	B	C	D	E	F	G
1	日期	产品	售价（元）	销量（件）	销售额（元）	销售地	销售员
2	2018/3/1	雨刷器	254	89.9	22,834.60	成都	张高强
3	2018/3/2	汽车座套	125	150.5	18,812.50	昆明	李宁
4	2018/3/3	SP汽车轮胎	625	180	112,500.00	北京	赵欢
5	2018/3/4	合成机油	89	98	8,722.00	重庆	刘璐
6	2018/3/5	火花塞	85	95	8,075.00	上海	李宁
7	2018/3/6	雨刷器	74	85	6,290.00	成都	张高强

打开"7.2.2.xlsx"文件，利用表格数据创建透视表，并修改相关字段的汇总方式为【计数】，具体操作方法如下。

Step01：单击【数据透视表】按钮。❶选中表格中的任意数据单元格；❷单击【插入】选项卡下的【数据透视表】按钮，如图7-17所示。

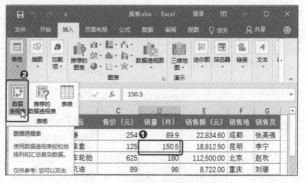

图7-17 单击【数据透视表】按钮

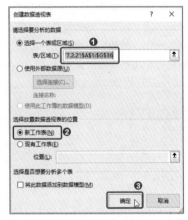

📢 Step02：设置透视表创建参数。❶在打开的【创建数据透视表】对话框的【表/区域】列表框中确定数据源区域。由于在前面步骤中选择了表格数据的任意单元格，这里会自动选择表格中所有包含数据的区域；❷根据实际需求选择在当前工作表或新工作表中创建透视表，由于本例中的数据较多，这里选择【新工作表】位置；❸单击【确定】按钮，如图7-18所示。

📢 Step03：勾选需要的字段。❶在【数据透视表字段】窗格中勾选需要的字段（由于需要用透视表统计不同商品销售到各个城市的次数，所以"产品"和"销售地"是必选项，每销售一次，该城市下分别会出现1个销量数据和1个销售额数据，这里可以勾选"销量（件）"和"销售额（元）"其中一个字段即可，如勾选"销量（件）"字段；❷完成字段勾选后，表格中出现了透视表数据。但是透视表中只有行标签，没有列标签，需要调整字段区域才能完成统计目的，如图7-19所示。

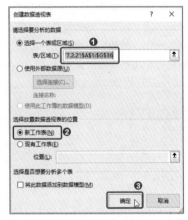
图7-18 设置透视表创建参数

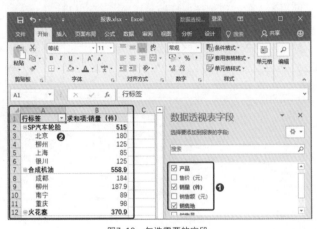
图7-19 勾选需要的字段

📢 Step04：拖动字段。❶在【行】列表框中选中"销售地"字段；❷按住鼠标左键不放，将"销售地"拖动到【列】列表框中，如图7-20所示。此时"销售地"就变成了列标签，效果如图7-21所示。此时透视表中统计了不同商品销往各城市的销售之和，需要在【值】列表框中将求和计算改成计数计算。

图7-20 拖动字段

图7-21 字段区域调整后的效果

Step05：打开【值字段设置】对话框。❶单击【数据透视表字段】窗格中的【求和项：销量（件）】下拉按钮；❷选择其中的【值字段设置】选项，如图7-22所示。

Step06：选择计算类型，完成汇总方式的修改。❶在打开的【值字段设置】对话框中选择计算类型为【计数】；❷单击【确定】按钮，如图7-23所示。

图7-22　选择【值字段设置】选项

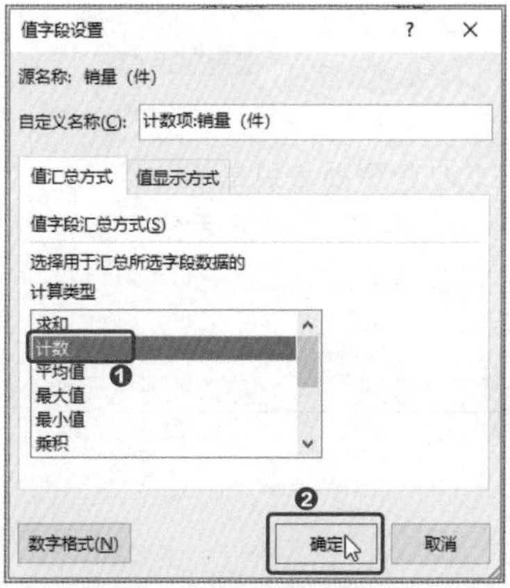

图7-23　选择计算类型

Step07：查看透视表数据。此时销量由求和方式调整为计数方式，即每销售1次，就产生1个销量数据。结果如图7-24所示，透视表中已经统计出不同商品销往各个城市的次数。

	A	B	C	D	E	F	G	H	I	J
1	计数项:销量（件）	列标签								
2	行标签	北京	成都	昆明	柳州	南宁	上海	银川	重庆	总计
3	SP汽车轮胎	1			1		1	1		4
4	合成机油		2		2	1			1	6
5	火花塞	2			1		1		1	5
6	汽车座套	3		2		3	1		1	10
7	雨刷器	1	5					3	1	10
8	总计	7	7	2	4	4	3	4	4	35

图7-24　查看透视表数据

技能升级

　　调整透视字段值的计算类型，还可以直接在透视表数据中进行。方法是：**右击透视表中的数据，选择【值汇总依据】命令，再在级联菜单中选择需要的汇总方式即可。**

7.3　透视表小伎俩，学会5招就够了

张经理

　　小刘，成功创建透视表只是第一步。要想提高水平，使用透视表灵活分析数据，还要学会调整值显示方式，使用切片器、日程表、透视图……

　　啊！原来透视表使用还有更多的诀窍，我得抓紧学习才能完成后面的任务。

 7.3.1 **学会实时更新数据源**

张经理

　　小刘，你交给我的透视表有2个地方需要调整。在3月5日这天，销售了多种商品，而原始数据只统计了1种商品。你将下面这份表中的数据补充进去。此外，市场部统计的原始数据中商品名称有误，你将"SP汽车轮胎"改成"SO汽车轮胎"。调整好后再将透视表发给我。

小刘

　　真麻烦，一次性完成数据统计不好吗？我又要重新做透视表了。重做一次还好，要是反复有遗漏数据要我补充，岂不是耽误我的时间。

	I	J	K	L	M	N	O
	日期	产品	售价（元）	销量（件）	销售额（元）	销售地	销售员
	2018/3/5	雨刷器	254.00	90	22,834.60	银川	赵欢
	2018/3/5	汽车座套	125.00	151	18,812.50	上海	李宁
	2018/3/5	合成机油	95.00	124	11,780.00	柳州	刘璐
	2018/3/5	汽车座套	85.00	151	12,835.00	北京	张高强

王Sir

　　小刘，你不能控制市场部同事的工作方式，但是你可以提高自己的工作效率。透视表原始数据发生变化，不用删除透视表重做，**使用【更改数据源】+【刷新】功能可以重新选择数据区域，适用于增加或删除数据；单独使用【刷新】功能可以刷新当前选择的数据区域，适用于对原始数据进行修改的情况。**

　　打开"7.3.1.xlsx"文件，修改数据源并更新数据透视表中的数据，具体操作方法如下。

📢 Step01：查看当前透视表。当前透视表中3月5日这天的数据只有一项，只显示了"火花塞"商品的销量数据，如图7-25所示。

图7-25　查看当前透视表

📢 Step02：复制数据。打开需要补充的数据，如图7-26所示，选中除字段外的4行数据，按Ctrl+C组合键复制数据。

日期	产品	售价（元）	销量（件）	销售额（元）	销售地	销售员
2018/3/5	雨刷器	254.00	90	22,834.60	银川	赵欢
2018/3/5	汽车座套	125.00	151	18,812.50	上海	李宁
2018/3/5	合成机油	95.00	124	11,780.00	柳州	刘璐
2018/3/5	汽车座套	85.00	151	12,835.00	北京	张高强

图7-26　复制数据

Step03：插入复制的单元格。打开透视表的原始数据表，选中3月5日的数据行，右击，选择快捷菜单中的【插入复制的单元格】命令，如图7-27所示。

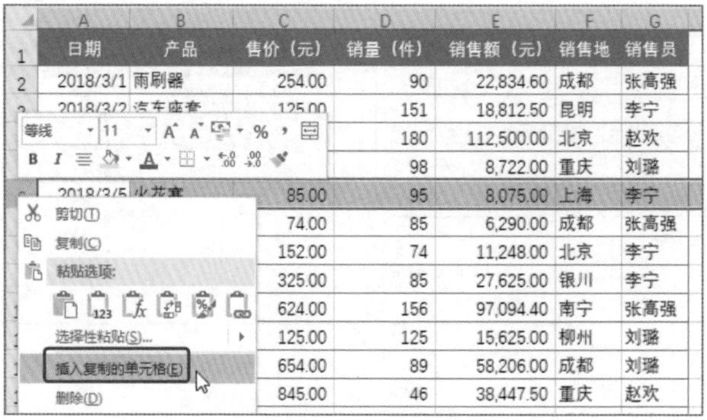

	A	B	C	D	E	F	G
1	日期	产品	售价（元）	销量（件）	销售额（元）	销售地	销售员
2	2018/3/1	雨刷器	254.00	90	22,834.60	成都	张高强
3	2018/3/2	汽车座套	125.00	151	18,812.50	昆明	李宁
				180	112,500.00	北京	赵欢
				98	8,722.00	重庆	刘璐
	2018/3/5	火花塞	85.00	95	8,075.00	上海	李宁
			74.00	85	6,290.00	成都	张高强
			152.00	74	11,248.00	北京	李宁
			325.00	85	27,625.00	银川	李宁
			624.00	156	97,094.40	南宁	张高强
			125.00	125	15,625.00	柳州	刘璐
			654.00	89	58,206.00	成都	刘璐
			845.00	46	38,447.50	重庆	赵欢

图7-27 插入复制的单元格

Step04：选择粘贴方式。❶打开【插入粘贴】对话框，选择【活动单元格下移】的粘贴方式；❷单击【确定】按钮，如图7-28所示。此时便完成了数据补充，效果如图7-29所示。

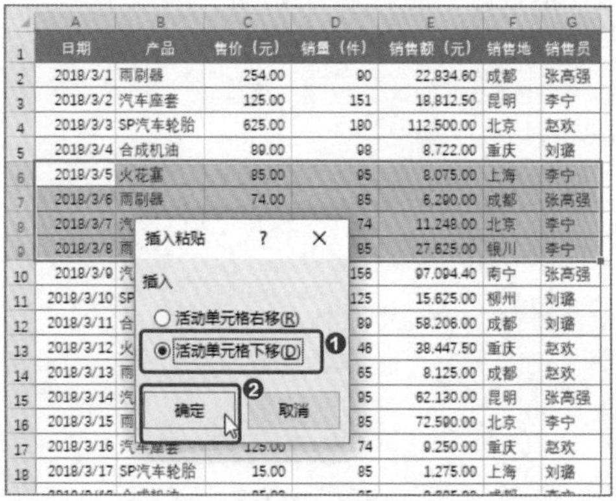

	A	B	C	D	E	F	G
1	日期	产品	售价（元）	销量（件）	销售额（元）	销售地	销售员
2	2018/3/1	雨刷器	254.00	90	22,834.60	成都	张高强
3	2018/3/2	汽车座套	125.00	151	18,812.50	昆明	李宁
4	2018/3/3	SP汽车轮胎	625.00	180	112,500.00	北京	赵欢
5	2018/3/4	合成机油	89.00	98	8,722.00	重庆	刘璐
6	2018/3/5	火花塞	85.00	95	8,075.00	上海	李宁
7	2018/3/6	雨刷器	74.00	85	6,290.00	成都	张高强
8	2018/3/7	汽		74	11,248.00	北京	李宁
9	2018/3/8	雨		85	27,625.00	银川	李宁
10	2018/3/9	汽		156	97,094.40	南宁	张高强
11	2018/3/10	SP		125	15,625.00	柳州	刘璐
12	2018/3/11	合		89	58,206.00	成都	刘璐
13	2018/3/12	火		46	38,447.50	重庆	赵欢
14	2018/3/13	雨		65	8,125.00	成都	赵欢
15	2018/3/14	汽		95	62,130.00	昆明	张高强
16	2018/3/15	雨		85	72,590.00	北京	李宁
17	2018/3/16	汽车座套	125.00	74	9,250.00	重庆	赵欢
18	2018/3/17	SP汽车轮胎	15.00	85	1,275.00	上海	刘璐

图7-28 选择粘贴方式

	A	B	C	D	E	F	G
1	日期	产品	售价（元）	销量（件）	销售额（元）	销售地	销售员
2	2018/3/1	雨刷器	254.00	90	22,834.60	成都	张高强
3	2018/3/2	汽车座套	125.00	151	18,812.50	昆明	李宁
4	2018/3/3	SP汽车轮胎	625.00	180	112,500.00	北京	赵欢
5	2018/3/4	合成机油	89.00	98	8,722.00	重庆	刘璐
6	2018/3/5	雨刷器	254.00	90	22,834.60	银川	赵欢
7	2018/3/5	汽车座套	125.00	151	18,812.50	上海	李宁
8	2018/3/5	合成机油	95.00	124	11,780.00	柳州	刘璐
9	2018/3/5	汽车座套	85.00	151	12,835.00	北京	张高强
10	2018/3/5	火花塞	85.00	95	8,075.00	上海	李宁
11	2018/3/6	雨刷器	74.00	85	6,290.00	成都	张高强
12	2018/3/7	汽车座套	152.00	74	11,248.00	北京	李宁
13	2018/3/8	雨刷器	325.00	85	27,625.00	银川	李宁
14	2018/3/9	汽车座套	624.00	156	97,094.40	南宁	张高强
15	2018/3/10	SP汽车轮胎	125.00	125	15,625.00	柳州	刘璐
16	2018/3/11	合成机油	654.00	89	58,206.00	成都	刘璐
17	2018/3/12	火花塞	845.00	46	38,447.50	重庆	赵欢
18	2018/3/13	雨刷器	125.00	65	8,125.00	成都	赵欢
19	2018/3/14	汽车座套	654.00	95	62,130.00	昆明	张高强
20	2018/3/15	雨刷器	854.00	85	72,590.00	北京	李宁

图7-29 粘贴结果

Step05：更改数据源。完成透视表的原始数据补充后，打开透视表，单击【数据透视表工具-分析】选项卡下的【更改数据源】按钮，如图7-30所示。

Step06：选择新的数据源。❶在弹出的【更改数据透视表数据源】对话框中确定新的【表/区域】，将补充的数据区域包含进去；❷单击【确定】按钮，如图7-31所示。

图7-30 更改数据源

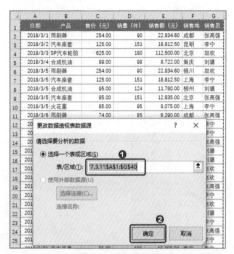

图7-31 选择新的数据源

Step07：刷新数据。单击【数据透视表工具-分析】选项卡下的【刷新】按钮，如图7-32所示。完成数据刷新后，效果如图7-33所示，3月5日这天增加了补充的4个商品销售数据。

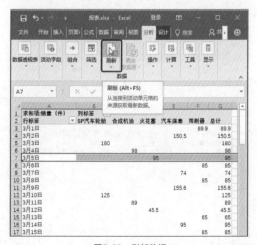

图7-32 刷新数据

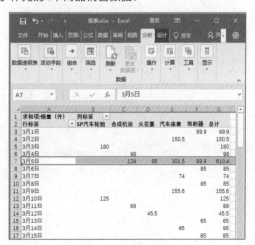

图7-33 查看刷新结果

Step08：替换数据。❶回到透视表的原始数据表中，选中B列数据；❷按Ctrl+H组合键，打开【查找和替换】对话框，输入查找内容和替换内容；❸单击【全部替换】按钮，如图7-34所示。此时表格中，"SP汽车轮胎"全部修改为"SO汽车轮胎"，如图7-35所示。

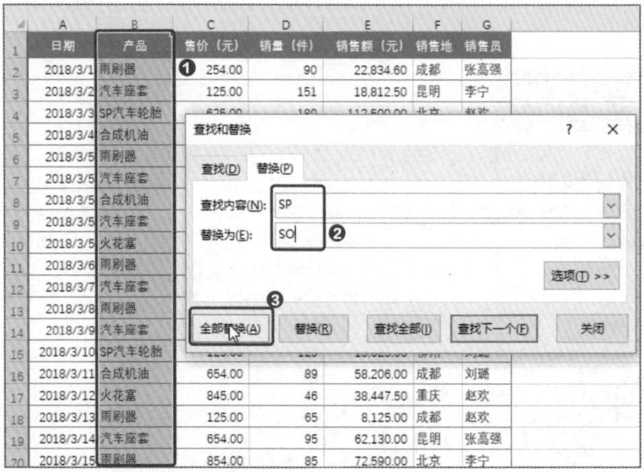

图7-34 替换数据

图7-35 替换结果

Step09：刷新数据。完成数据修改后，回到透视表中，单击【数据透视表工具-分析】选项卡下的【刷新】按钮，如图7-36所示。此时透视表中"SP汽车轮胎"成功修改为"SO汽车轮胎"，如图7-37所示。

图7-36 刷新数据

图7-37 查看刷新结果

7.3.2 学会设计美观又实用的样式

 张经理

小刘，你的透视表样式不够美观，尤其是数据量较大时，密密麻麻的数据看得人眼花，你将透视表的样式设计一下，方便查阅数据。

 小刘

原来透视表和表格一样，也需要注意样式。可是透视表的样式应该在哪里设置？又该如何设置才能方便查阅数据呢？

 王Sir

设置表格中的数据样式，可以利用【套用表格格式】功能。**透视表也有系统预置的样式，选择【数据透视表样式选项】中的样式即可。**

完成样式选择后，**要根据透视表的数据表现重点，选择【镶边行】或【镶边列】样式，将行与行或列与列数据区分开来。**

打开"7.3.2.xlsx"文件，对数据透视表应用样式进行美化，具体操作方法如下。

📢 Step01：勾选【镶边行】复选框。如果这张透视表想重点体现不同销售员销往不同城市的商品数据，那么数据的查看方式为逐行查看。此时将相邻行设置为不同的样式，有助于区分行与行之间的数据，不至于看混。在【数据透视表工具-设计】选项卡下勾选【数据透视表样式选项】中的【镶边行】复选框，如图7-38所示。

📢 Step02：查看镶边行效果。此时行与行的填充底色不同，可以快速区分不同行显示的城市销售数据，如图7-39所示。

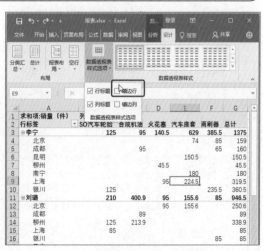

图7-38 勾选【镶边行】复选框

Step03：打开样式列表。还可以为透视表选择一种样式。单击【数据透视表工具-设计】选项卡下【数据透视表样式选项】组中的【其他】按钮，如图7-40所示。

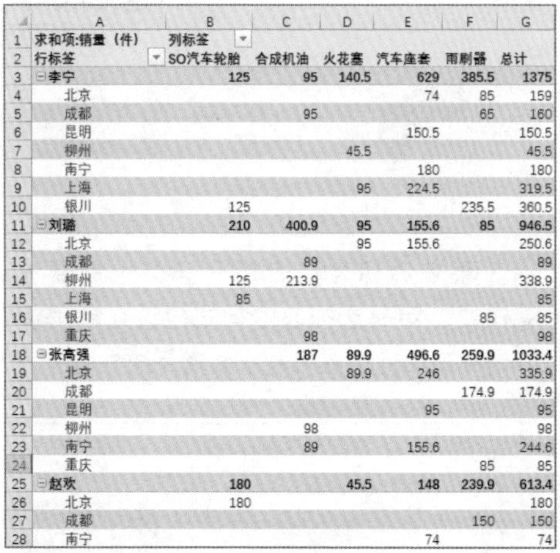

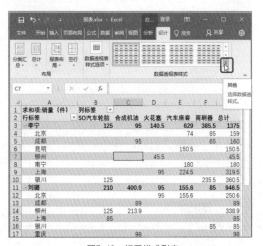

	A	B	C	D	E	F	G
1	求和项:销量（件）	列标签					
2	行标签	SO汽车轮胎	合成机油	火花塞	汽车座套	雨刷器	总计
3	李宁	125	95	140.5	629	385.5	1375
4	北京				74	85	159
5	成都		95			65	160
6	昆明				150.5		150.5
7	柳州			45.5			45.5
8	南宁				180		180
9	上海			95	224.5		319.5
10	银川	125				235.5	360.5
11	刘璐	210	400.9	95	155.6	85	946.5
12	北京			95	155.6		250.6
13	成都		89				89
14	柳州	125	213.9				338.9
15	上海	85					85
16	银川					85	85
17	重庆		98				98
18	张高强		187	89.9	496.6	259.9	1033.4
19	北京			89.9	246		335.9
20	成都					174.9	174.9
21	昆明				95		95
22	柳州		98				98
23	南宁		89		155.6		244.6
24	重庆					85	85
25	赵欢	180		45.5	148	239.9	613.4
26	北京	180					180
27	成都					150	150
28	南宁				74		74

图7-39　镶边行效果

	A	B	C	D	E	F	G
1	求和项:销量（件）	列标签					
2	行标签	SO汽车轮胎	合成机油	火花塞	汽车座套	雨刷器	总计
3	李宁	125	95	140.5	629	385.5	1375
4	北京				74	85	159
5	成都		95			65	160
6	昆明				150.5		150.5
7	柳州			45.5			45.5
8	南宁				180		180
9	上海			95	224.5		319.5
10	银川	125				235.5	360.5
11	刘璐	210	400.9	95	155.6	85	946.5
12	北京			95	155.6		250.6
13	成都		89				89
14	柳州	125	213.9				338.9
15	上海	85					85
16	银川					85	85
17	重庆		98				98

图7-40　打开样式列表

Step04：选择一种样式。在打开的样式列表中选择一种样式，如图7-41所示。样式选择可以根据企业的VI配色来进行，如企业主打浅橙色，那么可以选择浅橙色的样式。

Step05：查看最终效果。此时就完成了透视表样式调整，结果如图7-42所示。

图7-41　选择一种样式

	A	B	C	D	E	F	G
1	求和项:销量（件）	列标签					
2	行标签	SO汽车轮胎	合成机油	火花塞	汽车座套	雨刷器	总计
3	李宁	125	95	140.5	629	385.5	1375
4	北京				74	85	159
5	成都		95			65	160
6	昆明				150.5		150.5
7	柳州			45.5			45.5
8	南宁				180		180
9	上海			95	224.5		319.5
10	银川	125				235.5	360.5
11	刘璐	210	400.9	95	155.6	85	946.5
12	北京			95	155.6		250.6
13	成都		89				89
14	柳州	125	213.9				338.9
15	上海	85					85

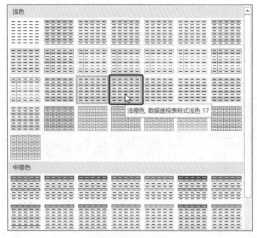

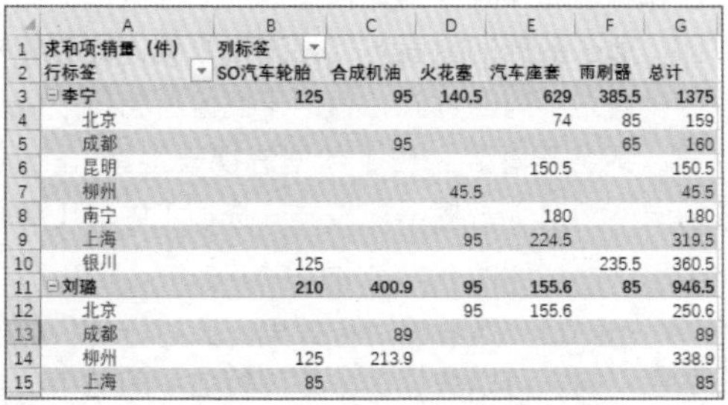

图7-42　查看调整后的样式

7.3.3　学会调整值显示方式

张经理

小刘，北京地区是我们公司的重点营销区域。你分析一下这张透视表，看看其他地区的商品销量与北京地区的销量相差多少。

求和项:销量（件）	列标签					
行标签	SO汽车轮胎	合成机油	火花塞	汽车座套	雨刷器	总计
北京	180	89	184.9	475.6	235.5	1165
成都		184			389.9	573.9
昆明				245.5		245.5
柳州	125	311.9	45.5			482.4
南宁				409.6		409.6
上海	85		95	224.5		404.5
银川	125				259.9	384.9
重庆		98	45.5	74	85	302.5
总计	515	682.9	370.9	1429.2	970.3	3968.3

小刘

我的统计方式可以有两种：**一种是计算其他地区的商品销量与北京地区的商品销量差值；另一种是计算其他地区的商品销量与北京地区的商品销量比例。**两种方式均以北京地区为基准，分析其他地区的销量。思路倒是有了，该如何实现呢？

王Sir

小刘，你的思路完全正确。你现在只缺实现思路的方法。在透视表中，可以**根据需要设置值显示方式，以方便对数据进行分析。**

在你的任务中，**选择以【差异】的方式显示值，可以以北京地区的销量为基准，显示其他地区与北京地区的商品销量差异值**；选择以【差异百分比】的方式显示值，可以显示其他地区与北京地区的销量百分比值，就可轻松地分析地区销售情况了。

　　打开"7.3.3.xlsx"文件，通过调整值显示方式改变数据透视表中数据分析的结果，具体操作方法如下。

Step01：选择【差异】值显示方式。❶右击数据透视表中的单元格，从弹出的快捷菜单中选择【值显示方式】命令；❷选择级联菜单中的【差异】命令，如图7-43所示。

Step02：设置【值显示方式】对话框参数。❶在弹出的【值显示方式】对话框中选择【基本字段】为【销售地】，【基本项】为【北京】，表示以北京地区的数据为基准进行差异化计算；❷单击【确定】按钮，如图7-44所示。

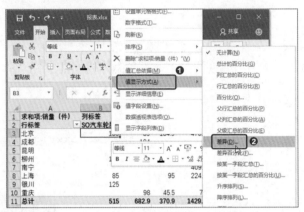

图7-43　选择【差异】值显示方式　　　　　　图7-44　设置【值显示方式】对话框参数

Step03：以【差异】值显示方式查看数据。此时透视表中的数据显示方式发生了改变，如图7-45所示。从图中可以轻松分析各地区销量与北京地区销量的差异值。如SO汽车轮胎产品的销量，昆明地区比北京地区少了180件。合成机油的产品销量，重庆地区比北京地区多了9件。

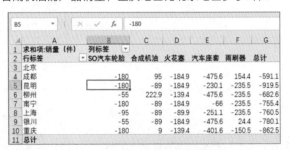

图7-45　以【差异】值显示方式查看数据

Step04：选择【差异百分比】值显示方式。❶右击数据透视表中的单元格，从弹出的快捷菜单中选择【值显示方式】命令；❷选择级联菜单中的【差异百分比】命令，如图7-46所示。

Step05：设置【值显示方式】对话框参数。❶在弹出的【值显示方式】对话框中，选择【基本字段】为【销售地】，【基本项】为【北京】，表示以北京地区的数据为基准进行差异化百分比计算；❷单击【确定】按钮，如图7-47所示。

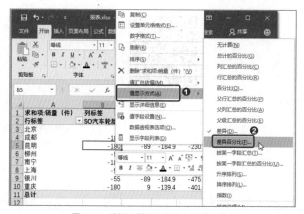

图7-46 选择【差异百分比】值显示方式

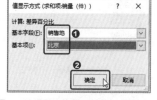

图7-47 设置【值显示方式】对话框参数

📢 Step06：以【百分比】值显示方式查看数据。如图7-48所示，显示了各地销量数据与北京地区的销量数据的比值。从透视表中可以看到，销售SO汽车轮胎商品时，柳州地区的销量是北京地区的69.44%。显示"#NULL!"的数据可以不用管，说明这个地区没有销量数据。

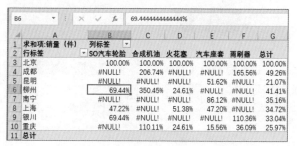

图7-48 以【百分比】值显示方式查看数据

温馨提示

Excel的值显示方式提供了多种计算选项，根据透视表分析的不同需要，可以尝试不同的值显示方式，常用的几个值显示方式的解释说明如下。

- **总计的百分比**：显示所有值或报表中数据的总计的百分比。
- **列汇总的百分比**：每个列或系列中的所有值都显示为列或系列汇总的百分比。
- **行汇总的百分比**：将每个行或类别中的值显示为行或类别中的汇总百分比。
- **父行汇总的百分比**：显示（该项的值）/（行上父项的值）的百分比。
- **父级汇总的百分比**：显示（该项的值）/（所选【基本字段】中父项的值）的百分比。

7.3.4 学会使用两大筛选器

张经理

　　小刘，这张表中有2018年3～6月的商品销售数据，你将其制作成透视表，在明天的会议上进行动态演示汇报。其中，要对4月的销售数据进行重点汇报，再对"火花塞"商品的销量和销售额进行重点展示，分析销往"北京"地区的"火花塞"商品数据，以及销售员"张高强"在该商品上的销售表现。

小刘

　　看来我需要根据张经理不同的汇报需求，将透视表数据整理出来，然后截图，才能在会议上通过截图的数据进行演示。

	A	B	C	D	E	F	G
1	日期	产品	售价（元）	销量（件）	销售额（元）	销售地	销售员
122	2018/6/25	雨刷器	254.00	90	22,834.60	银川	赵欢
123	2018/6/26	汽车座套	125.00	151	18,812.50	上海	李宁
124	2018/6/27	合成机油	95.00	124	11,780.00	柳州	刘璐
125	2018/6/28	汽车座套	85.00	151	12,835.00	北京	张高强
126	2018/6/29	火花塞	85.00	95	8,075.00	上海	李宁
127	2018/6/30	雨刷器	74.00	85	6,290.00	成都	张高强

王Sir

　　小刘，万一在会议上突然有了新的汇报需求，你又怎么办呢？你发现没有，张经理给你的任务，换种说法，就是筛选出4月份的商品数据、筛选出"火花塞"数据、筛选出"北京"地区的"火花塞"数据、筛选出"张高强"销售员在"北京"地区的"火花塞"数据。

　　使用日程表和切片器，可以轻松对数据进行筛选，实现数据的动态演示。

 1　使用日程表

　　在透视表中可以使用日程表快速轻松地选择不同的时间段，从而筛选出不同时间段下的数据。日程表能以年、季、月、日为时间单位进行筛选，具体操作方法如下。

Step01：选择字段。打开"7.3.4.xlsx"文件，在【数据透视表字段】窗格中勾选【日期】【产品】【销量（件）】【销售额（元）】字段，如图7-49所示。

Step02：设置字段。调整字段的位置，如图7-50所示。

图7-49 选择字段

图7-50 设置字段位置

Step03：查看透视表。此时透视表如图7-51所示，表中显示了3～6月不同产品的销量和销售额数据。

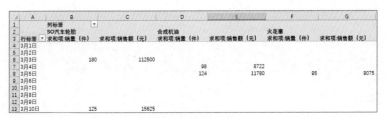

图7-51 查看透视表

Step04：打开日程表。单击【数据透视表工具-分析】选项卡下的【插入日程表】按钮，如图7-52所示。

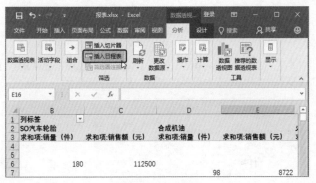

图7-52 打开日程表

Step05：勾选【日期】复选框。❶在打开的【插入日程表】对话框中勾选【日期】复选框；❷单击【确定】按钮，如图7-53所示。

Step06：进行日期筛选。如图7-54所示，在打开的【日期】筛选器中选择2018年4月日期。

图7-53　勾选【日期】复选框

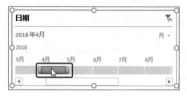

图7-54　进行日期筛选

Step07：查看经过日期筛选的透视表。此时透视表中成功将4月的数据筛选出来，如图7-55所示。

	A	B	C	D	E	F	G
1		列标签					
2		SO汽车轮胎		合成机油		火花塞	
3	行标签	求和项:销量（件）	求和项:销售额（元）	求和项:销量（件）	求和项:销售额（元）	求和项:销量（件）	求和项:销售额（元）
4	4月1日						
5	4月2日						
6	4月3日						
7	4月4日						
8	4月5日	125	15625				
9	4月6日			89	58206		
10	4月7日					45.5	38447.5
11	4月8日						
12	4月9日						
13	4月10日						
14	4月11日						
15	4月12日	85	1275				
16	4月13日			95	9025		
17	4月14日						
18	4月15日	125	15625				
19	4月16日			89	58206		
20	4月17日					45.5	38447.5
21	4月18日						
22	4月19日						
23	4月20日						
24	4月21日						
25	4月22日	85	1275				
26	4月23日			95	9025		
27	4月24日					89.9	77044.3
28	4月25日						
29	4月26日						
30	4月27日			98	9310		
31	4月28日					95	11875
32	4月29日						
33	4月30日						
34	总计	420	33800	466	143772	275.9	165814.3

图7-55　查看筛选出来的4月数据

Step08：以日的方式进行数据筛选。❶在【日期】筛选器中选择【日】的筛选方式；❷在日期中选择某一天的日期，此时透视表中将显示选中日期的数据，如图7-56所示。

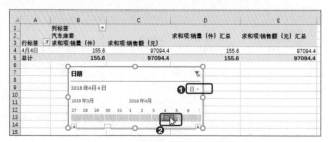

图7-56　以日的方式进行数据筛选

Step09：清除日期筛选。完成日程筛选后，单击筛选器右上角的【清除筛选器】按钮 ，如图7-57所示。即可清除日期筛选，显示所有日期和数据。

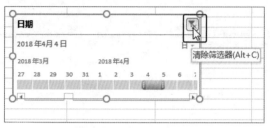

图7-57　清除日期筛选

温馨提示

　　在使用【日程表】筛选日期数据后，可以**右击【日程表】，在弹出的快捷菜单中选择【删除日程表】命令，将日程表关闭**，或是选中【日程表】后，**按Delete键删除日程表。**

使用切片器

　　切片器的原理和日程表类似，只不过切片器可以对各字段数据进行筛选，以便让透视表动态灵活地展示数据，具体操作方法如下。

Step01：勾选字段。根据筛选需求，重新设置透视表。勾选与筛选需求相关的字段，如图7-58所示。

Step02：设置字段。对各字段区域位置进行设置，如图7-59所示。

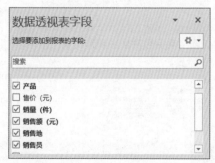

图7-58　勾选字段

图7-59　设置字段位置

Step03：查看透视表。透视表效果如图7-60所示，表中显示了不同商品在不同城市的销量和销售额数据，以及不同销售员销售不同商品的销量和销售额数据。

图7-60　查看透视表

Step04：插入切片器。如图7-61所示，单击【数据透视表工具-分析】选项卡下的【插入切片器】按钮。

Step05：勾选需要筛选的字段。❶在打开的【插入切片器】对话框中勾选与筛选需求相关的字段，即【产品】【销售地】和【销售员】；❷单击【确定】按钮，如图7-62所示。

图7-61　插入切片器　　　　图7-62　勾选需要筛选的字段

Step06：筛选和查看"火花塞"商品数据。如图7-63所示，此时出现3个筛选器窗格，在【产品】筛选器中，单击"火花塞"商品名称。此时透视表中"火花塞"商品数据便被筛选出来，如图7-64所示。

图7-63　筛选"火花塞"商品数据

	A	B	C	D	E
1		列标签			
2		火花塞		求和项:销量（件）汇总	求和项:销售额（元）汇总
3	行标签 ▼	求和项:销量（件）	求和项:销售额（元）		
4	⊟北京	554.7	266757.9	554.7	266757.9
5	刘璐	285	35625	285	35625
6	张高强	269.7	231132.9	269.7	231132.9
7	⊟柳州	45.5	43543.5	45.5	43543.5
8	李宁	45.5	43543.5	45.5	43543.5
9	⊟上海	475	40375	475	40375
10	李宁	475	40375	475	40375
11	⊟重庆	182	153790	182	153790
12	赵欢	182	153790	182	153790
13	总计	1257.2	504466.4	1257.2	504466.4

图7-64 查看"火花塞"商品数据

📢 Step07：筛选和查看"北京"地区数据。继续在【销售地】筛选器中单击"北京"地区名称，如图7-65所示。此时透视表中筛选出"北京"地区的"火花塞"商品销售数据，如图7-66所示。

图7-65 筛选"北京"地区数据

	A	B	C	D	E
1		列标签			
2		火花塞		求和项:销量（件）汇总	求和项:销售额（元）汇总
3	行标签 ▼	求和项:销量（件）	求和项:销售额（元）		
4	⊟北京	554.7	266757.9	554.7	266757.9
5	刘璐	285	35625	285	35625
6	张高强	269.7	231132.9	269.7	231132.9
7	总计	554.7	266757.9	554.7	266757.9

图7-66 查看"北京"地区数据

📢 Step08：筛选和查看"张高强"销售员数据。继续在【销售员】筛选器中单击"张高强"销售员名称，如图7-67所示。此时透视表中筛选出"张高强"销售员在"北京"地区的"火花塞"商品销售数据，如图7-68所示。

图7-67 筛选"张高强"销售数据

	A	B	C	D	E
1		列标签			
2		火花塞		求和项:销量（件）汇总	求和项:销售额（元）汇总
3	行标签	求和项:销量（件）	求和项:销售额（元）		
4	⊟北京	269.7	231132.9	269.7	231132.9
5	张高强	269.7	231132.9	269.7	231132.9
6	总计	269.7	231132.9	269.7	231132.9
7					

图7-68 查看"张高强"销售数据

Step09：清除筛选数据。如果想清除数据筛选，需要依次单击切片器中的【清除筛选器】按钮。❶单击【销售地】切片器的【清除筛选器】按钮可以清除销售地的筛选，如图7-69所示；❷单击【销售员】切片器的【清除筛选器】按钮可以清除销售员的筛选，如图7-70所示。

图7-69 清除销售地的筛选

图7-70 清除销售员的筛选

 技能升级

使用【切片器】进行数据筛选时，可以同时选择多项筛选条件。方法是单击某切片器右上方的【多选】按钮，此时就可以在切片器中选择多项筛选条件了，例如可同时选择"北京"和"上海"地区。

 7.3.5 学会使用透视图

张经理

小刘，你上次的动态透视表汇报非常成功，逻辑清晰，又操作得当，我需要你基于这份数据再做一次演示。后天要为新员工做入职培训，你负责让新人了解公司产品销售情况。因为是针对新人，所以这次你使用透视图进行演示，这样新人更容易明白。

透视图是什么？听起来似乎很难！

　　小刘，你不是已经学会了使用Excel图表吗？**透视图其实就是透视表中的图表，使用方法和在普通工作表中建立的图表类似。但是透视图有筛选窗格，能在图表中对数据进行灵活筛选、排序，实现交互式数据展示。**

　　我相信你尝试用过透视图后，就会爱上这个功能。无论透视表的数据量再大、再枯燥，**通过透视图动态展示后，不仅变得有趣，还能帮助你发现数据特征和规律。**

　　打开"7.3.5.xlsx"文件，根据数据透视表制作数据透视图，具体操作方法如下。

Step01：选择字段。现在需要用透视图分析不同销售员销售不同商品的销量。在透视表的【数据透视表字段】窗格中勾选字段，如图7-71所示。

Step02：设置字段。设置字段位置区域，如图7-72所示。

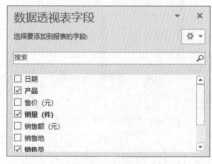

图7-71　选择字段

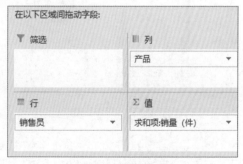

图7-72　设置字段位置

Step03：选择图表类型。❶完成透视表设置后，选中透视表中的任意单元格；❷单击【插入】选项卡下的【插入柱形图或条形图】按钮；❸选择下拉列表中的【二维柱形图】图表，如图7-73所示。

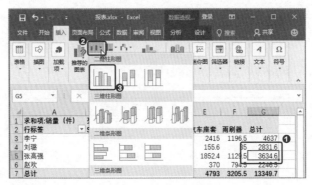

图7-73　选择图表类型

📢 Step04：在透视图中进行筛选。❶此时成功创建了透视图，单击【产品】按钮，在弹出的列表中勾选相应的字段进行产品筛选；❷单击【确定】按钮，如图7-74所示。

📢 Step05：查看经过筛选的透视图。图7-75所示是经过筛选后的透视图。

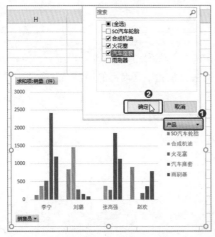

图7-74　筛选产品

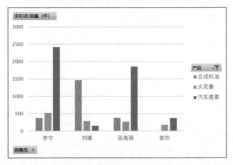

图7-75　查看经过筛选的透视图

📢 Step06：在透视图中，还可以进行排序操作。❶单击【产品】按钮，筛选出"火花塞"产品数据；❷再单击【销售员】按钮，在打开的列表中选择【升序】选项，如图7-76所示。

📢 Step07：查看经过筛选及排序后的结果。此时图表中展示出经过筛选和排序后的结果，如图7-77所示。

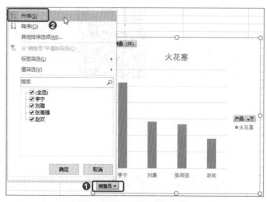

图7-76 进行筛选后再排序

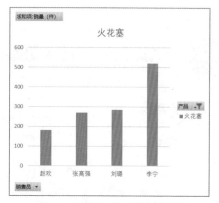

图7-77 查看经过筛选及排序后的结果

7.4 用透视表搞定复杂数据分析

张经理

小刘，透视表是个强大的工具，你可千万不要当成汇总工具使用呀。接下来，你要使用透视表对数据进行多方位分析，结合筛选器、透视图等工具，挖掘出数据背后的价值和意义。

这不是让用透视表做数据分析吗？小小的透视表真的可以深挖数据价值吗？

7.4.1 快速找出商品销量下滑的原因

张经理

小刘，4月公司的一款重点商品销量出现下滑，销量只有3月的一半左右。我将3月和4月的销售数据给你，你分析一下，找出影响商品销量下降的原因。

	A	B	C	D	E	F
1	日期	售价（元）	销量（件）	销售额（元）	销售地	销售员
56	2018/4/24	125.00	19	2,375.00	成都	李宁
57	2018/4/25	120.00	15	1,800.00	成都	李宁
58	2018/4/26	131.00	14	1,834.00	成都	张高强
59	2018/4/27	121.00	12	1,452.00	成都	刘璐
60	2018/4/28	151.00	95	14,345.00	重庆	张高强
61	2018/4/29	121.00	18	2,178.00	成都	李宁
62	2018/4/30	624.00	15	9,360.00	成都	赵欢

小 刘

这张数据表中，就只有简单的6列数据，我要如何找出商品销量下滑的原因？完全找不到思路。

王Sir

小刘，别急。用透视表系统性分析问题，你是第一次遇到，不过只要有一次经验，就能找到解决问题的方向了。

根据张经理给你的数据，影响销量的可能因素有售价、销售地、销售员。所以你要利用透视表分析这3个因素是否对销量造成了影响。可以分析售价与销量波动趋势，从趋势来判断售价对销量的影响；分析各城市销量，判断是否有特定的城市销量出现明显下降；分析各销售员销量，判断是否是销售员的业务能力变化影响了销量。

打开"7.4.1.xlsx"文件，通过透视图分析销量数据的具体操作方法如下。

Step01：选择和设置字段。将表格做成数据透视表，选择字段，以便进行售价和销量分析，如图7-78所示。对字段位置区域进行设置，如图7-79所示。

图7-78 选择字段　　　　　　　　　　　　　图7-79 设置字段位置

Step02：分析售价对销量的影响。完成透视表创建后，将透视表中的数据创建成折线图，如图7-80所示。从折线图中可以看出，3月和4月这段时间，售价和销量的波动趋势并不一致，售价处于平稳状态，而销量却起伏不定，并且售价较高时，销量并没有出现下降趋势。由此可以判断，售价不是导致产品销量下降的原因。

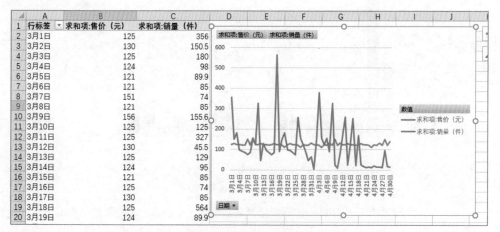

图7-80 分析售价对销量的影响

Step03：选择和设置字段。接下来重新选择字段，分析销售地区对商品销量的影响。勾选字段，如图7-81所示。对字段位置区域进行设置，如图7-82所示。

图7-81　选择字段

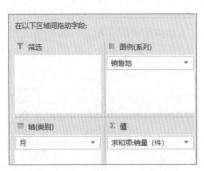

图7-82　设置字段位置

Step04：分析销售地对销量的影响。完成透视表创建后，将透视表中的数据创建成柱形图，如图7-83所示。从图中可以直观地看出，在4月"成都"地区的销量出现大幅度下降，而其他地区销量则与3月相差不大。由此可以锁定成都市场为重点怀疑对象。

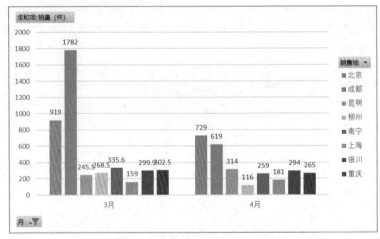

图7-83　分析销售地对销量的影响

Step05：选择设置字段。为了进一步分析出是成都市场出了问题，还是某位销售员在负责成都市场时出了问题，这里将"销售员"字段加入进行分析。选择字段，如图7-84所示；对字段位置区域进行设置，如图7-85所示。

图7-84 选择字段

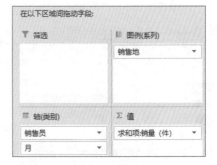

图7-85 设置字段位置

Step06：分析销售员对销量的影响。完成透视表创建后，将透视表做成柱形图。在透视图中，销售地筛选为"成都"，如图7-86所示。从透视图中可以直观地看出，各销售员在负责成都市场时，4月均出现了销量下降的情况。由此可见，不是某位销售员出了问题，而是成都整个市场的原因。

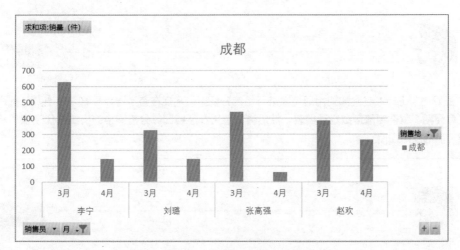

图7-86 分析销售员对销量的影响

7.4.2 快速分析商品的生命周期

张经理

小刘，这份表格中包括了公司3款重点商品连续3年内的销售数据。你主要分析一下"连衣裙"商品的生命周期，找出这款商品的市场销售规律。

	A	B	C	D	E
1	日期	商品名称	销量（件）	售价（元）	销售额（元）
2	2015年1月	连衣裙	1025	105	107,625
3	2017年10月	牛仔裤	452	125	56,500
4	2017年10月	棉衣	12	319	3,828
5	2017年11月	连衣裙	594	124	73,656
6	2017年11月	牛仔裤	152	152	23,104
7	2017年11月	棉衣	324	319	103,356
8	2017年12月	连衣裙	1021	169	172,549
9	2017年12月	牛仔裤	451	214	96,514
10	2017年12月	棉衣	759	310	235,290

小刘

还好之前王Sir教过我如何用透视表进行系统分析了。我现在有了一点思路，知道**要分析产品的生命周期，就要将数据做成透视表，然后再创建折线透视图。分析图中的折线起伏规律，从而找出产品的生命周期。**

王Sir

小刘，看来这次不用我教你了，你的思路是正确的，大胆尝试做吧！

不过我要提醒你，**"连衣裙"**商品是季节性商品，每年不同时期的销售情形不同。因此你要**以年为大的时间单位，分析一年中，商品的销量波动规律。**

打开"7.4.2.xlsx"文件，通过透视图分析商品生命周期的具体操作方法如下。

Step01：选择并设置字段。将表格创建成透视表，勾选需要分析的字段，注意勾选【年】字段，如图7-87所示。对勾选的字段位置区域进行设置，如图7-88所示，注意在【行】列表框中，【年】要放在【日期】前面。

图7-87　选择字段

图7-88　设置字段位置

温馨提示

　　在透视表的【行】列表框中，日期排列不同，透视表的显示方式也不同。当【日期】排列在【年】前面时，显示的是相同日期下不同年份的数据，如显示1月份下2015年、2016年、2017年的数据；当【年】排列在【日期】前面时，显示的是同一年份下不同日期的数据。

Step02：查看透视表。完成了透视表创建后，要单击透视表的折叠按钮，将每个年度的数据都展开，方便后面的透视图制作，效果如图7-89所示。

	A	B	C	D	E
1	求和项:销量（件）	列标签 ▼			
2	行标签 ▼	连衣裙	棉衣	牛仔裤	总计
3	⊟2015年	38941	9751	14746	63438
4	1月	1025	3158	2015	6198
5	2月	958	3628	2561	7147
6	3月	1562	1025	3526	6113
7	4月	1925	415	2545	4885
8	5月	3251	142	987	4380
9	6月	4521	101	564	5186
10	7月	6548	59	124	6731
11	8月	6485	69	124	6678
12	9月	5948	59	1245	7252
13	10月	4515	12	452	4979
14	11月	1245	324	152	1721
15	12月	958	759	451	2168
16	⊟2016年	38534	9217	12756	60507
17	1月	1325	3158	2154	6637
18	2月	847	3515	2011	6373
19	3月	1648	958	2415	5021

图7-89　查看透视表

Step03：分析"连衣裙"商品的生命周期。将透视表中的数据创建成折线图，并筛选出"连衣裙"商品。在折线图中，为不同年度下销量最高点和最低点添加数据标签，效果如图7-90所示。从图中可以发现这款商品连续3年的销量波动趋势都十分相似，说明这是一款市场稳定的商品。其生命周期为每年11月到次年2月左右进入销量低谷期，然后销量开始慢慢回升，在7月达到峰值后，又慢慢下降。因此在进行这款商品的营销规划时，在每年3、4月就要开始做好备货准备，保证7月货量充足。而9月开始就要开始去库存，减少销量低谷期的库存积压。

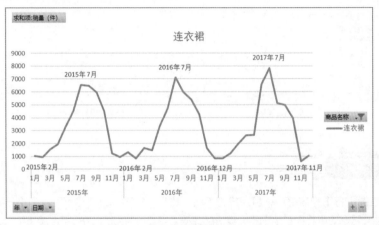

图7-90　分析"连衣裙"商品的生命周期

 ### 7.4.3　快速发现最赚钱的商品

　张经理

　　小刘，接下来需要你进行市场调查，辅助新品规划。我这里有一份市场部交上来的4天内6款商品的交易数据，这6款商品几乎占据了同类商品的所有市场份额。由于这些商品是竞争公司研发的商品，成本价暂时不知道。你通过这份数据，推测一下哪款产品更容易赚钱。

小刘

不知道成本价却要分析利润？巧妇难为无米之炊啊，这下我该怎么办？

	A	B	C	D	E
1	日期	商品编号	销量（件）	售价（元）	销售额（元）
2	2018/3/1	P01	325	569	184925
3	2018/3/1	P02	125	241	30125
4	2018/3/1	P03	215	319	68585
5	2018/3/1	P04	625	236	147500
6	2018/3/1	P05	125	241	30125
7	2018/3/1	P06	514	215	110510
8	2018/3/2	P01	426	569	242394
9	2018/3/2	P02	98	241	23618

王Sir

小刘，你的任务也不是不可能完成。这份数据不能统计出商品准确的利润，却能推算出利润空间。举个简单的例子，某商品占了市场10%的销量比例，却占了市场50%的销售额。**用10%的销量撬动50%的销售额，这就是利润空间大的商品。**

在透视表中，你可以结合切片器和透视图进行分析，看是否有哪款商品在不同的日期内均以较小的销量撬动了较大的销售额。

打开"7.4.3.xlsx"文件，通过透视图发现最赚钱的商品的具体操作方法如下。

📢 Step01：选择并设置字段。将表格数据创建成透视表，在透视表中选择字段，分析不同商品的销量市场占比，如图7-91所示。对字段位置区域进行设置，如图7-92所示。

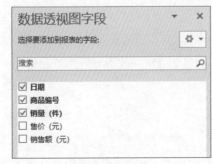

图7-91 选择字段

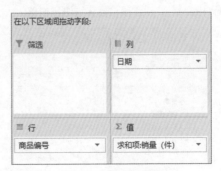

图7-92 设置字段位置

🔊 Step02：添加数据标注。❶完成字段设置后，将透视表中的数据创建成饼图类型的数据透视图，选中图表，单击【数据透视图工具-设计】选项卡下的【添加图表元素】下拉按钮；❷选择其中的【数据标签】选项；❸选择【数据标注】选项，如图7-93所示。

🔊 Step03：查看销量图表。添加【数据标注】后的饼图中显示了各部分的百分比，如图7-94所示。从图中可以看到各商品的销量占比。

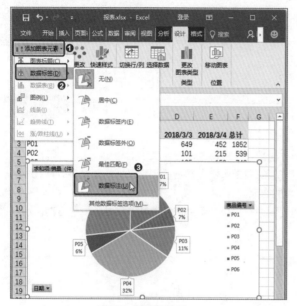

图7-93　添加数据标注

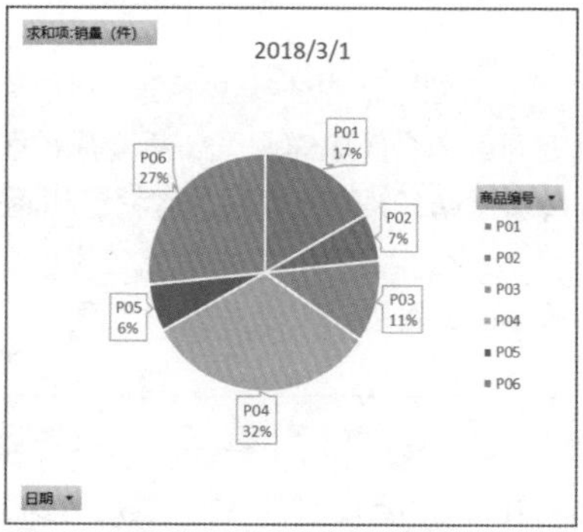

图7-94　查看销量图表

🔊 Step04：选择并设置字段。在透视表中选择字段，分析不同商品的销售额市场占比，如图7-95所示。如图7-96所示，对字段位置区域进行设置。

图7-95　选择字段

图7-96　设置字段位置

Step05：查看销售额图表。创建好销售额透视表后，将数据制作成饼图并添加数据标注，结果如图7-97所示。将图7-97和图7-94进行对比，可以发现，P01号商品的销量占比为17%，而销售额占比却为33%，由此可见，这款商品的利润空间较大。

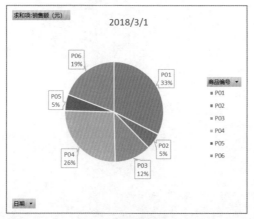

图7-97　查看销售额图表

Step06：用切片器查看其他日期下的销量和销售额占比。在透视表中打开切片器，选择其他的日期，透视图也会跟着发生变化。2018年3月2日这天的销量占比和销售额占比数据分别如图7-98和图7-99所示。从图中可以分析出，P01这款商品以20%的销量占比获得了36%的销售额，依然属于利润空间较大的商品。使用切片器可以分析其他日期的情况，这里不再赘述。

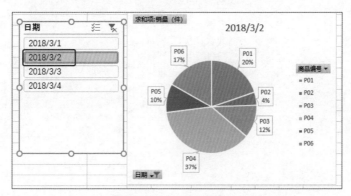

图7-98　2018年3月2日销量占比

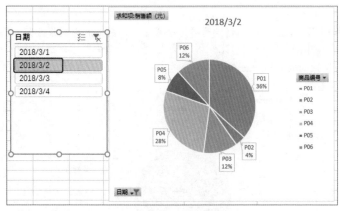

图7-99　2018年3月2日销售额占比

温 馨 提 示

　　透视表是分析工具，使用过程中最重要还是分析思路。因此在使用透视表分析具体问题前，要先明白几个问题：分析目标是什么？用什么思路能实现分析目标？如何利用透视表实现分析思路？层层递进，方能合理利用透视表工具。

CHAPTER 8

技巧，多备一招应对
职场突发情况

时间过得真快，我已经度过实习期转正了，在实习期间完成了张经理布置的几十项任务。我现在学会了编辑报表、使用公式函数、用图表展示数据、用透视图表分析数据等。

我以为关于Excel的技能已经没有什么可以难倒我了。谁知我在一些小问题上摔了跤，例如限定表格可编辑区域、按要求打印数据等。

这些看似不重要的问题，如果不刻意学习，可能会耗费更多的时间来解决问题。这就是所谓的"Excel技巧"，要想提高办公效率，就必须学习。

小 刘

使用Excel时，很多人都会重视图表、函数这类典型工具的操作方法，但对于一些使用频率较低、很关键的功能却不去重视。最典型的例子是，很多人能制作出一份漂亮的报表，结果却只打印出一份"歪瓜裂枣"的表格给领导看。

所以要趁有时间多学习一些Excel技能，以备不时之需。这些技能包括工作簿的安全保护、数据导入方法、页面视图调整、表格输出的不同方式等。

王 Sir

8.1　加密与共享，权限你说了算

张经理

小刘，你之前发送给我的所有报表均没有考虑安全问题。尤其是关于公司内部的保密数据，你一定要做好保密工作，不要让数据外泄。

做好保密工作？是不是
为工作簿加密就可以了呢？

8.1.1 为整个工作簿加密

小刘

王Sir，张经理让我统计这个月的物料领用数据，特意叮嘱我要加密。我先请教一下您，看看我的做法对不对：**使用【保护工作簿】中的【用密码进行加密】功能，输入密码**，然后将密码和表格发给张经理。

王Sir

你的做法没错。**为整个工作簿添加密码后，查看者需要输入正确密码才能打开报表。这样做可以有效防止数据泄露。** 例如你将报表放在U盘里，**即使U盘丢失，拾到U盘者也无法查看报表中的数据。**

打开"8.1.1.xlsx"文件，为工作簿设置密码的具体操作方法如下。

📢 Step01：单击【文件】菜单项。完成表格编辑后，单击【文件】菜单项，如图8-1所示。

📢 Step02：选择【用密码进行加密】选项。❶在弹出的下拉菜单中选择【信息】命令，单击【保护工作簿】下拉按钮；❷选择其中的【用密码进行加密】选项，如图8-2所示。

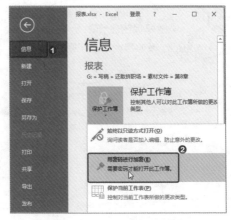

图8-1 单击【文件】菜单项　　　　　　　　图8-2 选择【用密码进行加密】选项

📢 Step03: 输入密码。❶在弹出的【加密文档】对话框中输入密码；❷单击【确定】按钮，如图8-3所示。

📢 Step04: 确认密码。❶在弹出的【确认密码】对话框中再次输入相同的密码；❷单击【确定】按钮，如图8-4所示。

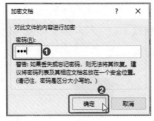

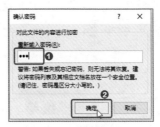

图8-3 输入密码　　　　　　　　图8-4 确认密码

📢 Step05: 查看完成加密的文档。此时文档已经成功被加密，如图8-5所示。关闭文档后，再次打开文档会出现如图8-6所示的【密码】对话框，要求输入正确密码才能打开文档，查看表格数据。

图8-5 成功加密工作簿　　　　　　　　图8-6 【密码】对话框

技能升级

如果需要删除工作簿的密码，其方法是：使用正确的密码打开工作簿，单击【文件】菜单中【信息】选项卡下的【保护工作簿】选项，打开【加密文档】对话框，删除其中的密码，再单击【确定】按钮，就可以成功删除密码。

 **8.1.2 保护工作表不被他人修改**

 张经理

小刘，你将财务发给你的资产结构表和你统计的销售明细表整理到一个工作簿中，但是要单独对资产结构表进行保护，不能让他人随意修改这张表中的内容。

 小刘

这可难倒我了。我只会对整个工作簿进行加密，我还不知道如何针对工作簿中的某一张表进行加密保护呢！

 王Sir

这很简单。**Excel提供了【保护工作表】功能，该功能可以防止他人更改、移动或删除工作表中的数据。在使用【保护工作表】功能时，还能设置他人对表格的操作权限。**

打开"8.1.2.xlsx"文件，为工作表设置密码的具体操作方法如下。

📢 Step01：单击【保护工作表】按钮。❶完成表格编辑后，选择【审阅】选项卡；❷单击【保护】中的【保护工作表】按钮，如图8-7所示。

Step02： 设置保护选项。❶在弹出的【保护工作表】对话框中，输入工作表保护密码；❷勾选其他用户可进行的操作，如这里不勾选某选项，表示不让其他用户进行该操作；❸单击【确定】按钮，如图8-8所示。

图8-7　单击【保护工作表】按钮

图8-8　设置保护选项

Step03： 确认密码。❶在弹出的【确认密码】对话框中再次输入相同的密码；❷单击【确定】按钮，如图8-9所示。

Step04： 查看受保护的工作表。成功保护工作表后，查看工作表内容时无法进行操作，如果强行单击单元格，则会弹出如图8-10所示的提示对话框。当需要撤销工作表的保护密码时，只需要单击【审阅】选项卡下的【撤销工作表保护】按钮，再在【撤销工作表保护】对话框中输入保护工作表时的密码，即可撤销对工作表的保护。

图8-9　确认密码

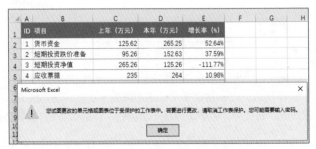

图8-10　操作受保护的工作表时弹出的对话框

技 能 升 级

一张工作簿中可以包含多张工作表。如果只是不希望其中一张工作表被他人查看，可以选择隐藏这张工作表。具体操作方法是右击工作表名称标签，在快捷菜单中选择【隐藏】选项，即可隐藏工作表。

8.1.3 设定允许编辑区域后再共享

张经理

小刘，最近需要进行各仓库的库存调查，你做一份库存信息登记表，将表共享到各个仓库，让每个仓库填写自己的库存信息。表格设置要考虑周全一点，少出点错。

小 刘

王Sir，做库存信息登记表简单。但是张经理让我考虑周全点，我不明白还有什么地方需要注意？

王Sir

小刘，你应该考虑表格在共享编辑过程中可能出现哪些问题。

在库存信息登记表中，你将表格框架做出来，每个仓库只需要对号入座，找到自己的仓库填写信息即可。那么**表格框架是不允许被修改的。因此，你需要设置允许编辑区域后再共享。**

打开"8.1.3.xlsx"文件，为表格设置允许编辑的区域并共享的具体操作方法如下。

Step01: 单击【文件】菜单项。有的Excel版本在工具栏中没有【共享工作簿】功能，需要手动添加。❶在表格中编辑好库存信息登记表的框架；❷单击【文件】菜单项，如图8-11所示。

Step02: 添加【共享工作簿】功能。❶选择【文件】菜单下的【选项】命令，打开【Excel选项】对话框，选择【自定义功能区】选项卡；❷在【所有命令】列表框中找到【共享工作簿】功能；❸新建一个组；❹单击【添加】按钮，将【共享工作簿】功能添加到新建的组中，如图8-12所示。

图8-11　单击【文件】菜单项

图8-12　添加【共享工作簿】功能

Step03: 单击【信任中心设置】按钮。共享工作簿需要对文件的个人信息属性进行设置。❶在【Excel选项】对话框中切换到【信任中心】选项卡；❷单击【信任中心设置】按钮，如图8-13所示。

Step04: 删除个人信息。❶取消勾选【保存时从文件属性中删除个人信息】复选框；❷单击【确定】按钮，如图8-14所示。

图8-13　单击【信任中心设置】按钮

图8-14　删除个人信息

Step05：单击【允许编辑区域】按钮。此时可以设定表格中允许编辑的单元格。单击【审阅】选项卡下的【允许编辑区域】按钮，如图8-15所示。

Step06：新建允许编辑区域。在打开的【允许用户编辑区域】对话框中单击【新建】按钮，如图8-16所示。

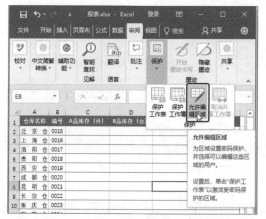

图8-15　单击【允许编辑区域】按钮

图8-16　新建允许编辑区域

Step07：设置编辑区域。❶在打开的【新区域】对话框中输入区域的【标题】及允许编辑的【引用单元格】；❷单击【确定】按钮，如图8-17所示。

Step08：单击【保护工作表】按钮。回到【允许用户编辑区域】对话框中，单击【保护工作表】按钮，如图8-18所示。

图8-17　设置编辑区域

图8-18　单击【保护工作表】按钮

Step09：设置保护工作表。❶在打开的【保护工作表】对话框中输入区域保护密码；❷勾选【选定锁定单元格】和【选定未锁定的单元格】复选框；❸单击【确定】按钮，如图8-19所示。

Step10：确认密码。❶在【确认密码】对话框中输入相同的密码；❷单击【确定】按钮，如图8-20所示。此时就成功为表格中特定的区域设置了编辑权限，用户只能在选定的区域内进行编辑，对其他区域进行编辑时则会弹出提示对话框。

图8-19　设置保护工作表

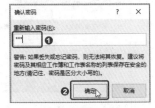

图8-20　确认密码

Step11：单击【共享工作簿(旧版)】按钮。在【审阅】选项卡的【共享】组中单击【共享工作簿(旧版)】按钮，如图8-21所示。

Step12：切换到【高级】选项卡。❶在弹出的【共享工作簿】对话框中勾选【使用旧的共享工作簿功能，而不是新的共同创作体验】复选框；❷切换到【高级】选项卡，如图8-22所示。

Step13：设置共享选项。对共享选项进行设置，完成后单击【确定】按钮，如图8-23所示。

图8-21　单击【共享工作簿(旧版)】按钮

图8-22　切换到【高级】选项卡

图8-23　设置共享选项

Step14：查看成功共享的工作簿。此时在Excel界面标题栏中出现了【已共享】字样，表明已将该工作簿保存并共享到局域网中的文件夹下，其他用户可以通过网络访问工作簿并填写内容，如图8-24所示。

图8-24　成功共享的工作簿

8.2　外部数据导入比录入更便捷

张经理

小刘，接下来需要你统计的数据来自其他公司的合作伙伴。他们会发一些Excel文件及网站数据链接过来，你要负责将这些数据资料整理到公司的内部数据库中。

外部数据？我曾经试过将文本数据导入到Excel工作表中，很方便。可是其他来源的数据如何导入到Excel文件中呢？

8.2.1 导入网站数据

张经理

小刘，今天函联公司的陈经理会发几个链接过来，里面是重要的市场调查数据，你将其归类整理好。

小刘

网页中的数据量通常很大，我只好花点时间一个一个录入了，希望不要出错。

王Sir

小刘，不要局限自己的思维。你曾经使用过将文本数据导入到Excel文件的功能，网页中的数据也可以一键导入。只需要**单击【自网站】按钮，输入数据网址后，单击【导入】按钮，就可以将网页中的数据导入到Excel文件了**。完成数据导入后，**网页中的数据发生变化，还可以使用【刷新】功能**，保证数据的时效性。

导入网络数据的具体操作方法如下。

Step01：选择【自网站】导入方式。单击【数据】选项卡下【获取外部数据】组中的【自网站】按钮，如图8-25所示。

图8-25　单击【自网站】按钮

Step02：导入数据。❶在打开的【新建Web查询】对话框中，在【地址】文本框中粘贴需要导入的数据网址；❷单击【转到】按钮；❸单击黄色箭头图标➡；❹单击【导入】按钮，如图8-26所示。

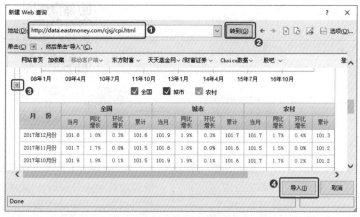

图8-26 导入数据

📢 Step03：选择导入数据的位置。❶在弹出的【导入数据】对话框中选择工作表中需要放置导入数据的位置；❷单击【确定】按钮，即可完成数据导入，如图8-27所示。

📢 Step04：查看导入的数据并刷新。完成导入的数据效果如图8-28所示，右击数据，选择快捷菜单中的【刷新】命令，可以刷新数据。

图8-27 选择导入数据的位置

图8-28 查看导入的数据并刷新

技 能 升 级

在Excel中导入网站数据后，也可以再右击数据，从快捷菜单中选择【数据范围属性】命令，打开【外部数据区域属性】对话框，勾选【允许后台刷新】选项，让数据保持刷新。

8.2.2 灵活导入其他Excel中的数据

小 刘

王Sir，函联公司的陈经理又发了几个Excel文件过来，我需要把里面的数据整理到当前公司的Excel文件中。如果用复制粘贴的方式，数据太多，复制容易出错。Excel的【获取外部数据】功能中并没有导入外部Excel文件数据的功能，这是怎么回事？

王Sir

在Excel的【获取外部数据】功能中，确实没有导入外部Excel文件的功能。但是**你可以通过【移动或复制】功能将工作表移动或复制到另一个Excel文件中**，还不会出现复制粘贴错误。

通过移动或复制工作表的方法快速导入其他Excel文件的具体操作方法如下。

📢 Step01：打开文件。将一个工作簿中的工作表复制到另一个工作簿中，需要同时打开这两个文件。如图8-29所示，现在需要将"市场数据调查.xlsx"工作簿中的"连锁零售企业数据"工作表复制到"市场信息汇总表.xlsx"工作簿中。

📢 Step02：移动或复制工作表。选中"市场数据调查.xlsx"工作簿中的"连锁零售企业数据"工作表名称，右击，选择快捷菜单中的【移动或复制】命令，如图8-30所示。

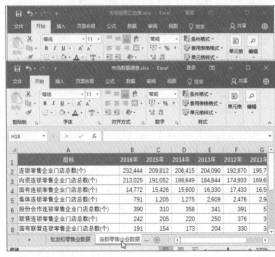

图8-29 打开文件

图8-30 移动或复制工作表

Step03: 设置移动或复制选项。❶在打开的【移动或复制工作表】对话框中，【工作簿】下拉列表中选择"市场信息汇总表.xlsx"；❷选择工作表复制的位置，如这里选择将工作表复制到Sheet1工作表之前；❸勾选【建立副本】复选框，可以保证"连锁零售企业数据"工作表复制到新的工作簿后，原来的工作簿中依然保留该工作表；❹单击【确定】按钮，如图8-31所示。

Step04: 完成工作表复制。如图8-32所示，"连锁零售企业数据"工作表被成功复制到"市场信息汇总表.xlsx"工作簿中，并且原工作簿文件"市场数据调查.xlsx"中依然保留该工作表。

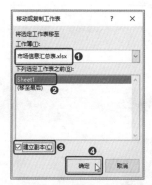

图8-31 设置移动或复制选项

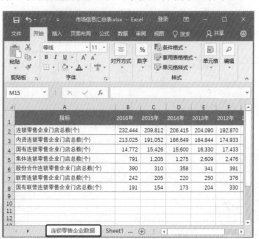

图8-32 完成工作表复制

技 能 升 级

当需要移动和复制的工作表有多张时，可以进行批量操作。对于**连续排列的工作表，按住Shift键**，分别选中第一张和最后一张工作表，就能选中所有工作表；对于不连续排列的工作表，**按住Ctrl键**，依次选中需要移动和复制的工作表。选中需要复制或移动的工作表后，然后右击，选择快捷菜单中的【移动或复制】命令，即可按常规操作，将工作表批量移动或复制到指定位置。

8.3　页面视图也能影响工作效率

　　小刘，现在你的Excel水平越来越高，简单的任务已经难不倒你了。我会将一些数据量大的表格交给你，需要你进行查看分析。你要学会调整视图，才能灵活地浏览分析数据。

　　调整视图？我还从来没有用过这个功能呢，不知道有什么用？

 8.3.1　收放自如地查看普通视图

小　刘

　　王Sir，我的眼睛已经要瞎了。最近张经理让我分析处理的表格数据量都非常大。就拿这张表来说吧，我只需要阅读分析其中的部分数据，但是表格中其他数据对我的阅读造成了干扰。

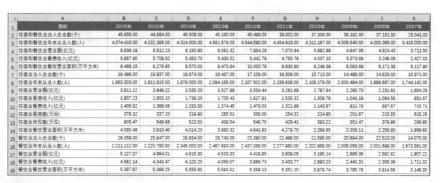

指标	2016年	2015年	2014年	2013年	2012年	2011年	2010年	2009年	2008年	2007年
住宿和餐饮业法人企业数(个)	45,855.00	44,884.00	45,508.00	45,180.00	40,499.00	39,002.00	37,308.00	35,192.00	37,151.00	25,041.00
住宿和餐饮业年末从业人数(人)	4,074,415.00	4,132,395.00	4,324,000.00	4,561,878.00	4,544,590.00	4,434,618.00	4,311,167.00	4,006,540.00	4,000,386.00	3,419,000.00
住宿和餐饮业营业额(亿元)	8,938.19	8,512.23	8,150.60	8,061.32	7,954.28	7,070.94	5,992.99	4,947.06	4,824.43	3,711.50
住宿和餐饮业餐费收入(亿元)	5,967.90	5,709.52	5,453.70	5,430.52	5,442.76	4,755.76	4,037.10	3,373.09	3,246.06	2,427.03
住宿和餐饮业餐饮营业面积(万平方米)	9,468.15	9,276.65	9,570.00	9,473.84	10,000.76	9,630.80	6,249.39	6,093.89	6,171.38	5,117.90
住宿业法人企业数(个)	19,496.00	18,937.00	18,874.00	18,437.00	17,109.00	16,506.00	15,713.00	14,498.00	14,628.00	10,971.00
住宿业年末从业人数(人)	1,863,303.00	1,911,615.00	1,979,000.00	2,094,185.00	2,107,502.00	2,156,638.00	2,108,179.00	2,000,484.00	1,998,667.00	1,744,142.00
住宿业营业额(亿元)	3,811.12	3,648.22	3,535.20	3,527.99	3,534.44	3,261.89	2,797.84	2,260.70	2,231.61	1,804.28
住宿业客房收入(亿元)	1,907.23	1,803.10	1,739.20	1,705.43	1,617.91	1,535.32	1,309.76	1,041.19	1,064.58	851.67
住宿业客费收入(亿元)	1,405.82	1,366.06	1,333.50	1,374.45	1,476.03	1,321.98	1,143.87	931.78	887.67	715.71
住宿业客房(万间)	378.32	337.20	319.90	265.51	336.00	254.32	224.90	201.67	215.55	615.26
住宿业床位(万张)	605.47	549.66	523.00	439.54	548.70	416.93	322.32	351.47	319.99	286.00
住宿业餐饮营业面积(万平方米)	4,080.48	3,910.40	4,014.20	3,880.32	4,641.63	4,279.70	2,269.65	2,309.11	2,256.80	1,969.60
餐饮业法人企业数(个)	26,359.00	25,947.00	26,634.00	26,743.00	23,390.00	22,496.00	21,595.00	20,694.00	22,523.00	14,070.00
餐饮业年末从业人数(人)	2,211,112.00	2,220,780.00	2,345,000.00	2,467,693.00	2,437,088.00	2,277,980.00	2,202,988.00	2,006,056.00	2,001,699.00	1,673,561.00
餐饮业营业额(亿元)	5,127.07	4,864.01	4,615.30	4,533.33	4,419.85	3,809.05	3,195.14	2,686.36	2,592.82	1,907.22
餐饮业餐费收入(亿元)	4,562.14	4,343.47	4,120.20	4,056.07	3,966.73	3,433.77	2,893.23	2,441.31	2,358.39	1,711.32
餐饮业餐饮营业面积(万平方米)	5,387.67	5,366.25	5,555.80	5,593.52	5,359.13	5,351.10	3,979.74	3,785.78	3,914.58	3,148.30

王Sir

　　我如果像你这样从一堆蚂蚁般的数据中分析问题，我的眼睛也要瞎。阅读Excel数据时，一定要学会调整视图的大小。**按住Ctrl键滑动鼠标滚轮，可以放大或缩小视图。选中重点数据区域，再使用【缩放到选定区域】命令，可以让选中的单元格区域充满整个窗口**，有助于你重点关注特定数据。

　　打开 "8.3.1.xlsx" 文件，在普通视图下查看数据的具体操作方法如下。

📢 Step01：放大视图。页面中的文字太小，不方便查看，单击页面下方的【放大】按钮，如图8-33所示。此时视图便被放大了，效果如图8-34所示。

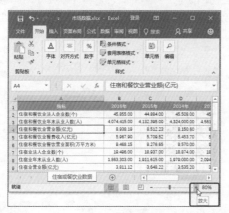

图8-33　放大视图

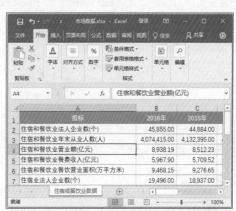

图8-34　查看视图放大效果

📢 Step02：单击【缩放到选定区域】按钮。❶选中A1:C7单元格区域；❷单击【视图】选项卡下的【缩放到选定区域】按钮，如图8-35所示。此时选定的区域便被放大到充满整个窗口，方便查看重点数据，排除其他数据的干扰，如图8-36所示。

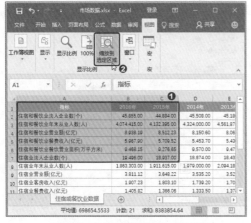

图8-35　单击【缩放到选定区域】按钮

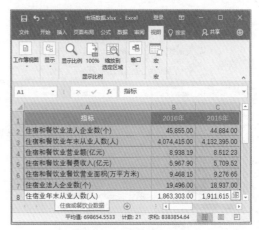

图8-36　查看区域缩放效果

温馨提示

Excel的视图放大、缩小有一些需要注意的技巧。

单击界面下方的 **＋** 或 **－** 按钮可以放大或缩小视图，**连续单击可以连续放大或缩小视图。单击＋和－中间的 ▮ 按钮，可以直接将视图调整到100%的缩放状态。** 在放大视图时，可以**选中表格中需要重点查看的数据区域，能保证选中区域始终在窗口显示。**

单击【视图】选项卡下的【显示比例】按钮，可以自由选择或自定义当前视图的显示比例。

 8.3.2 **并排查看两份数据**

小 刘

王Sir，张经理让我同时核对两份员工档案数据。这工作实在费神又费力，需要不停地切换工作簿窗口，让我头晕眼花。

王Sir

　　小刘，做事之前要想想是否有更合理的做事方式。Excel是人性化工具，你的任务很多人都会遇到。**使用【并排查看】功能，就可以同时查看两个工作簿中的内容了。当滚动一个工作簿中的内容时，另一个工作簿也会同时滚动**，十分方便进行文件对比查看。

　　打开"8.3.2.xlsx"和"员工档案.xlsx"文件，并排查看这两份数据的具体操作方法如下。

Step01： 单击【并排查看】按钮。将需要比较查看的两份Excel文件都打开，选择其中一个Excel文件，单击【视图】选项卡下的【并排查看】按钮，如图8-37所示。

Step02： 选择需要并排查看的文件。❶在弹出的【并排比较】对话框中选择需要进行比较的文件；❷单击【确定】按钮，如图8-38所示。

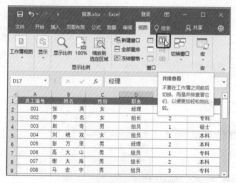

图8-37　单击【并排查看】按钮

图8-38　选择需要并排查看的文件

Step03： 并排查看文件。此时可以看到两个工作簿并排显示的效果，如图8-39所示。在查看上面的文档数据时，滚动鼠标滚轮，下面的文档也会跟着滚动显示。

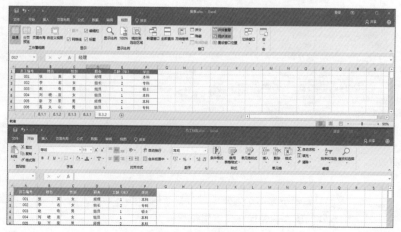

图8-39　并排比较两份文件

温馨提示

　　在滚动鼠标滚轮并排查看文件时，如果希望另一份文件保持不动，可以单击【并排查看】按钮下方的【同步滚动】按钮，取消同步滚动状态。

8.3.3　要想读数更轻松，就用【冻结窗格】功能

张经理

　　小刘，这是一份各年度各类型餐饮企业数量报告，你分析一下，看看今年来，不同类型的餐饮企业数量变化有何规律。

指标	2016年	2015年	2014年	2013年	2012年	2011年	2010年	2009年	2008年	2007年	2006年	2005年	2004年	2003年
餐饮业法人企业数(个)	26359	25947	26634	26743	23390	22496	21595	20694	22523	14070	26743	23390	22496	21595
内资企业餐饮业法人企业数(个)	25310	24845	25414	25507	22200	21235	20395	19507	21250	13090	25507	22200	21235	20395
国有企业餐饮业法人企业数(个)	381	413	440	499	659	675	666	608	614	569	499	659	675	666
集体企业餐饮业法人企业数(个)	174	184	228	273	359	376	420	445	463	427	273	359	376	420
股份合作企业餐饮业法人企业数(个)	81	98	130	150	233	273	273	294	297	306	150	233	273	273
联营企业餐饮业法人企业数(个)	7	7	8	10	23	24	27	25	35	37	10	23	24	27
国有联营企业餐饮业法人企业数(个)	7	7	8	1	2	2	3	25	4	6	1	2	2	3
集体联营企业餐饮业法人企业数(个)	7	7	8	9	12	8	6	4	7	12	9	12	8	6
国有与集体联营企业餐饮业法人企业数(个)	7	7	8	9	1	1	1	1	2	9		2	1	
其他联营企业餐饮业法人企业数(个)	7	7	8	9	9	12	17	20	23	17	9	9	12	17
有限责任公司餐饮业法人企业数(个)	6760	6654	6519	6304	4809	4116	3300	2790	2697	1918	6304	4809	4116	3300
国有独资公司餐饮业法人企业数(个)	112	111	120	111	53	43	33	21	26	20	111	53	43	33
其他有限责任公司餐饮业法人企业数(个)	6648	6543	6399	6193	4756	4073	3267	2769	2671	1898	6193	4756	4073	3267
股份有限公司餐饮业法人企业数(个)	430	420	455	510	449	461	449	409	487	299	510	449	461	449
私营企业餐饮业法人企业数(个)	17059	16800	17076	17128	14353	14001	14553	14262	15933	9226	17128	14353	14001	14553
私营独资企业餐饮业法人企业数(个)	3561	3746	3964	4223	4044	4245	5116	5516	6951	3195	4223	4044	4245	5116
私营合伙企业餐饮业法人企业数(个)	378	411	457	510	634	726	792	815	948	519	510	634	726	792
私营有限责任公司餐饮业法人企业数(个)	12602	11918	12078	11759	9119	8435	7967	7327	7332	5075	11759	9119	8435	7967

小刘

　　这份数据表中无论是列数还是行数都很多，不要说分析了，我连查看数据都成问题。王Sir，您之前教我的放大视图操作在这里可不管用。

王Sir

表格的第1行和最左列通常用来说明数据的属性或标题。**当数据量较大时，可以通过【冻结窗格】功能来冻结需要固定的单元格，方便数据查看。**例如冻结首行单元格，可以保证往下拖动数据时，数据的字段保持不变。

 冻结首行

表格的首行即第1行，通常是数据的字段。使用【冻结首行】功能后，可以在往下滚动工作表时，保持首行可见。

📢 Step01：冻结首行。❶打开"8.3.3.xlsx"文件，单击【视图】选项卡下的【冻结窗格】下拉按钮；❷选择其中的【冻结首行】选项，如图8-40所示。

📢 Step02：冻结首行查看数据。此时往下滚动表格数据，也能保持首行可见。如图8-41所示，此时表格数据已经滚动到第56行，但是第1行的表头字段依然保持可见。

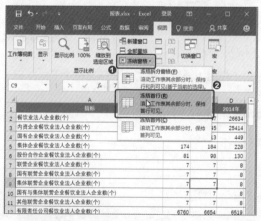

图8-40 冻结首行　　　　　　　　　　　　　图8-41 冻结首行查看数据

 冻结首列

表格的最左列通常是数据的名称。使用【冻结首列】功能后，可以在往右滚动工作表时，保持最左列可见。

📢 Step01：冻结首列。❶单击【视图】选项卡下的【冻结窗格】下拉按钮；❷选择其中的【冻结首列】选项，如图8-42所示。

📢 Step02：冻结首列查看数据。此时往右滚动表格数据，也能保持首列可见。如图8-43所示，此时表格数据已经滚动到第G列，但是第A列的数据名称依然保持可见。

图8-42　冻结首列

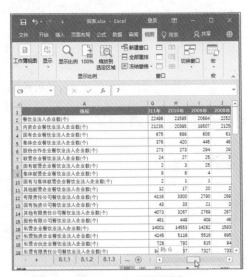

图8-43　冻结首列查看数据

 冻结拆分窗格

当需要保持可见的数据既不是首行也不是首列时，可以使用【冻结拆分窗格】功能，保持基于当前选择的行和列可见。

📢 Step01：冻结拆分窗格。❶选中C8单元格；❷单击【视图】选项卡下的【冻结窗格】下拉按钮；❸选择其中的【冻结拆分窗格】选项，如图8-44所示。

📢 Step02：冻结拆分窗格查看数据。如图8-45所示，前7行和A、B列保持可见。

图8-44　冻结拆分窗格

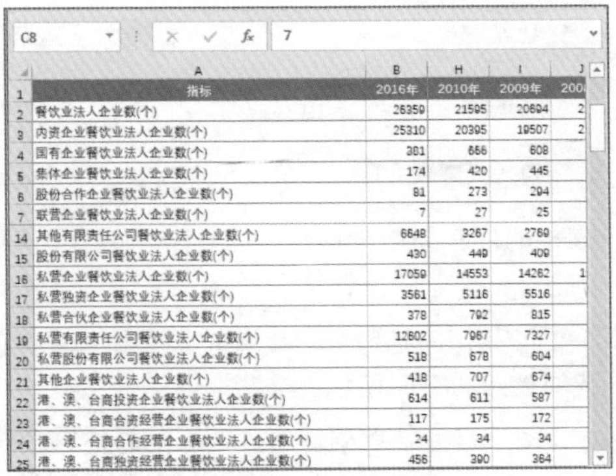

图8-45　冻结拆分窗格查看数据

8.4 行百里者半九十，表格输出

张经理

小刘，你要根据不同的任务需求选择恰当的方式递交报表。例如会议现场，就应该将报表打印出来，人手一份。又例如，将报表发布为网页，可以让多人共同浏览。

小 刘

好的，谢谢张经理指导。

不就是换种方式输出报表吗？我相信这个难不倒我！

8.4.1 有多少人不会设置打印参数

 小 刘

王Sir，张经理让打印员工档案表。我以为单击【打印】按钮就行了，谁知打印时问题百出，从第2页开始就不显示标题、数据字体太小看不清……快帮帮我。

 王Sir

表格打印是一项技术活，**需要确定是否打印标题、打印的纸张大小、页边距及缩放大小等。**

表格的第一行通常是字段名称，也称为标题行。当表格数据较多并且一页纸打印不完时，就只有第1页纸存在标题，而其他无标题页面的数据阅读就显得不方便。此时需要设置标题打印，然后再设置打印参数。这是常规表格的打印方法。

📢 Step01：打印标题。完成一份数据较多的员工信息表制作后，单击【页面布局】选项卡下的【打印标题】按钮，如图8-46所示。

📢 Step02：设置标题区域。❶在打开的【页面设置】对话框中选择页面的标题区域，由于这份表格中只有第一行为标题区域，所以只设置【顶端标题行】的区域；❷单击【确定】按钮，如图8-47所示。

图8-46　打印标题　　　　　　　　　　图8-47　设置标题区域

📢 Step03：设置打印参数。❶选择【文件】菜单中的【打印】命令，设置打印参数；❷单击【打印】按钮，即可按参数打印报表，如图8-48所示。

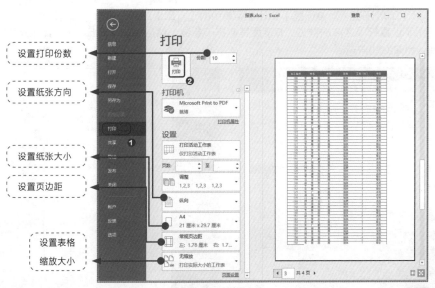

图8-48 设置打印参数

8.4.2 如何只打印部分数据

小刘

王Sir，张经理让我打印10份餐饮企业调查表到会议室开会，并且只打印2014—2016年的数据。只打印部分数据怎么做呢？

王Sir

如果只需要打印部分工作表，应该**选中要打印的区域，然后设置打印区域**，再按照正常步骤设置打印参数完成打印。

指标	2016年	2015年	2014年	2013年	2012年	2011年	2010年
餐饮业法人企业数(个)	26359	25947	26634	26743	23390	22498	21595
内资企业餐饮业法人企业数(个)	25310	24845	25414	25507	22200	21235	20395
国有企业餐饮业法人企业数(个)	381	413	449	499	659	675	666
集体企业餐饮业法人企业数(个)	174	184	228	273	359	376	420
股份合作企业餐饮业法人企业数(个)	81	98	130	150	233	273	273
联营企业餐饮业法人企业数(个)	7	7	8	10	23	24	27

打开"8.4.2.xlsx"文件，打印表格中部分数据的具体操作方法如下。

Step01：设置打印区域。❶选中需要打印的区域数据；❷单击【页面布局】选项卡下【打印区域】中的【设置打印区域】选项，如图8-49所示。

Step02：打印部分区域。❶选择【文件】菜单中的【打印】命令，设置打印区域后，在右侧的预览窗口中仅显示了设置打印区域的数据；❷设置其他打印参数，然后单击【打印】按钮，即可打印表格中的部分数据，如图8-50所示。

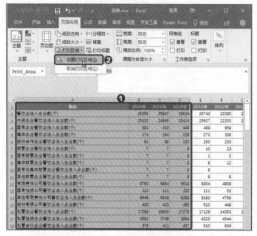

图8-49　设置打印区域

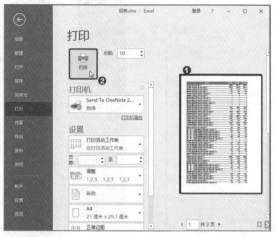

图8-50　打印部分区域

 8.4.3　如何只打印图表

 张经理

　　小刘，下午要开产品销售分析大会，为了直观形象地进行分析，你将产品销售明细表中的图表打印出来。

 小刘

　　打印报表中的部分数据我学会了，可是只打印图表，我又不会了？

 王Sir

　　只打印报表中的图表非常简单。**只需要选中报表中的图表，然后执行【打印】命令就可以了。**

302

打开 "8.4.3.xlsx" 文件，只打印工作表中的图表，具体操作方法如下。

Step01：选中要打印的图表。❶选中工作表中需要打印的图表；❷单击【文件】菜单项，如图8-51所示。

Step02：打印图表。❶选择【文件】菜单中的【打印】命令，在打印预览中显示了选中的图表；❷单击【打印】按钮，即可打印图表，如图8-52所示。

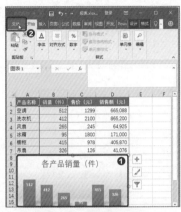

图8-51 选中要打印的图表

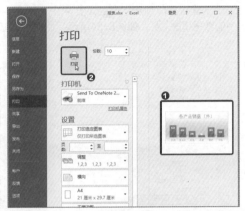

图8-52 打印图表

 8.4.4 如何不打印零值

王Sir，这个月的销售统计表中有很多商品的销量数据为零。张经理说不要将零值数据打印出来，我是不是应该将数据0删除后再打印？

小刘，你的方法太麻烦了。你可以**在【Excel选项】对话框中取消勾选【在具有零值的单元格中显示零】复选框**，就可以实现不打印零值数据了。

打开"8.4.4.xlsx"文件，不打印表格中的零值，具体操作方法如下。

Step01：设置零值不显示。❶选择【文件】菜单中的【选项】命令，打开【Excel选项】对话框，切换到【高级】选项卡；❷在【此工作表的显示选项】栏下取消勾选【在具有零值的单元格中显示零】复选框；❸单击【确定】按钮，如图8-53所示。

Step02：查看打印预览。回到工作表中，单击【打印】按钮，此时在右侧的打印预览窗格中可以看到表格中的数据0消失了，如图8-54所示。此时可以按照常规操作设置打印参数，然后打印无零值数据的报表。

图8-53　设置零值不显示

图8-54　查看打印预览

8.4.5　如何将Excel文档导出成PDF文件

张经理

小刘，下周你需要跟我出差。记得将新品宣传资料整理好。对了，为了保证表格资料不出现乱码，能方便阅读，最好将其导出为PDF文件。

小刘

将Excel文件导出成PDF文件，这个我正好会。我发现保存Excel文件时，可以选择文件的保存类型为带".pdf"后缀的格式，张经理，我马上就去整理。

打开"8.4.5.xlsx"文件，将Excel文档导出成PDF文件的具体操作方法如下。

Step01：打开【另存为】对话框。❶选择【文件】菜单中的【另存为】命令；❷单击【浏览】按钮，如图8-55所示。

Step02：选择文件保存类型。❶在打开的【另存为】对话框中选择文件保存的位置；❷输入文件名，并且选择文件保存类型为【PDF(*.pdf)】类型；❸单击【保存】按钮。此时Excel文件就能成功导出成PDF文件了，如图8-56所示。

图8-55 打开【另存为】对话框

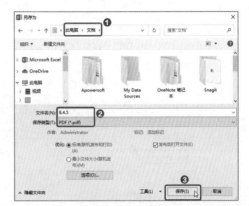

图8-56 选择文件保存类型

8.4.6 如何将Excel文档发布为网页

张经理

小刘，临时有一个网络会议。你将手中的市场调查数据表发布为网页，然后将链接发送给合作的商家，让商家们在网页中浏览报表数据。

小刘

将Excel报表发布为网页？听起来太高级了，应该如何做呢？

王Sir

　　小刘，你不是会将Excel文件导出为PDF文件吗？将文件发布到网页中，操作方法是类似的。**只需要将文件另存为后缀为.htm或.html的文件，然后执行【发布】命令**，就能成功将报表发布为网页文件了。

　　打开"8.4.6.xlsx"文件，将Excel文档发布为网页的具体操作方法如下。

📢 Step01：选择文件保存类型。❶打开Excel文件的【另存为】对话框，选择文件保存位置；❷选择保存类型为【网页(*.htm；*.html)】类型；❸单击【发布】按钮，如图8-57所示。

📢 Step02：发布为网页。❶在【发布为网页】对话框中勾选【在浏览器中打开已发布网页】复选框；❷单击【发布】按钮，如图8-58所示。

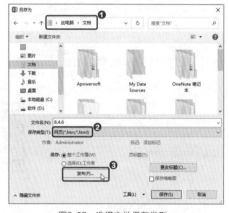

图8-57　选择文件保存类型

图8-58　发布为网页

📢 Step03：复制网址。此时Excel文件就成功发布为网页。效果如图8-59所示，在浏览器中打开了报表。复制浏览器中的网址，将网址发送给他人，他人就可以在网页浏览这份Excel文件。

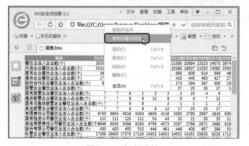

图8-59　复制网址